普通高等学校计算机教育"十三五"规划教材

大学计算机信息技术基础

主　编　于小川　叶　俊　李　刚

副主编　刘　敏　庞　康　罗　钊　贡晓静

参　编　张淑清　刘莉莉　陈秋利　陈　雅

　　　　宫晓东　虞小喻　彭春美

主　审　张淑清

中国铁道出版社有限公司

CHINA RAILWAY PUBLISHING HOUSE CO., LTD.

内 容 简 介

本书是为"计算机应用基础"或相关课程编写的教材。全书共分为 8 章，主要包括信息技术基础、操作系统及常用工具软件、文字处理软件、电子表格处理软件、演示文稿制作软件、数据库基础及应用、计算机网络基础及信息安全、网络信息检索等。

本书通俗易懂，图文并茂，特别注重实用性和应用能力的培养，既可以作为各类高等院校计算机与非计算机专业计算机基础课程教材，也可作为相关读者学习计算机技术与了解信息技术的自学参考书。

图书在版编目（CIP）数据

大学计算机信息技术基础/于小川，叶俊，李刚主编. —北京：中国铁道出版社，2017.8（2021.11重印）
普通高等学校计算机教育"十三五"规划教材
ISBN 978-7-113-23072-2

Ⅰ.①大… Ⅱ.①于… ②叶… ③李… Ⅲ.①电子计算机-高等学校-教材 Ⅳ.①TP3

中国版本图书馆 CIP 数据核字（2017）第 175999 号

书　　名：大学计算机信息技术基础	
作　　者：于小川　叶　俊　李　刚	

策　　划：尹　鹏	编辑部电话：（010）63551006
责任编辑：何红艳　朱荣荣　贾淑媛	
封面设计：刘　颖	
责任校对：张玉华	
责任印制：樊启鹏	

出版发行：中国铁道出版社有限公司（100054，北京市西城区右安门西街 8 号）
网　　址：http://www.tdpress.com/51eds/
印　　刷：北京柏力行彩印有限公司
版　　次：2017 年 8 月第 1 版　　2021 年 11 月第 5 次印刷
开　　本：787 mm×1 092 mm　1/16　印张：17　字数：369 千
书　　号：ISBN 978-7-113-23072-2
定　　价：39.00 元

前言

当前，随着以计算机技术为核心的信息技术飞速发展及日益普及，高校计算机信息技术基础教育已走过了带有普及性质的初级阶段，走进了发展提高和深化阶段，开始步入更加科学、合理，更加符合 21 世纪高校人才培养目标的更具大学教育特征和专业特征的新阶段。对大学非计算机专业的学生来说，不仅应该掌握计算机的操作使用，而且还要了解以计算机技术为核心的信息技术的基础知识、原理和方法，才能更好地应用于自己的专业学习与工作。根据教育部《大学计算机基础课程教学基本要求》，高校计算机信息技术基础课程要充分突出"大学"特点，其教学内容起点更高，深度更深，课时更为紧凑，要突出网络技术、多媒体技术、数据库处理技术以及信息安全教学内容。本书以培养学生计算机信息技术应用能力为主线，通过对教学内容的基础性、实用性、科学性和前瞻性的研究，力求与当前高校计算机信息技术基础教育的最新要求接轨，与时俱进，积极反映本学科领域的最新科技成果，同时，突出"大学"特点，既有一定的理论深度，又突出实际的应用，总体提升了教学内容的水平层次。此外，还编写了与之配套的《大学计算机信息技术基础项目化实训与习题》，供学生课余实训、练习使用，满足课程整体教学需要。

本书由多年从事高校计算机信息技术基础教学，具有丰富教学实践经验的教师集体编写，几易其稿，先后多次召开提纲研讨会、书稿讨论会和审定会，并广泛征求不同层面学者、专家的建议和意见。

本书由于小川、叶俊、李刚任主编，刘敏、庞康、罗钊、贡晓静任副主编。根据分工和安排，参与各章编写、修改、审稿的人员有：贡晓静、陈雅编写第 1 章，叶俊、李刚编写第 2 章，罗钊编写第 3 章，刘莉莉、虞小喻编写第 4 章，于小川、庞康编写第 5 章，张淑清、陈秋利编写第 6 章，刘敏编写第 7 章，宫晓东编写第 8 章、附录，全书由于小川教授统稿，叶俊、李刚为教材组稿、修订做了大量卓有成效的工作，张淑清副教授审阅了书稿并提出了很多宝贵意见，担任本书主审，彭春美负责收集素材、校对、编辑、排版方面工作。在本书的编写过程中，为了提高教材的实用性，参与者们先后到各地实践部门调研、查阅资料、布局文章、相互帮助、相互支持、积极讨论，力求精益求精，充分体现了学术上的严谨和踏实的作风。

由于编写时间仓促，加之编者水平有限，书中不足之处在所难免，敬请广大读者批评指正。

编　者

2017 年 4 月

目录

第1章

信息技术基础 <<<

引言

通过本章的学习，学生可以了解什么是信息，掌握信息的主要特征，以及信息在计算机中的表示方法和不同数值之间的转换。通过信息技术的变革，了解计算机的发展历程，展望计算机发展的前景。

学习目标

（1）了解计算机的发展过程、应用领域、工作原理及分类。

（2）了解信息及其特征。

（3）理解字符和汉字的编码知识。

（4）掌握计算机中数制的表示。

（5）了解二进制与其他进制之间的相互转换。

（6）了解计算机技术的新发展。

学习重点和难点

（1）计算机的工作原理和冯·诺依曼体系结构。

（2）二进制与十进制（整数）之间的转换。

（3）字符和汉字的编码。

1.1 信息技术概述

信息技术（Information Technology，IT），是主要用于管理和处理信息所采用的各种技术的总称。信息技术是指在计算机和通信技术支持下用以获取、加工、存储、变换、显示和传输文字、数值、图像以及声音信息，包括提供设备和提供信息服务两大方面的方法与设备的总称。它主要是应用计算机科学和通信技术来设计、开发、安装和实施信息系统及应用软件。它也常被称为信息和通信技术（Information and Communications Technology，ICT）。主要包括传感技术、计算机技术和通信技术。

随着信息技术应用的快速渗透，IT 系统已广泛部署应用在各行各业，用户对 IT 系统的使用不断增加，依赖性越来越高，尤其是大中型企业和国家机构的 IT 系统建设已经形成体系规模。IT 系统由前台信息终端和后台数据中心构成，前台信息终端提供了简便、易用的人机界面，比如银行自动存取款机、商场刷卡机、办公计算机、家用计算机、个人手机等；而后台数据中心负责对前台信息终端提交的信息进行相应的处理，并将处理结果返回前台信息终端显示出来。由此可见，数据中心是 IT 系统的核心，只有数据中心正常运转的情况下，各种各样的信息终端才能正常工作，为人类的生活提供各种服务。

有人将计算机与网络技术的特征——数字化、网络化、多媒体化、智能化、虚拟化，当作信息技术的特征。我们认为，信息技术的特征应从如下两方面来理解：

① 信息技术具有技术的一般特征——技术性。具体表现为：方法的科学性，工具设备的先进性，技能的熟练性，经验的丰富性，作用过程的快捷性，功能的高效性等。

② 信息技术具有区别于其他技术的特征——信息性。具体表现为：信息技术的服务主体是信息，核心功能是提高信息处理与利用的效率、效益。由信息的秉性决定信息技术还具有普遍性、客观性、相对性、动态性、共享性、可变换性等特性。

1.1.1　信息技术的发展

信息技术的发展历程分五个阶段：

第一次是语言的使用，语言成为人类进行思想交流和信息传播不可缺少的工具，语言的使用是猿进化到人的重要标志。时间：后巴别塔时代。

第二次是文字的出现和使用，是信息第一次打破时间、空间的限制，使人类对信息的保存和传播取得重大突破，其中中国以甲骨文的发明为起点。时间：铁器时代，约公元前 14 世纪。

第三次是印刷术的发明和使用，使书籍、报刊成为重要的信息储存和传播的媒体。大约在公元 1040 年，我国开始使用活字印刷技术，欧洲人 1451 年开始使用印刷技术。时间：第 6 世纪中国隋代发明了刻板印刷，至 15 世纪才进入臻于完善的近代印刷术。

第四次是电话、广播、电视的使用，1837 年美国人莫尔斯研制了世界上第一台有线电报机，1875 年苏格兰青年亚历山大·贝尔发明了世界上第一台电话机，使人类进入利用电磁波传播信息的时代。时间：19 世纪。

第五次是计算机与互联网的使用，其标志是电子计算机的普及应用及计算机与现代通信技术的有机结合。随着电子技术的高速发展，军制、科研、迫切需要解决的计算工具都大大得到改进，1946 年由美国宾夕法尼亚大学研制的第一台电子计算机诞生了。时间：现代。

1.1.2　现代信息技术的内容

信息技术的应用包括计算机硬件和软件、网络和通信技术、应用软件开发工具等。现代信息技术包括：ERP、GPS、RFID 等，现代信息技术是一个内容十分广泛的技术群，它包括微电子技术、光电子技术、通信技术、网络技术、感测技术、控制技术、显示技术等。

计算机和互联网普及以来，人们日益普遍地使用计算机来生产、处理、交换和传播各种形式的信息（如书籍、电影、电视节目、语音、报刊、唱片、图形、影像、商业文件等）。信息技术的主要特征是传递性、共享性、依附性、可处理性、价值相对性、时效性和真伪性。

在单位组织中，信息技术体系结构是一个为达到信息流转目标而采用信息技术的综合结构，它包括管理和技术的成分。其管理成分包括使命、职能与信息需求、系统配置和信息流程；其技术成分包括用于实现管理体系结构的信息技术标准、规则等。通常企业或者单位选择外包信息技术部门，以获得更好的经济效益。

物联网和云计算作为信息技术新的高度和形态被提出并得到发展。根据中国物联网校企联盟的定义，物联网为当下几乎所有技术与计算机互联网技术的结合，让信息更快更准地收集、传递、处理并执行，是科技的最新呈现形式与应用。

1.1.3 计算机的产生与发展

1. 计算机的产生

计算机的产生，主要经历了以下历程：

① 1931 年，Vannever Bush 发明了一部可以解决差分程序的计数机，这机器可以解决一些令数学家、科学家头痛的复杂差分程序。

② 1935 年，IBM 引入"IBM 601"，它是一部有算术部件及可在 1 秒内计算乘数的穿孔机器。它对科学及商业的计算起很大的作用，总共制造了 1 500 部。

③ 1937 年，Alan Turing 想出了一个"通用机器（Universal Machine）"的概念，可以执行任何的算法，形成了一个"可计算（computability）"的基本概念。Turing 的概念比其他同类型的发明为好，因为他用了符号处理的概念。

④ 1939 年 11 月，John Vincent Atannsoff 与 John Berry 制造了一部 16 位加数器。它是第一部用真空管计算的机器。

⑤ 1939 年，Zuse 与 Schreyer 开始制造了"V2"（后来叫 Z2），这机器沿用 Z1 的机械存储器，加上一个用继电器逻辑的新算术部件。

⑥ 1940 年，Schreyer 完成了用真空管的 10 位加数器，以及用氖气灯（霓虹灯）的存储器。

⑦ 1940 年 1 月，Samuel Williams 及 Stibitz 完成了一部可以计算复杂数字的机器，叫"复杂数字计数机"，后来改称为"继电器计数机型号 I"。它用电话开关部分作逻辑部件：145 个继电器，10 个横杠开关。数字用"Plus 3BCD"代表。在同年 9 月，电传打字 etype 安装在一个数学会议里，由 New Hampshire 连接纽约。

⑧ 1941 年夏季，Atanasoff 及 Berry 完成了一部专为解决联立线性方程系统的计算器，后来叫作"ABC（Atanasoff–Berry Computer）"，它有 60 个 50 位的存储器，以电容器的形式安装在 2 个旋转的鼓上，时钟速度是 60 Hz。

⑨ 1943 年 1 月，Howard H. Aiken 完成"ASCC Mark I"（自动按序控制计算器 Mark I，Automatic Sequence – Controlled Calculator Mark I），亦称"Haward Mark I"。这部机器有 51 英尺长，重 5 吨，由 750 000 部分合并而成。它有 72 个累加器，每一个有自己的算术部件，及 23 位数的寄存器。

⑩ 1946 年第一台电子数字积分计算器（ENIAC）在美国建造完成。这部机器使用了 18 800 个真空管，长 50 英尺，宽 30 英尺，占地 1 500 平方英尺，重达 30 吨（大约是一间半的教室大，六只大象重）。它的计算速度快，每秒可从事 5 000 次的加法运算。

⑪ 1949 年，英国建造完成"延迟存储电子自动计算器"（EDSAC）。

⑫ 1952年，第一台"储存程序计算器"诞生；第一台大型计算机系统 IBM701 宣布建造完成；第一台符号语言翻译机发明成功。

⑬ 1954年，第一台半导体计算机由贝尔电话公司研制成功。

小趣闻

冯·诺依曼 1903 年出生于匈牙利布达佩斯，中学时代受到严格的数学训练，19 岁就发表了有影响力的数学论文。他掌握 7 种语言，成为从事科学研究强有力的工具，曾游学柏林大学，成为德国大数学家希尔伯特的得意门生。

1933 年受聘于美国普林斯顿大学高等研究院，成为爱因斯坦最年轻的同事。虽然 ENIAC 显示了电子元件在进行初等运算速度上的优越性，但没有最大限度地实现电子技术所提供的巨大潜力。1944 年，美国军械部要求宾夕法尼亚大学在建造 ENIAC 的同时，重新设计更强有力的计算机。当普林斯顿大学数学教授冯·诺依曼听说美国军械部正在研制 ENIAC 的时候，他正在参加第一颗原子弹的研制工作。在原子核裂变反应过程中涉及大量计算，为此，有成百上千名计算员夜以继日地进行工作，还是不能满足计算要求。于是，他马上意识到 ENIAC 的深远意义。1944 年 8 月到 1946 年 6 月，冯·诺依曼与 ENIAC 小组合作，提出了一个全新的 EDVAC（Electronic Discrete Variable Computer，离散变量自动电子计算机）方案，也称为冯·诺依曼计算机。

ENIAC（图 1-1）虽是第一台正式投入运行的电子计算机，但它不具备现代计算机"存储程序"的思想。1946 年 6 月，冯·诺依曼发表了"电子计算机装置逻辑结构初探"论文，并设计出第一台"存储程序"的离散变量自动电子计算机（The Electronic Discrete Variable Automatic Computer，简称 EDVAC），1952 年正式投入运行，其运算速度是 ENIAC 的 240 倍。

图 1-1　第一台电子计算机 ENIAC

2．计算机的发展历程

在 ENIAC 诞生后的几十年间，计算机的发展突飞猛进。

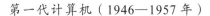

第一代计算机（1946—1957 年）

计算机的发展主要按照计算机的组成部件进行划分，第一代计算机从第一台电子计算机诞生至 1957 年，计算机的主要组成部件是电子管，故又称电子管计算机时代。第一代计算机由于造价高、体积大、可靠性差、速度低（每秒可以做几千次到几万次运算），采用电子射线管作为存储器，存储容量小（容量只有几千字节），输入/输出装置简单，使用不方便，没有操作系统，用户只能通过机器语言和汇编语言操作计算机，故普及率低。主要应用是军事和科学研究。

第一代计算机的特点是操作指令是为特定任务而编制的，每种机器有各自不同的机器语言，功能受到限制，造价高、速度慢。其典型机型有 IBM650、IBM709。

第二代计算机（1958—1964 年）

第二代计算机的主要组成部件是晶体管，故又称为晶体管计算机。随着电子技术的发展，电子元件晶体管也就相应地诞生了，晶体管因其体积小、重量轻、稳定性好、能量损耗小而被用到了第二代计算机中。第二代计算机的运算速度可以达到每秒几十万次，存储容量可以达到几十万字节，还有现代计算机的一些部件如打印机、磁带、磁盘、内存、操作系统等。用户可以通过高级语言（如 FORTRAN、COBOL 和 ALGOL 等）使用计算机，在软件上出现了操作系统。计算机应用领域除科学计算外，还扩充到数据处理等其他领域。典型机型有 IBM7094、CDC7600。

第三代计算机（1965—1970 年）

第三代计算机采用集成电路作为主要部件，故又称为集成电路计算机。随着固体物理学的发展，电路工艺也在不断地提高，可以在几平方毫米的单晶硅片上集成上百个电子元件组成的逻辑电路，又称为集成电路或芯片。第三代计算机的体积变得更小、重量更轻、速度更快、存储容量更大、成本更低，运算速度可以达到每秒几十万次到几百万次，存储器采用半导体存储器。在软件上，操作系统更加完善，计算机不仅应用于工程和科学计算，还和其他技术结合应用到文字处理、企业管理、自动控制等领域。计算机已经渐渐脱离开大学的讲坛、科研机构的实验室，逐步走向了企业，走向人们的生活领域。典型机型是 IBM360。

第四代计算机（1971 年至今）

第四代计算机采用大规模集成电路（Large Scale Integrated，LSI）和超大规模集成电路（Very Large Scale Integrated，VLSI）作为主要部件，又称为大规模集成电路和超大规模集成电路计算机时代。第四代计算机的发展更加成熟，有了完善的操作系统，运算速度可以达到每秒上亿次，使用集成度更高的半导体芯片作为主存储器，计算机的外围设备更加完善，已经出现了光盘、激光打印机、数码照相机、绘图仪、高分辨率显示器等多媒体设备。

经过漫长的沉寂，新中国成立后，中国计算技术迈入了新的发展时期，先后建立了研究机构，在高等院校建立了计算技术与装置专业和计算数学专业，并且着手创建中国计算机制造业。1958 年和 1959 年，中国先后制成第一台小型和大型电子管计算机。20世纪 60 年代中期，中国成功研制一批晶体管计算机，并配制了 ALGOL 等语言的编译程序和其他系统软件。60年代后期，中国开始研究集成电路计算机。70年代，中国已批量生产小型集成电路计算机。80年代以后，中国开始重点研制微型计算机系统并推广应用；在大型计算机，特别是巨型计算机技术方面也取得了重要进展；建立了计算机服务业，逐步健全了计算机产业结构。

表1-1所示为计算机发展历程简表。

表1-1　计算机发展历程简表

时代	年份	物理器件	软件	应用范围
第一代	1946—1957	电子管	机器语言、汇编语言	科学计算
第二代	1958—1964	晶体管	汇编语言和高级语言	科学计算、数据处理
第三代	1965—1970	中小规模集成电路	高级语言和操作系统	逐渐广泛应用
第四代	1971年至今	大规模集成电路	操作系统和应用软件	普及社会各方面

在计算机科学与技术的研究方面，中国在有限元计算方法、数学定理的机器证明、汉字信息处理、计算机系统结构和软件等方面都有所建树。在计算机应用方面，中国在科学计算与工程设计领域取得了显著成就。在有关经营管理和过程控制等方面，计算机应用研究和实践也日益活跃。

3．计算机的应用领域

计算机的应用领域已渗透到社会的各行各业，正在改变着传统的工作、学习和生活方式，推动着社会的发展。计算机的主要应用领域如下：

（1）科学计算（或数值计算）

科学计算是指利用计算机来完成科学研究和工程技术中提出的数学问题的计算。在现代科学技术工作中，科学计算问题是大量的和复杂的。利用计算机的高速计算、大存储容量和连续运算的能力，可以实现人工无法解决的各种科学计算问题。

例如，建筑设计中为了确定构件尺寸，通过弹性力学导出一系列复杂方程，长期以来由于计算方法跟不上而一直无法求解。而计算机不但能求解这类方程，并且引起弹性理论上的一次突破，出现了有限单元法。

（2）数据处理（或信息处理）

数据处理是指对各种数据进行收集、存储、整理、分类、统计、加工、利用、传播等一系列活动的统称。据统计，80%以上的计算机主要用于数据处理，这类工作量大面宽，决定了计算机应用的主导方向。

数据处理从简单到复杂已经历了三个发展阶段，它们是：

①电子数据处理（Electronic Data Processing，EDP），它是以文件系统为手段，实现一个部门内的单项管理。

②管理信息系统（Management Information System，MIS），它是以数据库技术为工具，实现一个部门的全面管理，以提高工作效率。

③决策支持系统（Decision Support System，DSS），它是以数据库、模型库和方法库为基础，帮助管理决策者提高决策水平，改善运营策略的正确性与有效性。

目前，数据处理已广泛地应用于办公自动化、企事业计算机辅助管理与决策、情报检索、图书管理、电影电视动画设计、会计电算化等等各行各业。信息正在形成独立的产业，多媒体技术使信息展现在人们面前的不仅是数字和文字，也有声情并茂的声音和图像信息。

（3）辅助技术（或计算机辅助设计与制造）

计算机辅助技术包括 CAD、CAM 和 CAI 等。

① 计算机辅助设计（Computer Aided Design，CAD）。

计算机辅助设计是利用计算机系统辅助设计人员进行工程或产品设计，以实现最佳设计效果的一种技术。它已广泛地应用于飞机、汽车、机械、电子、建筑和轻工等领域。例如，在电子计算机的设计过程中，利用 CAD 技术进行体系结构模拟、逻辑模拟、插件划分、自动布线等，从而大大提高了设计工作的自动化程度。又如，在建筑设计过程中，可以利用 CAD 技术进行力学计算、结构计算、绘制建筑图纸等，这样不但提高了设计速度，而且可以大大提高设计质量。

② 计算机辅助制造（Computer Aided Manufacturing，CAM）。

计算机辅助制造是利用计算机系统进行生产设备的管理、控制和操作的过程。例如，在产品的制造过程中，用计算机控制机器的运行，处理生产过程中所需的数据，控制和处理材料的流动以及对产品进行检测等。使用 CAM 技术可以提高产品质量，降低成本，缩短生产周期，提高生产率和改善劳动条件。

将 CAD 和 CAM 技术集成，实现设计生产自动化，这种技术被称为计算机集成制造系统（CIMS）。它的实现将真正做到无人化工厂（或车间）。

③ 计算机辅助教学（Computer Aided Instruction，CAI）。

计算机辅助教学是利用计算机系统使用课件来进行教学。课件可以用著作工具或高级语言来开发制作，它能引导学生循序渐进地学习，使学生轻松自如地从课件中学到所需要的知识。CAI 的主要特色是交互教育、个别指导和因人施教。

（4）过程控制（或实时控制）

过程控制是利用计算机及时采集检测数据，按最优值迅速地对控制对象进行自动调节或自动控制。采用计算机进行过程控制，不仅可以大大提高控制的自动化水平，而且可以提高控制的及时性和准确性，从而改善劳动条件、提高产品质量及合格率。因此，计算机过程控制已在机械、冶金、石油、化工、纺织、水电、航天等部门得到广泛的应用。

例如，在汽车工业方面，利用计算机控制机床、控制整个装配流水线，不仅可以实现精度要求高、形状复杂的零件加工自动化，而且可以使整个车间或工厂实现自动化。

（5）人工智能（或智能模拟）

人工智能（Artificial Intelligence，AI）是计算机模拟人类的智能活动，诸如感知、判断、理解、学习、问题求解和图像识别等。现在人工智能的研究已取得不少成果，有些已开始走向实用阶段。例如，能模拟高水平医学专家进行疾病诊疗的专家系统，具有一定思维能力的智能机器人等等。

（6）网络应用

计算机技术与现代通信技术的结合构成了计算机网络。计算机网络的建立，不仅解决了一个单位、一个地区、一个国家中计算机与计算机之间的通信，各种软、硬件资源的共享，也大大促进了国际间的文字、图像、视频和声音等各类数据的传输与处理。

4．计算机的发展趋势

随着计算机技术的发展以及社会对计算机不同层次的需求，未来的计算机将朝着"计算机的消失"发展。当第一台计算机问世时，它的体积大得占据了整个房间，使用它的人需要经过专门培训。后来，计算机进入了千家万户，一个十几岁的少年在几天之内就可以熟练地操作它们。现在，几岁的孩子在玩 iPad，就好像在玩玩具一样。

如今，计算机正在逐渐消失。由于非接触式人机界面的出现，计算机正在融入物联网，融入人们的日常生活环境。我们早已经告别了磁盘，进入了软件即服务的时代，不久的将来，我们也将进入硬件即服务的时代。计算机的发展存在如下趋势：

（1）非接触式人机界面

我们已经习惯了这样的观念，即认为计算机是需要用手来操作的机器，无论是使用键盘、鼠标还是触摸屏。这就是为什么说非接触式人机界面是一种革命。

从微软的 Kinect 到苹果公司的 Siri，再到谷歌眼镜，我们开始期待在未来可以用完全不同的方式操纵计算机。基础的模式识别技术已经前进了几代，多亏加速循环规则（Law of Accelerating Returns）的存在，我们现在已经可以预期，在未来十年里，人机交互将变得非常简单。

（2）原创内容

在过去的几年里，计算机技术已经变得更加本地化、移动化，同时也更具有社交性。未来的数字化战场将转移到消费者的客厅里。网飞公司、亚马逊、微软、谷歌、苹果公司以及有线电视公司都争先恐后地推出新模式下的消费电子娱乐产品，以期占据市场的主导地位。

一种新兴的战略是开发原创节目，以吸引和保持用户群。Netflix 公司推出的首部原创剧集《纸牌屋》（House of Cards）取得了成功。亚马逊和微软很快宣布也要推出它们的原创节目。

（3）多人在线

在过去的十年中，大型多人在线游戏——如《魔兽世界》——风靡一时。与传统的计算机游戏不同，多人在线游戏不是让你简单地与计算机比赛，而是与其他许多人在线PK。这种游戏非常引人入胜。

现在，多人在线生活已经不止于游戏和聊天。美国在线教育网站 Khan Academ 提供成千上万的教育视频，任何入学年龄的孩子都可以在线学习各种学科的课程。该网站最近开发的"大型网上开放课程"（MOOC）向用户免费提供大学教育课程。

多人在线甚至已经渗入政治领域。美国前总统奥巴马曾通过谷歌的 Hangouts 应用与普通选民进行了一次视频群聊。

（4）物联网

物联网（Web of Things）可能是当前最普遍的趋势，它意味着我们接触的几乎任何物体都变成一个计算机终端。我们的房子、汽车，甚至在大街上的物体都将能够与我们的智能手机实现无缝连接，而且这些对象本身之间也是如此。

在未来几年里推动这一趋势是两种互补的技术：近场通信（NFC）和超低功率芯片。近场通信可以让互相靠近的设备进行双向的数据通信；超低功率芯片可以从周围环境中获得能量，它将能够让计算机终端变得无处不在。

（5）人工智能计算机

这是计算的下一个重大挑战。IBM、谷歌和微软等公司都在为将自然语言处理与大数据系统在云中结合起来而努力。这些大数据系统将比我们最好的朋友更了解我们，它们不但包含人类的所有知识，而且将与整个物联网相连接。IBM 的超级计算机沃森（Watson）就是这方面的第一个成果，其售价高达 3 百万美元，但这个价格在十年内将下降到约 3 万美元，届时大多数机构都能够用上它。

1.1.4 信息技术的应用

信息技术的研究包括科学、技术、工程以及管理等学科，这些学科在信息的管理、传递和处理中应用，包括相关的软件和设备及其相互作用。

信息技术的应用包括计算机硬件和软件、网络和通信技术、应用软件开发工具等。随着计算机和互联网的普及，人们日益普遍地使用计算机来生产、处理、交换和传播各种形式的信息（如书籍、商业文件、报刊、唱片、电影、电视节目、语音、图形、影像等）。

在企业、学校和其他组织中，信息技术体系结构是一个为达成战略目标而采用和发展信息技术的综合结构。它包括管理和技术的成分。其管理成分包括使命、职能与信息需求、系统配置和信息流程；技术成分包括用于实现管理体系结构的信息技术标准、规则等。由于计算机是信息管理的中心，计算机部门通常被称为"信息技术部门"。有些公司称这个部门为"信息服务"（IS）或"管理信息服务"（MIS）。另一些企业选择外包信息技术部门，以获得更好的效益。

具体来讲，信息技术主要包括以下几方面技术：

① 感测与识别技术。它的作用是扩展人获取信息的感觉器官功能。它包括信息识别、信息提取、信息检测等技术。这类技术的总称是"传感技术"。它几乎可以扩展人类所有感觉器官的传感功能。传感技术、测量技术与通信技术相结合而产生的遥感技术，更使人感知信息的能力得到进一步的加强。

信息识别包括文字识别、语音识别和图形识别等。通常是采用一种叫作"模式识别"的方法。

② 信息传递技术。它的主要功能是实现信息快速、可靠、安全的转移。各种通信技术都属于这个范畴。广播技术也是一种传递信息的技术。由于存储、记录可以看成是从"现在"向"未来"或从"过去"向"现在"传递信息的一种活动，因而也可将它看作是信息传递技术的一种。

③ 信息处理与再生技术。信息处理包括对信息的编码、压缩、加密等。在对信息进行处理的基础上，还可形成一些新的、更深层次的决策信息，这称为信息的"再生"。信息的处理与再生都有赖于现代电子计算机的超凡功能。

④ 信息施用技术。它是信息过程的最后环节，包括控制技术、显示技术等。

总之，信息技术是人们用来获取信息、传输信息、保存信息和分析、处理信息的技术。

1.2 计算机系统的组成及工作原理

计算机系统由硬件系统和软件系统两大部分组成。硬件系统是组成计算机的所有电子器件、电子线路和机械部件。软件系统是程序以及使用、开发、维护程序所需要文档的集合。硬件系统是计算机工作的基础，是物质条件。软件系统建立在硬件基础上，是对计算机硬件功能的完善和扩充。图 1-2 给出了计算机系统的组成。

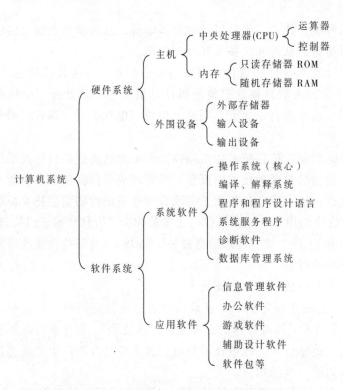

图 1-2　计算机系统的组成

1.2.1　计算机系统的主要组成

计算机硬件都是由一些人们看得见、摸得着的机械部件构成。冯·诺依曼的观点：硬件由运算器、控制器、存储器、输入设备和输出设备这 5 部分组成。控制器和运算器一起合称为中央处理器（Central Process Unit，CPU），CPU 和内部存储器一起称为主机，输入设备（Input）和输出设备（Output）通常称为外围设备（I/O 设备），外围设备还包括外部存储器。

1. 运算器

运算器也称为算术逻辑单元（Arithmetic Logic Unit，ALU），用于对数据进行算术运算和逻辑运算。算术运算主要是指加、减、乘、除，逻辑运算是指与、或、非、异或等逻辑操作，以及比较、移位和传送等操作。

运算器通常由算术逻辑部件（单元）和寄存器组成，算术逻辑部件主要进行算术逻辑运算，寄存器主要用于存放操作数和中间结果。它受控制器控制，将运算结果送回存储器。

2. 控制器

控制器是控制计算机各个部件自动协调工作、完成对指令的解释和执行的指挥中心。控制器通常由指令寄存器、指令译码器、控制电路和时序电路组成。指令执行过程是控制器首先按程序计数器所指出的地址从内存中取出一条指令，并对指令进行分析，根据指令功能向有关部件发出控制命令，实现相应的操作；然后再对下一条指令进行分析、执行，直到全部程序结束。

 注意： 控制器和运算器合称中央处理器，通常称 CPU，CPU 是计算机的核心。

CPU 是 PC 最核心的部件，如图 1-3 显示，它决定了 PC 的速度和性能。CPU 的两个重要指标是字长和时钟频率（主频）。字长反映了 PC 能同时处理的数据的长度，目前常见的有 32 位和 64 位，以 64 位居多。时钟频率则反映了 PC 的工作速度。

2016 年上半年，Intel 公司推出了目前为止性能最强的十核心的 CPU——Core i7 6950X，主频为 3.0 GHz，在 Windows 10 多任务操作系统环境下表现更出色，进一步提高了计算机的性能。

2015 年 8 月，我国自主研发的新一代处理器"龙芯 3A2000"和"龙芯 3B2000"问世，龙芯 3A 集成了四个 64 位超标量处理器核、4 MB 的二级 Cache、两个 DDR2/3 内存控制器、两个高性能 HyperTransport 控制器、一个 PCI/PCIX 控制器以及 LPC、SPI、UART、GPIO 等低速 I/O 控制器。这标志着我国在高科技核心领域的自主创新又取得了新的进展。

图 1-3 CPU

3. 存储器

存储器是计算机的存储记忆数据的部件，通常分为内部存储器和外部存储器（简称内存和外存），或称为主存储器和辅助存储器（简称主存和辅存）。计算机程序在执行之前必须将程序装入内存，内存是计算机用于直接存取程序和数据的存储器。内存通常又分为只读存储器(Read only Memory, ROM)和随机(读写)存储器(Random Access Memory, RAM)。ROM 顾名思义是用户只能读（使用）而不能写入信息的存储器。RAM 可以存储信息，在其中执行程序，但这种存储只能是临时的，关机后其信息将会丢失。要想永久保存信息，必须将信息存到外存中，外存属于外围设备的一部分。

存储器是用二进制数 0 和 1 来存储信息的。在内存中，整个空间被划分为若干个存储单元，每个存储单元可以存放一个字节（8 位二进制数）并给予唯一的编号，称为单元地址或编址，单元地址是固定不变的，但存储单元中的内容可以改变。向存储单元中存（写）入或取（读）出信息称为访问存储器，通常在访问存储器时，首先给出存储单元地址，经过译码器后选中存储单元，再经过读写控制电路根据读写要求来确定访问方式，最后按要求完成读写操作。

每存储一个 0、1 的二进制数需要占一个"位"，称为比特（bit），bit 是存储的最小单位，将 8 个位记为一个字节（Byte）。在内存中的存储容量是以字节作为基本单位来表示的，实际使用的单位还有千字节（KB，Kilobyte）、兆字节（MB，Megabyte）、千兆字节（GB，Gigabyte）、万兆字节（TB，Terabyte）等。具体参看表 1-2 存储单位及其换算关系表。

表 1-2 存储单位及其换算关系表

单位缩写	中文单位	换算关系
Bit	位	
Byte	字节	1 Byte = 8 Bit
K	千字节	1 KB = 1024 Byte
M	兆字节	1 MB = 1024 KB
G	千兆字节	1 GB = 1024 MB
T	万兆字节	1 TB = 210 GB
PB	十万兆字节	1 PB = 210 TB
EB	百万兆字节	1 EB = 210 PB
ZB	千万兆字节	1 ZB = 210 EB
YB	亿万兆字节	1 YB = 210 ZB
BB	十亿万兆字节	1 BB = 210 YB
NB	百亿万兆字节	1 NB = 210 BB

 小趣闻

1 NB＝2^{60}TB，如果用 1 TB 的硬盘来表示，约折合 1 152 921 504 606 846 976 个 1TB 硬盘，总重量约为 77 245 740 809 万吨。目前最大的船——诺克·耐维斯号，载重量为 56 万吨，也就是说，储存 1NB 数据的 1TB 硬盘，要诺克·耐维斯号最少来回拉 1 379 388 229 次（约 14 亿次），估计 1 000 条诺克耐维斯号都要报销了。现在了解 1 NB 的概念了吧？是不是当之无愧的了不起？人类发展这么多年才到 TB 储存时代，不知道编者有生之年，能不能发展到 NB 时代呢？

（1）内部存储器

① ROM。PC 的内部存储器有 ROM、RAM 和 Cache（缓冲存储器）。ROM 的一个例子是 CMOS，用来保存计算机最重要的引导程序、开机自检程序和系统配置数据，由厂家在生产时用专门设备写入，由纽扣电池供电，不受计算机电源关闭的影响。

② RAM。RAM 是 PC 的主存储器，其容量大小随 PC 的档次不同而不同。RAM 做成内存条，插在主板插座上，可以组合使用，图 1-4 所示 DDR4 内存条。所以 RAM 的容量都按照单个内存条的存储容量成倍数增加，例如 1GB、2GB、4GB、8GB 等。通常说的

"内存大小"都是指 RAM 的容量。内存的大小、速度要与 CPU 的速度相匹配。

图 1-4 DDR4 内存条

③ Cache。Cache 是一种速度快、造价较高的随机存储器，称为高速缓存。由于 CPU 的速度快，内存的速度慢，使得 CPU 与内存之间的速度不匹配，为了促使 CPU 的利用率提高，将 Cache 配置在 CPU 与内存之间，计算机运行时将内存的内容复制到 Cache 中。CPU 读、写数据时先访问 Cache，当 Cache 没有所需的数据时，CPU 才去访问内存。这样可以提高数据的存取速度，又有较高的性价比。

（2）外部存储器

① 硬盘驱动器。硬盘驱动器和光盘驱动器是 PC 的外部存储器，属于外围设备，必须通过驱动器控制卡与主机连接。与内部存储器不同的是，硬盘驱动器的信息在关闭主机电源后仍然可以保存。目前主流的硬盘驱动器分类有 3 种：传统的机械式硬盘（Hard Disk Drive，HDD）、固态硬盘（Solid State Drives，SSD）和两者混合的混合硬盘。

机械硬盘是由硬盘片、驱动器机械装置和控制电路组成。硬盘片由刚性的合金圆片制作，盘片两面都敷有磁性介质，用于记录信息。一个硬盘驱动器内含有几张硬盘片，安装在同一根主轴上。硬盘片与硬盘驱动器机械装置合为一体，密封在金属盒体中，统称为硬盘（硬盘驱动器）。目前，硬盘的容量从 320 GB 到 4TB 不等。

固态硬盘用固态电子存储芯片阵列而制成的硬盘，由控制单元和存储单元（FLASH 芯片、DRAM 芯片）组成。固态硬盘在接口的规范和定义、功能及使用方法上与普通硬盘完全相同，在产品外形和尺寸上也完全与普通硬盘一致。固态硬盘和机械硬盘区别如表 1-3 所示。

表 1-3 固态硬盘和机械硬盘区别对比表

项　目	固态硬盘（SSD）	机械硬盘（HDD）
容　量	较小	大
价　格	贵	便宜
随机存取	极快	一般
写入次数	SLC:10 万次/MLC:1 万次	无限制
磁盘阵列	可	极难
工作噪音	无	有
工作温度	极低	较为明显
防震能力	很好	较差
数据恢复	难	容易

混合硬盘是一块基于传统机械硬盘诞生出来的新硬盘，除了机械硬盘必备的碟片、马达、磁头等，还内置了 NAND 闪存颗粒，这颗颗粒将用户经常访问的数据进行储存，可以达到如 SSD 效果的读取性能。这 3 种不同的硬盘如图 1-5 所示。

图 1-5　HDD、SSD 和混合硬盘对比图

② 光盘驱动器。光盘驱动器是基于激光技术的外围存储设备，如图 1-6 所示，由光盘驱动器机械装置和控制线路组成，其存储介质是光盘。只读光盘，即 CD-ROM（Compact Disk-Read Only Memory），是一个有铝反射层的塑料圆盘，其上压制有记录信息的一连串凹坑。凹坑边缘转折处表示 1，平坦无转折处则表示 0。这样就可以用凹坑和非凹坑两种状态来表示数字化的信息。凹坑形成的"光道"不是同心圆，而是由里向外旋转的螺旋线。

当光盘旋转时，光盘驱动器的光学头发出激光束聚焦于光盘的信息面上，并检测反射回来的光束的强度。由于照射的激光束从凹坑转到非凹坑，或从非凹坑转到凹坑时，反射光的强度将发生变化，光学头将反射的光信号转变为电信号，然后经电子线路处理，还原为 0、1 代码串。这就是所谓"光存储技术"的基本原理。

图 1-6　光盘驱动器

目前的光盘种类主要有 CD、DVD、蓝光光盘（BD）。CD 都是单面的，容量是 700 MB，相当于 5 万页资料或 20 年人民日报的内容；一张单面 DVD 容量 4.7 GB，双面 DVD 存储数据量达到 9.4 GB；而一张蓝光光盘的容量可达到 25 GB，BDXL 实际上就是三层或四层的蓝光碟片，一张 BDXL 容量高达 128 GB，图 1-7 列出了不同光盘的容量对比图。光盘也因此被称为海量存储器，但光盘驱动器的不足是读出数据的速度比硬盘慢。

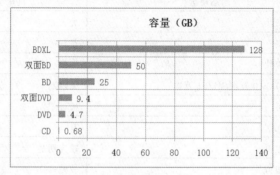

图 1-7　不同光盘的容量对比图

③ 移动存储器。常见的移动存储器有移动硬盘和 U 盘，如图 1-8 所示，左边是移动硬盘，右边是 U 盘。它们都通过 USB 接口与主机连接。U 盘是一种可读、写的半导体存储器，其存储实体是闪存（Flash memory）。U 盘具有优异的特性：即插即用，容量可达 1～64GB，不怕摔不怕水，可擦写 100 万次，存储的信息可保存 10 年以上。其体积小，质量仅 20 克左右，便于携带。

图 1-8　移动硬盘和 U 盘

移动硬盘采用固定硬盘技术，移动硬盘的特点是：大容量、高速度、轻巧便捷、安全易用，目前存储容量可达到 4 TB，通过 USB 接口的数据线与主机连接。即插即用，不用时可以拔下。移动硬盘适合于需要复制海量数据的场合。

4．输入设备

输入设备是用来"感知"或"接受"外部世界信息的设备。它的功能是将数据、程序通过接口电路转换成 0、1 的代码串，并将代码串送到内存中。

常用的输入设备有键盘、鼠标、麦克风、摄像头、光笔、扫描仪、数码照相机、触摸屏等。

（1）键盘

键盘是最常用也是最主要的输入设备，通过键盘，可以将英文字母、数字、标点符号等输入到计算机中，从而向计算机发出命令、输入数据等。键盘，由一组按阵列方式装配在一起的按键开关组成，每按下一个键就相当于接通了相应的开关电路，把刻键的代码通过接口电路送入计算机。总体分类按照应用可以分为台式机键盘、笔记本式计算机键盘、工控机键盘，双控键盘、超薄键盘五大类。键盘独立于 PC 的主机箱，通过电缆插入主机板的键盘插座连接主机。目前，标准键盘有 101 个键。

键盘的键区可分为打字键区、功能键区、光标移动键区、数字键区和专用键区这 5 个区，如图 1-9 所示。

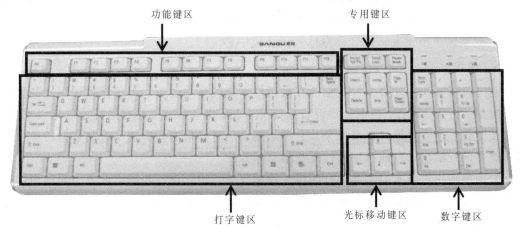

图 1-9　键盘键区示意图

（2）鼠标

目前常见的鼠标为光电式鼠标，用光学传感器作光学定位。当鼠标指针移到屏幕预定的位置，点击鼠标上的键就可以实现特定的输入。击键产生的信号通过连线传给主机，结合鼠标指针在屏幕上的位置，就可以知道用户输入信号的用意，引发相应的操作。

鼠标虽然有两键和三键之分，但使用方法基本相同。一般多使用左键和右键。鼠标的基本操作有如下 4 种：

- 移动：不按键，将鼠标在平面上移动，直到鼠标指针指向屏幕上的某一项。
- 单击：轻击并快速释放按键。
- 双击：连续快速击同一个键两次。
- 拖动：按住键不释放且移动鼠标。

由于左键使用频率高于右键，因此在下面的行文中，如不特别指明，有关鼠标的操作均指左键。如使用右键，将特别指明为"右击"。

鼠标的指针在不同的情况下会有所变化。例如，变为漏斗形表示机器正在执行某项任务，操作者需要等待；变为双箭头形表示可以拉动窗口的边框，改变窗口的大小。此外，还有条形、十字形、手形等，不同的形状表示不同的意义。

（3）其他输入设备

其他输入设备有扫描仪、数码照相机、摄像头（网眼）、条码阅读器、麦克风、触摸屏、手写笔等。

- 扫描仪可以将图形（模拟信号）转化为点阵信息（数字信导）输入到计算机。
- 数码照相机（Digital Still Camera，DSC）与传统照相机的不同在于使用闪存芯片作为存储介质，存储的不是模拟信号而是数字信号。从照相机的镜头传来的光信号被光电转换器件做成的接收板接收，把光信号转换成对应的模拟电信号，再经过 A/D 模数转换使模拟电信号转换为数字信号。
- 摄像头是一种视频输入设备，通过 USB 接口连接到主机。可以获取现场的视频图像，用于视频聊天、视频会议、远程医疗及实时监控等；也可以作为数码相机使用。
- 用条码阅读器扫描条形码时，可以将宽度不同的黑白条形码转换成对应的编码，输入到计算机中，应用于图书馆的借书、还书，超市结账等。
- 麦克风主要用来将语音信号输入计算机中。

5. 输出设备

输出设备（Output Device）是计算机硬件系统的终端设备，用于接收计算机数据的输出显示、打印、声音、控制外围设备操作等。也是把各种计算结果数据或信息以数字、字符、图像、声音等形式表现出来。它的功能是将计算机内存中的二进制数据转换为人们所需要的或输出设备能识别和接受的信息形式。

常用的输出设备有显示器、打印机、绘图仪等。输入设备和输出设备一起称为计算机的外围设备，有的设备既是输入设备又是输出设备，如硬盘驱动器。

（1）显示器

显示器（又称监视器）是 PC 主要的输出设备。根据显示器型号的不同，要通过不同的显卡（又称显示适配器）与主机连接。

按照成像原理划分，显示器可以分为阴极射线管显示器（Cathode Ray Tube，CRT）、液晶显示器（Liquid Crystal Display，LCD）、LED 显示器（Light Emitting Diode，LED）、3D 显示器、OLED 显示器、等离子显示器（Plasma Display Panel，PDP）这 6 大类。下面对前 5 类进行说明。

- CRT 是一种使用阴极射线管的显示器，主要有五部分组成:电子枪（Electron Gun），偏转线圈（Deflection Coils），荫罩（Shadow Mask），荧光粉层（Phosphor）及玻璃外壳。它曾是应用最广泛的显示器之一，其特点是：分辨率高，色彩丰富，技术成熟，使用寿命长，但是体积大，耗电大。

- LCD 的构造是在两片平行的玻璃基板当中放置液晶盒，下基板玻璃上设置 TFT(薄膜晶体管），上基板玻璃上设置彩色滤光片，通过 TFT 上的信号与电压改变来控制液晶分子的转动方向，从而达到控制每个像素点偏振光出射与否，进而达到显示目的。其特点是：体积小，质量轻，图像清晰，成像稳定无闪烁。

- LED 显示器通过控制半导体发光二极管的显示方式来呈像，以其色彩鲜艳、动态范围广、亮度高、寿命长、工作稳定可靠等优点，成为最具优势的新一代显示媒体。用来各种信息的显示屏幕。目前，LED 显示器已广泛应用于不同环境。

- 3D 显示器一直被公认为显示技术发展的终极梦想，多年来有许多企业和研究机构从事这方面的研究。传统的 3D 电影在荧幕上有两组图像（来源于在拍摄时的互成角度的两台摄影机），观众必须戴上偏光镜才能消除重影，形成视差，产生立体感。

- OLED 显示器是利用有机电子发光二极管制成的显示器。由于同时具备自发光而不需背光源、对比度高、厚度薄、视角广、反应速度快、可用于挠曲性面板、使用温度范围广、构造及制程较简单等优异之特性，被认为是下一代的平面显示器新兴应用技术。

图 1-10 所示为 CRT、LCD、LED 显示器。

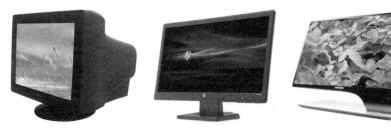

图 1-10　CRT、LCD 和 LED 显示器

显示器的主要指标：①分辨率，分辨率指的是屏幕横向和纵向显示的点（像素）数。分辨率越高显示的内容越清晰；②色彩深度，指的是在一点上表示色彩的二进制位数（bit），有 16 位、32 位等。位数越多，色彩变化越多，层次越丰富，图像越精美，但是需要使用的显示缓冲区（显存）也越大。③屏幕尺寸：指屏幕对角线的长度。有 21、23、27、29 英寸等几种。屏幕尺寸越大，其显示的图像尺寸也越大，但是不等于图像越精美。只有分辨率高的显示器才有精美、清晰的画面。这两个指标需要适当搭配。

（2）打印机

打印机是 PC 的另一种基本输出设备,通过并行打印接口或 USB 接口与主机相连接。

PC 可以配置的打印机种类很多，有点阵式打印机、喷墨打印机、激光打印机、3D 打印机等。

① 点阵式打印机。点阵式打印机属于击打式打印机。输出时将字符或图形分解为点阵，驱动程序控制打印头的钢针出针，穿过色带，将点阵印到打印纸上。按照打印纸的宽度，点阵式打印机分为宽行（132 列）和窄行（80 列）两种。点阵式打印机噪音较大，速度较慢，打印的质量能满足普通场合的需要。

② 激光打印机。利用激光扫描技术将计算机输出的字符、图形转换成字符点阵信号，载有字符信息的激光束在感光鼓上形成静电潜像。利用类似静电复印原理的电子照相技术，经显影、转印和加热将墨粉中的树脂融化并固定在打印纸上。激光打印机打印时噪音小，打印质量高，速度快，但是设备价格较高，消耗材料价格略低于喷墨打印机。

③ 喷墨打印机。将字符或图形分解为点阵，用打印头上许多精细的喷嘴，直接将墨水喷射到打印纸上。喷墨打印机价格较低，打印时噪音小，打印的质量接近激光打印机。但是墨水盒和打印纸等消耗材料价格高，要用质量高的打印纸才能获得好的打印效果，比较适合输出彩色图像。机器维护要求高，残留的墨水干涸容易堵塞喷头。

激光打印机和喷墨打印机都是非击打式打印机。

④ 3D 打印机。3D 打印机又称三维打印机（3DP），是一种累积制造技术，即快速成形技术的一种机器，它以数字模型文件为基础，运用特殊蜡材、粉末状金属或塑料等可黏合材料，通过打印一层层的黏合材料来制造三维的物体。现阶段三维打印机被用来制造产品。3D 打印机的原理是把数据和原料放进 3D 打印机中，机器会按照程序把产品一层层造出来。图 1-11 为 3D 打印机。

图 1-11　3D 打印机

（3）其他输出设备

其他输出设备有绘图仪、音箱、耳机等。绘图仪将图形数字信号转换成模拟信号，并绘制到图纸上，多用于工程设计部门。音箱、耳机可以输出音频信号。

1.2.2　计算机系统的工作原理

计算机的工作过程实际上是快速地执行指令的过程。当计算机在工作时，有两种信息在执行指令的过程中流动：数据流和控制流。

数据流是指原始数据、中间结果、结果数据、源程序等。控制流是由控制器对指令进行分析、解释后向各部件发出的控制命令，指挥各部件协调地工作。

我们现在所使用的计算机无论是大型机还是微型机，都还是冯·诺依曼式计算机，存储程序的设计思想可以概括为以下三点：

① 计算机应包括运算器、存储器、控制器、输入设备和输出设备 5 部分。

② 计算机内部应采用二进制数来表示指令和数据，每条指令一般具有一个操作码和一个地址码。操作码表示运算性质，地址码指出操作数在存储器中的位置。

③ 将编制好的程序和原始数据送入主存储器中，然后启动计算机工作，计算机应在不需要人工干预的情况下，自动逐条取出指令和执行任务。

计算机的工作过程就是执行程序的过程，首先用户通过输入设备将要处理的程序或数据输入到计算机内存储器中，然后控制器逐条从存储器中取出指令进行分析，分析指令的性质，并按要求控制指令的执行，直到执行完毕，然后再进行下一条指令的执行。程序如何组织涉及计算机的体系结构问题。图1-12给出了计算机的简单工作原理。

在冯·诺依曼体系结构下，计算机的定义是：计算机是一种能够按照事先存储的程序，自动、高速地对数据进行输入、处理、输出和存储的系统。更确切地说，计算机是一种数据处理机，计算机能够把输入的数据进行加工处理，并输出处理结果。

所谓存储程序是指事先编制好程序（程序是指令的有限序列，这个指令序列告诉计算机需要做什么，按什么步骤去做），并将程序和数据通过输入设备存入计算机的存储器中，计算机在运行时就能自动、连续地从存储器中按照程序逐条取出指令并执行，执行的中间结果和最终结果都存入存储器中，最后再从存储器中取出处理结果，通过输出设备呈现给用户，因此，计算机的工作过程就是运行程序的过程，也就是执行指令的过程。

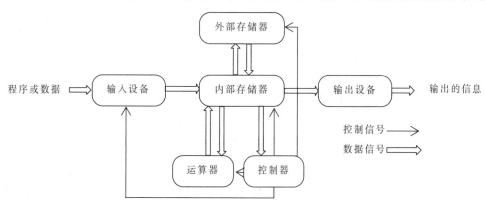

图 1-12 冯·诺依曼式计算机工作流程图

小知识

人类进入机器时代后，总是从机器的外部对机器的运行过程和状态进行控制，如对织布机、蒸汽机的操作。最早期的计算机也是沿用了这个思想，例如，ENIAC只有数据是存储在计算机内部的，对数据处理过程的控制要通过计算机外部的开关或改变布线才能实现。人们很快认识到，这种从机器外部对机器施加控制的传统方法在计算机上是行不通的，因为将控制从外部提交给计算机的速度远远赶不上计算机执行操作的速度。存储程序是人类控制机器的一次革命性的突破，也是计算机实现真正自动化的根本原因之一。

指令是告诉计算机做什么以及如何做的命令，控制器根据指令来指挥和控制计算机各部分协调工作。一条指令是计算机硬件可以执行的一个非常低级的操作，如加、减、数据传送、移位等。记住这一点很重要：计算机所做的每一件事情都被分解为一系列极其简单又极其快速的算术运算或逻辑运算。程序在执行时首先被装入存储器中，然后重复执行下述操作：①取指令（读取），控制器从存储器中取出一条指令；②分析指令（译码），控制器分析所取指令的操作码，确定执行什么操作；③执行指令（执行），控制器根据所取指令的含义，发出相应的操作命令；程序的执行过程就是一条条指令的执行过程，控制器不断地取指令、分析指令、执行指令，直至程序结束。

1.3 计算机中信息的表示

信息（Information），有目的地标记在通信系统或是计算机上面的输入信号（如密码中的一个数字或一个字母）。狭义的信息可以理解为消息、情报、资料、指令、信号、数据等关于环境的知识。其表现形式包括语言、文字、图形和图像、声音、视频等。

信息化是以当前发达的通信技术、网络互联技术、数据存储技术为根本，对所研究对象各要素汇进行汇总，供某些需要的人群进行工作、学习、生活等和人们息息相关的各种行为相结合的一种技术，使用该技术后，可以极大提高人类各行为的效率，为推动人类社会进步提供极大的技术支持。随着中国经济的高速增长，中国信息化有了显著的发展和进步，缩小了与发达国家的距离。我国信息化已走过两个阶段，正向第三阶段迈进。第三阶段定位为新兴社会生产力，主要以物联网和大数据为代表，这两项技术掀起了计算机、通信、信息内容的监测与控制的 4C 革命，网络功能开始为社会各行业和社会生活提供全面应用。国家主席习近平在中央网络安全和信息化领导小组第一次会议提出的"没有网络安全就没有国家安全，没有信息化就没有现代化"，充分突显了信息化的重要地位。

信息化如此重要，那么信息在计算机内部又是如何存储、处理的呢？计算机要处理各种各样的数据，这些数据都要利用电子元器件的物理状态来表示，就要对各种不同的数据进行编码，包括数值和非数值的表示问题。

计算机可以处理的信息除了数值数据之外，还有非数值数据，如：文字、符号、声音、图像、视频等，这些信息也必须表示为二进制编码的形式，计算机才能进行处理，以下就介绍一些常用的编码标准。

1.3.1 计算机中常用的数制

1．数值在计算机内部的表示形式

按进位（当某一位的值达到某个固定量时，就要向高位产生进位）的原则进行计数的方法称为进位计数制，简称进制。我们熟知的表示数值的计数方法为十进制计数法，俗称"逢十进一"，它的定义为："每相邻的两个计数单位之间的进率都为十"的计数法则。那计算机内部又是用什么计数方法进行数值的记录呢？因为硬件是计算机的物质基础，为了方便物理元器件实现信息的记录，0、1 两个符号很容易用来表示物理器件不同的状态（例如开关的通、断；电池的正、反两个方向；晶体管的导通和截止等），所以计算机内部表示数值通常使用二进制计数法。

计算机内表示数值涉及的问题有：数字符号的表示、数值表示法则及其运算规则、二进制及其他进位制表示法之间的转换、非数值型数据的表示等。

2．十进制

十进制计数法用 10 个不同的符号（0，1，2，3，4，5，6，7，8，9）来表示数，这些符号又称为"数码"。一个十进制数可用一个多项式展开。例如，527 可以写成：

$$527 = 5 \times 10^2 + 2 \times 10^1 + 7 \times 10^0$$

式中 10^2、10^1、10^0 分别称为百位、十位、个位的"权值"。权值是 10 的方幂，10 称为基数。同样的数码所在的"位"不同，其权值也就不同。权值乘以数码，就是该数码所表示的实际数值。各位数码所表示的数值之和，就是一个十进制数所表示的数值。

十进制进位的规则是"逢十进一"。

3．二进制

二进制计数法用 2 个不同的数码（0 和 1）来表示数，低进高的规则是"逢二进一"，基数是 2,二进制数 11001.01 用多项式展开可以写成（括号外使用下标表示不同的进制）：

$$(11001.01)_2 = (1\times2^4+1\times2^3+0\times2^2+0\times2^1+1\times2^0+0\times2^{-1}+1\times2^{-2})_{10}$$
$$=(16+8+1+0.25)_{10}$$
$$=(25.25)_{10}$$

4．八进制

八进制计数法用 8 个不同的数码（0，1，2，3，4，5，6，7）来表示数，低进高的规则是"逢八进一"，基数是 8，八进制数 107 用多项式展开可以写成：

$$(107)_8 = (1\times8^2+0\times8^1+7\times8^0)_{10}$$
$$=(64+0+7)_{10}$$
$$=(71)_{10}$$

5．十六进制

十六进制计数法用 16 个不同的数码（0，1，2，3，4，5，6，7，8，9，A，B，C，D，E，F）来表示数，低进高的规则是"逢十六进一"，基数是 16，十六进制数 2A6F 用多项式展开可以写成：

$$(2A6F)_{16} = (2\times16^3+10\times16^2+6\times16^1+15\times16^0)_{10}$$
$$=(8\ 192+2\ 560+96+15)_{10}$$
$$=(10\ 863)_{10}$$

表 1-4 列出了以上几种常用的进位制对相同数值的表示对照表。

表 1-4 四种进位制对照表

十进制		二进制		八进制		十六进制
0	=	0	=	0	=	0
1	=	1	=	1	=	1
2	=	10	=	2	=	2
3	=	11	=	3	=	3
4	=	100	=	4	=	4
5	=	101	=	5	=	5
6	=	110	=	6	=	6
7	=	111	=	7	=	7
8	=	1000	=	10	=	8
9	=	1001	=	11	=	9
10	=	1010	=	12	=	A

十进制		二进制		八进制		十六进制
11	=	1011	=	13	=	B
12	=	1100	=	14	=	C
13	=	1101	=	15	=	D
14	=	1110	=	16	=	E
15	=	1111	=	17	=	F

表 1-5 列出了计算机常用的几种进位计数制。

表 1-5　常用进位计数制规则表

数 制	基 数	数 码	尾 标
二进制	2	0、1	2、B
八进制	8	0～7	8、O
十进制	10	0～9	10、D
十六进制	16	0～9、A～F	16、H

例如：同样是十进制的 71，可以有 2 种写法，$(71)_{10}$、$(71)_D$。

1.3.2　常用数制之间的转换

计算机内部一切信息的处理、存储都是使用二进制的形式，但由于二进制的阅读很不方便，在阅读或书写时通常使用十六进制或八进制来表示，这是因为十六进制和八进制之间有着非常简单的对应关系。现在，开始介绍二进制数与其他进制数之间的转换，先从二进制数与十进制数的转换开始学习。

1．二进制数转换为十进制数

将二进制数$(1011110)_2$转换为十进制数，只要写出其按权展开式，计算出结果即可。计算过程过程如下：

$$(1011110)_2 = (1\times2^6+0\times2^5+1\times2^4+1\times2^3+1\times2^2+1\times2^1+0\times2^0)_{10}$$
$$= (64+16+8+4+2)_{10}$$
$$= (94)_{10}$$

在不同进位制数值转换成十进制数的计算中，掌握了二进制数转换成十进制数是其他进位制数转换成十进制数的基础，八进制数和十六进制数转换成十进制数，只需要把基数换成相应进制对应的基数即可。例如：

$$(77)_8 = (7\times8^1+7\times8^0)_{10}$$
$$= (56+7)_{10}$$
$$= (63)_{10}$$

和

$$(6F)_{16} = (6\times16^1+15\times16^0)_{10}$$
$$= (96+15)_{10}$$
$$= (111)_{10}$$

2．十进制数转换为二进制数

将$(42)_{10}$转换为二进制数的过程如下：

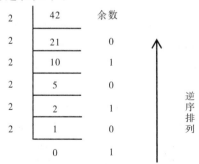

直到商为 0，结束运算，将余数逆序排列，即为：

$$(42)_{10}=(101010)_2$$

同样的道理，十进制数转换为八进制数时，整数部分采用"除 8 取余逆序排列法"；十进制数转换为十六进制数时，整数部分采用"除 16 取余逆序排列法"。

3．二进制数与八进制数之间的转换

在二进制数与八进制数之间存在如下关系：

二进制	000	001	010	011	100	101	110	111
八进制	0	1	2	3	4	5	6	7

在上表的基础上，将二进制数不足 3 位的，高位补 0，从而得出上表。

现将$(1101110001.1011)_2$转换为八进制数，高位及低位不足 3 位用 0 补充，加粗倾斜的 0 为补充的，如下所示：

001	101	110	001	.	101	100
1	5	6	1	.	5	4

故

$$(1101110001.1011)_2=(1561.54)_8$$

反之，将八进制数转换为二进制数就是上述的逆过程，将高位及低位补充的 0 去掉，即可得到结果，加粗倾斜的 0 为补充的，如下所示：

1	5	6	1	.	5	4
001	101	110	001	.	101	100

故

$$(1561.54)_8=(1101110001.1011)_2$$

4．二进制数与十六进制数之间的转换

在二进制数与十六进制数之间存在如下关系：

二进制	0000	0001	0010	0011	0100	0101	0110	0111
十六进制	0	1	2	3	4	5	6	7
二进制	1000	1001	1010	1011	1100	1101	1110	1111
十六进制	8	9	A	B	C	D	E	F

在上表的基础上，将二进制数不足 4 位的，高位补 0，从而得出上表。

现将(1111011100001.111001)₂转换为十六进制数，高位及低位不足 4 位用 0 补充，加粗倾斜的 0 为补充的，如下所示：

0001	1110	1110	0001	.	1110	0100
1	E	E	1	.	C	4

故

$$(1111011100001.111001)_2=(1EE1.C4)_{16}$$

反之，将十六进制数转换为二进制数就是上述的逆过程，将高位及低位补充的 0 去掉，即可得到结果，加粗倾斜的 0 为补充的，如下所示：

1	E	E	1	.	C	4
0001	1110	1110	0001	.	1110	0100

故

$$(1EE1.C4)_{16}=(1111011100001.111001)_2$$

1.3.3 计算机中数据的编码

1. 计算机中英文字符的表示

英文字符是指计算机中的字母、数字、符号等，包括：1、2、3、A、B、C、a、b、c、～！……—*（ ）+等。当前，国际上主流采用"美国信息交换标准代码"作为标准，其全称为 American Standard Code Of Information Interchange，简称 ASCII 码。编码中，用 8 位二进制的 0、1 代码串来表示一个字符，其中最高（左）位为 0，实际上，存储一个英文字符时需要 1 个字节。ASCII 表（详见附录 A 标准 ASCII 表）给出了共 34 个动作控制符的编码标准，52 个英文字母，10 个数码，32 个通用符号。

2. 计算机中汉字字符的表示

我国用户在使用计算机进行信息处理时，一般都要用到汉字，在计算机中使用汉字必须解决汉字的输入、输出及汉字处理等一系列问题。由于汉字数量多，汉字的形状和笔画多少差异极大，无法用一个字节的二进制代码实现汉字编码，在 GB 2312 编码或 GBK 编码中，一个汉字字符存储需要 2 个字节。因此汉字有自己独特的编码方法，在汉字输入、输出、存储和处理的不同过程中，所使用的汉字编码不相同，归纳起来主要有汉字输入码、汉字交换码、汉字机内码和汉字字形码等编码形式。

① 汉字输入码是为由计算机外围设备输入汉字而编制的汉字编码，又称外码。汉字输入码位于人机界面上，面向用户，编码原则简单易记、操作方便，有利于提高输入速度，汉字的输入编码很多，归纳起来主要有数字编码、字音编码、字形编码和音形结合编码等几大类，每种方案对汉字的输入编码并不相同，但经转换后存入计算机内的机内码均相同。例如，以全拼输入编码输"yan"，或以五笔字型输入法输入"YYYY"都能得到"言"这个汉字对应的机内码。这个工作由汉字代码转换程序，依照事先编制好的输入码对照表完成转换。

② 汉字交换码是指在对汉字进行传递和交换时使用的编码，也称国标码。1981 年，

国家标准局颁布了《信息交换用汉字编码字符集（基本集）》，简称 GB 2312—1980，代号国标码，是在汉字信息处理过程中使用的代码的依据。GB 2312—1980 共收集汉字、字母、图形等字符 7 445 个，其中汉字 6 763 个（常用的一级汉字 3 755 个，按汉语拼音字母顺序排列；二级汉字 3 008 个，按部首顺序排列）。此外，还包括一般符号、数字、拉丁字母、希腊字母、汉语拼音字母等。在该标准集中，每个汉字或图形符号均采用双字节表示，每个字节只用低 7 位；将汉字或图形符号分为 94 个区，每个区分为 94 个位，高字节表示区号，低字节表示位号。国标码一般用十六进制表示，在一个汉字的区号和位号上分别加十六进制 20H，即构成该汉字的国标码。例如，汉字。"保"位于 17 区 03 位，其区位码为十进制数 1703D，对应的国标码为十六进制数 3023H。

③ 汉字机内码是只在计算机内部存储、处理、传输汉字用的代码，又称内码。汉字国标码作为一种国家标准，是所有汉字都必须遵循的统一标准。但由于国标码每个字节的最高位都是"0"，与国际通用的 ASCII 码无法区别，必须经过某种变换才能在计算机中使用。英文字符的机内代码是 7 位的 ASCII 码，最高位为"0"，而将汉字机内代码两个字节的最高位设置为"1"，这就形成汉字的内码。

④ 汉字字形码是表示汉字字形信息的编码。目前在汉字信息处理系统中大多以点阵方式形成汉字，所以汉字字形码就是确定一个汉字字形点阵的代码。全点阵字形中的每一点用一个二进制位来表示，随着字形点阵的不同，所需要的二进制位数也不同。例如，24×24 的字形点阵，每字需要 72 字节；32×32 的字形点阵，每字共需 128 字节，与每个汉字对应的这一串字节，就是汉字的字形码。几种常见的汉字点阵类型的参数如表 1-6 所示。

表 1-6　几种常见的汉字点阵类型参数表

点阵类型	点阵参数（行×列）	每个汉字占的字节数
简易型	16×16	32 B
普及型	24×24	72 B
提高型	32×32	128 B
精密型	48×48	288 B

以点阵类型为简易型为例，在 16×16 的点阵当中，必须要用 0、1 的代码串来表示字，点阵中每个点只有两种状态：有笔画上的点和无笔画上的点，那么，有笔画上的点用"1"表示，无笔画上的点用"0"表示，这样就能用一串 0、1 代码串来表示一个汉字了。如汉字"中"就可以用图 1-13 所示的点阵来表示。

通过输入设备输入到计算机中的任何信息，都必须转换成二进制数的表示形式，才能被计算机硬件所识别，所以掌握信息在计算机中的表示方法非常重要。

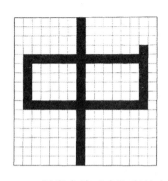

图 1-13　汉字点阵"中"字的表示

中文系统内汉字代码种类较多，可以归纳为以下几种：

- 汉字键盘码根据某种汉字编码方法，用键盘上几个键的组合表示一个汉字，这样得到的代码称为汉字键盘码。不同汉字的键盘码是不定长的，信息冗余度也大，有必要把它们压缩和译码，变换成两个字节的汉字信息交换码，以便进入计算机系统。
- 汉字交换码是汉字编码的标准代码，用于系统间交换汉字信息或计算机通信传输。它是中文信息处理技术的基础，例如国标码 GB 2312—1980、GB 18030—2000。另外，也可采用近年来开始流行的 Unicode（即通用单一编码或国际通用码）代码。
- 汉字内部码由汉字交换码加上标识信息后形成。根据不同的使用环境和条件，汉字内部码的形式有多种。之所以有汉字内部码这一代码形式，是因为中英文兼容技术的需要。根据不同的方案，汉字的内部码可以有不同的代码定义，但目前系统中汉字内部码一般采用流行的双字节代码形式。
- 汉字字形码中文计算机系统中，存储在系统内的汉字字形信息组成汉字字形码。由它通过输出设备把汉字内部码转换成汉字字形输出。从理论上说，每一种字体、字号都需要一套字形码。
- 汉字地址码中文计算机系统中，汉字字形信息一般存放在被称为汉字字模库的存储器内。这一存储器实际上是一种单元号连续的存储介质，每个汉字字模存放在字库中某一确定的地址，这一地址信息就称为地址码。输出汉字时，先要把汉字内部码转换成相应汉字的地址码，再由地址码映射成该汉字的字形信息。

在计算机中文信息处理过程中，上述各种代码变换的流程实际上反映了整个文字信息的处理过程，如图 1-14 所示。

图 1-14　中文信息处理转换过程

1.4　计算机的分类及主要性能指标

1.4.1　计算机的分类

计算机技术的不断进步，不同类型的计算机也在发生着前所未有的改进，其性能指标也在不断地提高，曾经一台大型计算机的运算速度估计还比不上今天的一台微型机。如果一直按照巨、大、中、小、微的标准来划分计算机的类型，是不能顺应时代的发展的。因此，目前的计算机可以根据计算机的综合性能指标来划分，结合计算机应用领域的分布将其分为如下 5 大类。

1. 高性能计算机

高性能计算机也就是俗称的超级计算机，或者以前说的巨型机。目前国际上对高性能计算机的最为权威的评测是世界计算机排名（即 TOP500），通过测评的计算机是目前世界上运算速度和处理能力均堪称一流的计算机。我国生产的曙光 5000A、联想深腾 7000、天河二号都进入了排行榜，这标志着我国高性能计算机的研究和发展取得了可喜的成绩。在 2016 年 6 月 TOP500 排名，我国的"神威·太湖之光"（图 1-15）超级计算机成为黑马，登顶排行榜冠军宝座，比第二名"天河二号"快出近两倍，效率也提高 3 倍，而且全部使用中国自主知识产权的芯片，其处理器数量达到了 10 649 600 个，峰值运算速度为 125 436 TFlop/s（每秒浮点运算次数）。

随着中国自主研发的芯片"中国芯""申威 26010"的问世，也成为突破中国 30 年技术依赖的一柄利器。《华尔街日报》称，"神威·太湖之光"是中国首台未使用美国芯片技术且运行速度排名世界第一的计算机。"此前位列第一的'天河二号'使用了英特尔公司研发的芯片，2015 年出台的一项美国出口禁令使该系统未能获得升级所需芯片。""神威·太湖之光"勇夺榜首，可以说为中国超级计算机领域的发展打了一剂强心针。凭借一套搭载本土自主研发处理器芯片的世界一流超级计算机系统，中国巩固了在这一计算机最高领域的领导地位。

图 1-15 "神威·太湖之光"超级计算机

2. 工作站

工作站是一种高档的微型计算机，通常配有高分辨率的大屏幕显示器及容量很大的内存储器和外部存储器，主要面向专业应用领域，具备强大的数据运算与图形、图像处理能力。工作站主要是为满足工程设计、动画制作、科学研究、软件开发、金融管理、信息服务、模拟仿真等专业领域而设计开发的同性能微型计算机。图 1-16 所示的是常见的工作站。

需要指出的是，这里所说的工作站不同于计算机网络系统中的工作站概念，计算机网络系统中的工作站仅是网络中的任何一台普通微型机或终端，只是网络中的任一用户结点。

图 1-16 常见的工作站

3. 服务器

服务器也称伺服器，是指为网上多个用户提供计算服务的设备。由于服务器需要响应服务请求，并进行处理，因此一般来说服务器应具备承担服务并且保障服务的能力。服务器主要为网络用户提供文件、数据库、应用及通信方面的服务，因此在处理能力、稳定性、可靠性、安全性、可扩展性、可管理性等方面要求较高。

需要指出的是，这里所指的服务器档次并不是按服务器 CPU 主频高低来划分，而是依据整个服务器的综合性能，特别是所采用的一些服务器专用技术来衡量的。按这种划分方法，服务器可分为：入门级服务器、工作组级服务器、部门级服务器、企业级服务器。图 1-17 是华为 V3 机架服务器。

图 1-17 华为 V3 机架服务器

4．微型计算机

微型计算机又称个人计算机，这是目前发展较快的领域。当前微型计算机已广泛应用于办公、学习、娱乐等社会生活的方方面面，是应用最为普及的计算机。我们日常使用的台式计算机、笔记本式计算机、掌上型计算机等都是微型计算机。根据计算机内部不同的微处理器芯片，我们可以将它们划分为：一是使用 Intel 以及奔腾等芯片的 IBM PC 及其兼容机；二是使用 IPM-Apple-Motorola 联合研制的 PowerPC 芯片的机器，苹果公司的 Macintosh 已有使用这种芯片的机器；三是 DEC 公司使用它自己的 Alpha 芯片的机器。

微型计算机由于广泛采用集成部件而且集成度较高，故具有体积小、重量轻、价格低、可靠性高、结构简单、操作方便、易于维护的特点，因此普及程度也很高。图 1-18 是常用的微型计算机，左边是台式计算机，右边是笔记本式计算机。

图 1-18 常用的微型计算机

5．嵌入式计算机

嵌入式计算机是指嵌入到对象体系中，实现对象体系智能化控制的专用计算机系统。嵌入式计算机系统是以应用为中心，以计算机技术为基础，并且软硬件可裁剪，适用于应用系统对功能、可靠性、成本、体积、功耗有严格要求的专用计算机系统。它一般由嵌入式微处理器、外围硬件设备、嵌入式操作系统以及用户的应用程序等 4 个部分组成，用于实现对其他设备的控制、监视或管理等功能。例如，我们日常生活中使用的电冰箱、全自动洗衣机、空调、电饭煲、数码产品等都采用嵌入式计算机技术。图 1-19 是一块嵌入式计算机主板。

图 1-19 嵌入式计算机主板

1.4.2 计算机的主要性能指标

计算机的主要性能指标主要有字长、主频率、内存容量、外围设备的配置、软件的配置。

1．字长

字长是计算机 CPU 能够同时处理的二进制数的位数，它是计算机设计时规定的。字长的大小决定着寄存器、运算器和数据总线的位数，决定了计算机的处理能力，字长越长，计算机的精度和速度越高。常用的计算机的字长为 8 位、16 位、32 位和 64 位，目前常用的微型计算机的字长为 32 位或 64 位，Pentium 机的字长是 64 位。字长是衡量计算机的一个很重要的性能指标。

2．主频率

计算机的时钟频率称为主频率，又称为主频。主频是指单位时间内 CPU 能够执行指令的次数，它是衡量计算机运行速度的主要指标。主频越高计算机的运行速度越快，主频一般用 Hz 赫兹作为单位，我们通常用 CPU 型号和主频一起来标记微型计算机配置。例如"Pentium Ⅳ 2.0G"，其含义是 CPU 是 Pentium Ⅳ，主频是 2.0GHz。

3．内存容量

计算机内存是指计算机内部存储器，内存的大小是衡量计算机的另一个重要的性能指标。

计算机的内存容量越大，存储能力越强，计算机的处理能力也越强。通常计算机的内存用 MB 或 GB 来标记，现在常用的微型机的内存通常是 2GB、4GB 和 8GB 的。

4．外围设备的配置

主机能够配置的外围设备的数量往往是衡量计算机性能的标准。主机功能再强，如果外围设备配置不合适，用户的计算机也不可能成为高档机。如果要配置成多媒体计算机，必须配置光驱、声卡、音箱。

5．软件的配置

计算机硬件是计算机工作的基础，软件是对计算机功能的完善和扩充，用户使用计算机实际上是使用计算机软件。在硬件一定的情况下，软件功能强弱决定了计算机的性能，软件功能越强，计算机性能发挥越完善，计算机的功能也会随着增强。

总之，计算机的性能是一个综合指标，它需要各个方面的协调，但一般我们说计算机的性能通常用字长、主频、内存容量三要素进行衡量。

1.5 计算机软件系统

1.5.1 计算机软件的分类

计算机软件系统是由系统软件、支撑软件和应用软件组成的，它是计算机系统中由软件组成的部分。

1. 系统软件

系统软件是控制和协调计算机及外围设备、支持应用软件开发和运行的软件，是无需用户干预的各种程序的集合。它的主要功能是调度、监控和维护计算机系统；负责管理计算机系统中各种独立的硬件，使得它们可以协调工作。

系统软件包括操作系统、语言处理程序、数据库管理系统和辅助处理程序。

系统软件还包括支撑软件，支撑软件又称软件开发环境，是指在基本硬件和软件的基础上，为支持系统软件和应用软件的工程化开发和维护而使用的一组软件。它由软件工具和环境集成机制构成，前者用以支持软件开发的相关过程、活动和任务，后者为工具集成和软件的开发、维护及管理提供统一的支持。

2. 应用软件

应用软件是为满足用户不同领域、不同问题的应用需求而提供的那部分软件。

1.5.2 操作系统

操作系统（Operating System，OS）是管理和控制计算机硬件与软件资源的计算机程序，是最基本的系统软件，任何其他软件都必须在操作系统的支持下才能运行。操作系统负责管理计算机系统的硬件、软件及数据资源，控制程序运行，改善人机界面，为其他应用软件提供支持，让计算机系统所有资源最大限度地发挥作用，提供各种形式的用户界面，使用户有一个好的工作环境，为其他软件的开发提供必要的服务和相应的接口等。

操作系统诞生之前，人们通过各种操作按钮来控制计算机。汇编语言出现后，操作人员通过有孔的纸带将程序输入计算机进行编译。这些将语言内置的计算机只能由操作人员自己编写程序来运行，不利于设备、程序的共用。操作系统的发展大致经历了两个阶段。第一个阶段为单用户、单任务的操作系统。1976 年，美国 DIGITAL RESEARCH 软件公司研制出 8 位的 CP/M 操作系统，此后的 5 年，又相继出现了以 MS-DOS 为代表的一系列磁盘操作系统。1981 年，微软的 MS-DOS 1.0 版与 IBM 的 PC 面世，这是第一个实际应用的 16 位操作系统。第二个阶段是多用户多道作业和分时系统。其典型代表有 UNIX、XENIX、OS/2 以及 Windows 操作系统。现在，操作系统可谓百花齐放，大型机与嵌入式系统上运行着多样化的操作系统；在超级计算机方面，Linux 已经取代 UNIX 成为了第一大操作系统；随着智能手机的发展，Android 和 iOS 是目前最流行的两大手机操作系统。

1.5.3 计算机语言

计算机系统正常工作时须将各种指令通过一种语言传达给机器。为了使计算机进行各种工作，就需要有一套用以编写计算机程序的数字、字符和语法规划，由这些字符和语法规则组成计算机各种指令，也就是计算机能接受的语言。计算机语言可以分成机器语言、汇编语言和高级语言三大类，用于人与计算机之间的通信，是人与计算机之间传递信息的媒介。

1．机器语言

计算机使用的是由"0"和"1"组成的二进制数，它是计算机语言的基础。计算机发明之初，人们用一串串由"0"和"1"组成的指令序列交由计算机执行。这种计算机能够认识的语言，就是机器语言。机器语言是指一台计算机全部的指令集合，是第一代计算机语言。

一条机器语言就是一条指令。指令是不可分割的最小功能单元。

直接使用机器语言的优点是它针对特定型号计算机编程，运算效率是所有语言中最高的。缺点是由于每台计算机的指令系统各不相同，所以在一台计算机上执行的程序，要想在另一台计算机上执行，必须重新编写程序，造成了重复工作。且机器语言难于被人理解，非专业人员使用起来并不方便。

2．汇编语言

为了减轻使用机器语言编程的痛苦，人们用易于理解的英文字母、符号串来替代一个特定指令的二进制串，例如，用"ADD"代表加法，"MOV"代表数据传递等，这样一来，人们很容易读懂并理解程序在做什么，检错及维护都变得方便了，这种程序设计语言就称为汇编语言，即第二代计算机语言。

不过，计算机并不能直接识别除了数字"0"和"1"组成的符号指令，这时，需要一个专门的程序，负责将这些符号翻译成二进制数的机器语言，这种翻译程序被称为汇编程序。

汇编语言的实质和机器语言是相同的，都是直接对硬件操作，只不过指令采用了英文缩写的标识符，人们更容易识别和记忆。但是，使用汇编语言编程需要有更多的计算机专业知识。

3．高级语言

高级语言主要是相对于汇编语言而言，它并不是特指某一种具体的语言，而是包括了很多编程语言，如 C、C++、Java、C#等，这些语言的语法、命令格式都各不相同。高级语言将许多相关的机器指令合成为单条指令，并且去掉了与具体操作有关但与完成工作无关的细节，简化了程序中的指令，是现在多数编程者的选择。

高级语言经历了从早期语言到结构化程序设计语言、从面向过程到非过程化程序语言的发展过程，将朝着面向对象、面向应用的方向继续发展。未来只需要告诉程序你要干什么，程序就能自动生成算法，自动进行处理。

1.5.4 计算机工具类软件

计算机仅有操作系统是不够的。很多时候用户需要能帮助解决常见问题的工具类软件。目前常用的工具软件从功能上可以分为网络服务类工具软件、系统维护类工具软件、文本与文件管理类工具软件、图像处理类工具软件、多媒体处理类工具软件。

1. 网络服务类工具软件

这类工具软件帮助用户完成与互联网相关的工作，如网络上传与下载、网页浏览、即时聊天、电子邮件等。

2. 系统维护类工具软件

这类工具软件帮助用户个性地管理和维护计算机，如系统备份与还原、系统安全维护等。

3. 文本与文件管理类工具软件

这类工具软件用于对文本文字及文件的编辑处理，如电子阅读器、文件解压缩、文件加解密等。

4. 图像处理类工具软件

这类工具软件能够实现图像浏览、编辑等功能。

5. 多媒体处理类工具软件。

动画、视频、音频等都属于多媒体。这类工具软件就是用于处理多种多样的媒体数据的，如多媒体播放、多媒体数据格式转换等。

1.5.5 应用软件

应用软件包括了办公室软件（如 WPS、Microsoft Office）、互联网软件（如 QQ、微博）、多媒体软件（如暴风影音）、分析软件（如股票分析、财务分析）、协作软件（如项目管理、团队协作）、商务软件（如网上商场、网上银行）等，能够满足各种用户的不同需求。

1.6 数据通信技术简介

数据通信是通信技术和计算机技术相结合而产生的一种新的通信方式。要在两地间传输信息必须有传输信道，将数据终端与计算机联结起来，使数据终端实现软、硬件和信息资源的共享。

1.6.1 数据通信基本概念

1. 信息

信息，泛指人类社会传播的一切内容。人类通过获得、识别自然界和社会的不同信息来区别不同事物，得以认识和改造世界。在一切通信和控制系统中，信息是一种普遍联系的形式。在计算机中，信息的载体可以是文本、数字、字符、声音和图像等。

计算机及其外围设备产生和交换的信息都是由二进制代码表示的字母，数字或控制符的组合。为了传送信息，必须对信息中包含的每一个字符进行编码。用二进制代码表示信息中的每个字符就是编码。

2．ASCII 码

在数据通信中，要进行编码，就要采用一定的编码标准。目前最常用的编码标准是美国信息交换标准代码，即 ASCII 码。它既是计算机内码的标准，也是数据通信的编码标准。

ASCII 码用 7 位二进制数表示一个字母、数字或符号。如大写字母 A 的 ASCII 码规定为 1000001，数字 1 的 ASCII 码规定为 0110001 等。ASCII 码表详见附录 A。

3．数据和信号

在网络中传输的二进制代码称为数据。数据是传输信息的载体。数据和信息的区别在于：数据是信息的表示形式，而信息则是数据的内容和解释。

在数据通信系统中，如何将表示信息的二进制比特通过传输介质在计算机系统之间进行传递是其重要任务之一，换句话说，数据通信系统关心的是信息的表示方式和传输方法。

信号数据在传输过程中，根据数据表示方式的不同，可以把信号分为数字信号和模拟信号。

4．信道

信道是数据信号传输的必经之路，一般由传输线路和传输设备组成。按照不同的分类方式，可以分为物理信道和逻辑信道、有线信道和无线信道、模拟信道和数字信道、专用信道和公共交换信道。

5．码元

在数据通信中，时间轴上的一个信号编码单元被称为码元。在计算机网络中，传输的每一位二进制代码习惯上被称为码元或码位。如：大写字母 A 的 ASCII 码是 1000001，这个信号是由 7 个码元组成的一个序列。这个序列称为码字。

6．数据包和数据帧

在数据传输时，通常将较大的数据块分割成较小的数据段，并且在这些数据段上附加一些信息（如目标地址、源地址等），这些数据段及其附加信息称为数据包。

在实际传输时，还要将数据包进一步分割成更小的数据单元，称为数据帧。

1.6.2　通信技术的发展

所谓通信，最简单的理解，也是最基本的理解，就是人与人沟通的方法。无论是现在的电话，还是网络，解决的是最基本的问题，实际还是人与人的沟通。现代通信技术，就是随着科技的不断发展，如何采用最新的技术来不断优化通信的各种方式，让人与人的沟通变得更为便捷，有效。

通信就是互通信息。从这个意义上来说，通信在远古的时代就已存在。人之间的对话是通信，用手势表达情绪也可算是通信。以后用烽火传递战事情况是通信，快马与驿站传送文件当然也是通信。现代的通信一般是指电信，国际上称为远程通信。

通信技术的发展大致分为三个阶段。第一阶段是语言和文字通信阶段。在这一阶段，通信方式简单，内容单一。第二阶段是电通信阶段。1837 年，莫尔斯发明电报机，并设计莫尔斯电报码。1876 年，贝尔发明电话机。这样，利用电磁波不仅可以传输文字，还可以传输语音，由此大大加快了通信的发展进程。1895 年，马可尼发明无线电设备，从而开创了无线电通信发展的道路。第三阶段是电子信息通信阶段。从总体上看，通信技术实际上就是通信系统和通信网的技术。通信系统是指点对点通信所需的全部设施，而通信网是由许多通信系统组成的多点之间能相互通信的全部设施。现代的主要通信技术有数字通信技术，程控交换技术，信息传输技术，通信网络技术，数据通信与数据网，ISDN 与 ATM 技术，宽带 IP 技术，接入网与接入技术。在通信领域，信息一般可以分为话音、数据和图像三大类型。下面分别介绍通信各个领域的发展现状及前景。

1．数据通信

数据通信可以说已经深入到社会生活的各个领域，电子邮件，浏览网页，在线电影都可以归结为数据通信。数据通信是依照一定的协议，利用数据传输技术在两个终端之间传递数据信息的一种通信方式和通信业务。数据通信中传递的信息均以二进制数据来表现。为了实现数据通信，必须进行数据传输，即将位于一地的数据源发出的数据信息通过传输信道传送到另一地数据接收设备。为了改善传输质量、降低差错率，并使传输过程有效地进行，系统根据不同应用要求，规定了不同类型的具有差错控制的数据链路控制规程，这些规程有的符合国际标准，有的是国家标准，也有的是公司自己制定的。但对开放性的用户接口通常是采用国家标准或国际标准，以利于互连互通。

数据通信有广阔的应用：文件传输、电子信箱、话音信箱、可视图文、目录查询、信息检索、智能用户电报以及遥测、遥控等。数据通信的技术在不断发展之中，相关的业务也在不断扩展。

2．互联网

互联网是在分组交换的基础上产生的，数据通信随着互联网的发展而广泛应用。为了响应苏联发射了人类第一颗人造地球卫星"Sputnik"，美国国防部（DoD）组建了高级研究计划局（ARPA），开始将科学技术应用于军事领域。互联网的雏形也就是接入了几个结点的 ARPANET，而如今，互联网已经连接了世界各地，每时每刻都有成千上万的用户在线。中国是在 1994 年接入互联网。互联网的发展与普及彻底改变了人们的生活习惯，产生了新的商业运营模式，像电资源一样成为人们生活的一种重要资源，没有它，人们会感到无所适从。互联网已经成为现代社会最重要的信息基础设施之一，成为语音、数据和视频等业务统一承载的网络。然而，随着应用的普及化、商用化和宽带化，目前互联网技术存在的不足和缺陷正逐渐暴露出来，成为进一步发展的瓶颈。为此，业界都在探讨和实施向下一代互联网（NGI）的过渡和发展问题。通过对近几年 IP 业务的蓬勃发展所带来的一系列问题和挑战的再认识，我们感到应该发展下一代互联网，其主要特征应该是可扩展、高可用、可管控、高安全、端到端寻址和呼叫，相应的关键技术是半导体和路由器设计技术、路由计算和查找技术、IPv6 / MPLS 技术、网络管理技术、QoS

技术、宽带接入技术。

3．无线通信

3G 技术已经实现，具有可视通话、视频浏览、高速上网等除语音之外的众多数据业务。除通话质量较高外，因解决带宽问题产生的高效率，以及手机定位、互动游戏等多样化的数据业务等，都是 3G 高技术却价格不高的一面。WiMax(Worldwide Interoperability for Microwave Access)，即全球微波互联接入，通过基站实现 Internet 骨干网络和移动用户之间的数据传送，是采用无线接入方式代替有线来实现最后一公里的无线宽带接入技术。WiMax 数据传输速率远高 3G，可达 70 Mbit/s；以数据传输为主并可以支持语音、图像等多种实时和非实时业务。3G 使我们的手机更加智能，WiMax 使我们的计算机可以"移动"上网。

4．下一代网络

下一代网络（Next Generation Network）或新一代网络（New Generation Network）是以软交换为核心，能够提供话音、视频、数据等多媒体综合业务，采用开放、标准体系结构，能够提供丰富业务的下一代网络。从发展的角度来看，NGN 是从传统的以电路交换为主的 PSTN 网络中逐渐迈向以分组交换为主，它承载了原有 PSTN 网络的所有业务，把大量的数据传输卸载到 IP 网络中以减轻 PSTN 网络的重荷，又以 IP 技术的新特性增加和增强了许多新老业务。

Internet 是下一代网络的主体，IP 技术是实现计算机互联网、传统的电话网和有线电视网三网融合的关键技术。随着 Internet 技术的发展，最终将实现计算机互联网、电话网（PSTN）和有线电视网三网融合。下一代网络除了能向用户提供语音、高速数据、视频信息业务外，还能向用户方便地提供视频会议、电话会议功能，而且能像广播网一样，向有此项要求的用户提供统一的消息、时事新闻等。随着用户需求不断增长，业务的交叉，三网融合已经是不可逆转的趋势，我们正期待着下一代网络的到来。

5．光通信

作为整个通信网体系中的最低层传输层，在最近 20 年经历了三种传输介质：铁线、铜缆和光纤。随着社会的进步和人们对通信服务质量（QoS）期望的不断提高，铁线已经不能满足现在通信的发展，早早地退出了历史的舞台。最近 10 年，数据业务的业务量逐渐逼近甚至超过了传统的语音业务，成为电信网络中发展最为迅猛的业务，铜缆由于其自身的固有缺点，也步铁线的后尘，逐步被淘汰。光通信研究的重点已经从大容量、超高速转变为实现智能化、自动化。自动交换光网络（ASON）就是在这个大背景下产生的。ASON 网络的最大优点就是实现了以往光网络复杂、冗余的人工连接配置，取之为简单、便利的自动电路配置。ASON 的引入，可以说是光通信发展历史的里程碑。光网络的边缘化也是光通信发展的另一个趋势。长久以来，光网络都是作为整个通信体系中的最底层——传输层。但是，随着通信行业的迅速发展，城域网、接入网也越来越希望引入光网络，于是，光网络的发展从核心网正在向边缘网络发展。光通信经过了前几年的低谷以后，现在正处于一个艰难的上升阶段，很多学者也纷纷看好未来几年内光通信的发展，因为他们认为光通信现在正在遵循一条正确的道路在发展。

通信是一个古老而崭新的话题，各种新的技术日新月异，层出不穷。它的不断发展将带动人类不断向前，带动科技社会不断进步。

1.7 信息技术的新发展

1.7.1 移动互联网

随着网络无线接入技术和移动终端技术的发展，移动互联网（Mobile Internet）应运而生。它是一种通过移动无线通信方式在智能移动终端获取业务和服务的互联网新模式，由终端、软件和应用三个方面组成。终端包括智能手机、平板电脑、电子书、移动互联网设备 MID 等；软件包括操作系统、中间件、数据库和安全软件等；应用包括移动办公、电子商务、多媒体、休闲娱乐、移动电子支付等。可以说，人们已经能够随时随地、方便快捷地从互联网获取信息和服务了。

2000 年，中国移动联手多家企业打造了"移动梦网"，为我国移动互联网技术播下了种子。2009 年，我国正式进入第三代移动通信时代（3G），奠定了移动互联网良好的发展平台。移动互联网从 2010 年开始，逐渐走近了人们的生活，应用涉及了移动社交、移动广告、游戏娱乐、移动网络电视、移动电子阅读、移动定位、智能搜索、移动支付、移动电子商务等。

移动互联网与传统互联网一样具有高速度的移动通信网络、高智能化的终端、广泛的业务领域，同时它还有自身特点：

1. 高度便携性

移动设备大多很轻便，方便携带。比如智能手机，除了睡觉，大多数人都会将其带在身边。手机已不仅是一个通信工具，它已经成为人们生活中重要的组成部分。

2. 高度可用性

移动互联网有丰富的应用，利用先进的触控技术、智能感应技术、语音识别技术，移动设备可以实现电子商务、移动办公、智能导航、电子支付、休闲娱乐等功能。

3. 高度"碎片化"使用性

移动互联网使人们任何时间都可以"在线"：可以在马路上、坐在公共交通工具上、工作学习之余、吃饭时、睡觉前，甚至包括了上洗手间。移动互联网的使用时间呈现出"碎片化"的倾向。

4. 高度信息敏感

智能手机作为移动互联网的典型终端，由于它实名制、可定位，从安全角度来看，一方面，它很轻易地就能泄露手机的通讯录信息、通话和短信信息、手机中储存的图片和视频信息、用户的实时位置信息等；另一方面，智能手机的电子钱包、银行卡支付功能已经普及，用户的财务信息都"绑定"在移动网络上。可见，移动互联网的信息敏感度要高于传统互联网。

1.7.2 云计算

学校要建立一套自动化网络教学系统，不仅要购买硬件和软件，还要聘请专门的管理员维护，并且还要随着日常使用的更新继续升级各种软硬件。这个事实中我们看到，计算机的软硬件只是实现整个系统的工具，学校真正需要的可能是运行其上的资源和服务。一个人如果要正常使用计算机中的应用是需要付费购买软件的，然而，有些应用并不经常使用，那么这种购买行为就显得不值得。

另一方面，生活中，我们每天都要用水用电用煤气……水是由自来水厂提供的，电是由电厂提供的，煤气是由煤气公司提供的……这种生活模式方便了我们的生活，我们不需要自己去挖井取水、买发电机取电，更不需要去生产煤气。

云计算的目标是使人们能像用水、电、煤气那样使用计算机的计算、服务和应用等资源。

1．云计算的概念

狭义的云计算指厂商通过分布式计算和虚拟化技术搭建数据中心或超级计算机，以免费或按需租用方式向技术开发者或者企业客户提供数据存储、分析以及科学计算等服务。广义的云计算指厂商通过建立网络服务器集群，向各种不同类型客户提供在线软件服务、硬件租借、数据存储、计算分析等不同类型的服务。

2．云计算的特点

（1）超大规模

"云"具有相当大的规模，能赋予用户很高的计算能力。比如，Google的云计算已经拥有100多万台服务器。

（2）虚拟化

云计算支持用户在任意位置、使用各种终端获取应用服务。应用是在"云"中某处运行，但实际上用户不需要考虑应用运行的具体位置，只需要一台终端设备如智能手机，就可以通过网络服务来实现需要的一切。

（3）高可靠性

"云"使用了数据多副本容错、计算结点同构可互换等措施来保障服务的高可靠性。

（4）通用性

云计算不针对特定的应用，在"云"的支撑下可以构造出千变万化的应用，同一个"云"可以同时支撑不同的应用运行。

（5）按需服务

"云"是一个庞大的资源池，用户像买自来水、电、煤气那样按需购买，按量付费。

（6）物美价廉

由于"云"的自动化集中式管理使大量企业无须负担日益高昂的数据中心管理成本，"云"的通用性使资源的利用率比传统系统大幅提升，因此用户可以充分享受"云"的低成本优势。

3．云计算的服务形式

云计算包括以下几个层次的服务：基础设施即服务（IaaS），平台即服务（PaaS）和软件即服务（SaaS）。

（1）基础设施即服务（IaaS）

IaaS（Infrastructure-as-a-Service）：基础设施即服务。消费者通过 Internet 可以从完善的计算机基础设施获得服务。例如：硬件服务器租用。

（2）平台即服务（PaaS）

PaaS（Platform-as-a-Service）：平台即服务。PaaS 实际上是指将软件研发的平台作为一种服务，以 SaaS 的模式提交给用户。因此，PaaS 也是 SaaS 模式的一种应用。但是，PaaS 的出现可以加快 SaaS 的发展，尤其是加快 SaaS 应用的开发速度。例如：软件的个性化定制开发。

（3）软件即服务（SaaS）

SaaS（Software-as-a-Service）：软件即服务。它是一种通过 Internet 提供软件的模式，用户无须购买软件，而是向提供商租用基于 Web 的软件，来管理企业经营活动。

1.7.3　大数据

现在的社会是一个科技发达、信息流通的社会，大数据是这个高科技时代的产物。阿里巴巴创办人马云在一次演讲中提到：未来的时代将不是 IT 时代，而是 DT（Data Technology，数据科技）的时代。以云计算为代表的技术创新背景之下，原本看起来很难收集和使用的数据开始登上"历史舞台"，各行各业不断从中挖掘有价值的信息。

大数据即巨量数据集合，根据维基百科的定义，大数据是指无法在可承受的时间范围内用常规软件工具进行捕捉、管理和处理的数据集合。言下之意，大数据就是使用特殊技术在有效时间内成功处理大量数据。

那么，多大的数据量才能称为大数据呢？首先要认识单位数据量之间的关系：

信息量的最小单位是 bit（比特），每 8 bit 组成一个 B（Byte，字节），数据存储就是以 B 为单位的。

同类的两个计量单位之间，假如高级单位是低级单位的若干倍，那么这个数值就叫这两个单位间的进率。比如，对于相邻的两个常用长度计量单位，1 米 =10 厘米，"米"这个高级单位是"厘米"这个低级单位的 10 倍，进率是 10。

信息量按照进率 1 024（即 2^{10}）进行计算。从低级单位到高级单位的顺序，信息量的所有单位是：bit、B、KB、MB、GB、TB、PB、EB、ZB、YB、BB、NB、DB。

1 B = 8 bit

1 KB = 1 024 B = 8 192 bit

1 MB = 1 024 KB = 1 048 576 B

1 GB = 1 024 MB = 1 048 576 KB

1 TB = 1 024 GB = 1 048 576 MB

1 PB = 1 024 TB = 1 048 576 GB

1 EB = 1 024 PB = 1 048 576 TB

1 ZB = 1 024 EB = 1 048 576 PB

1 YB = 1 024 ZB = 1 048 576 EB

1 BB = 1 024 YB = 1 048 576 ZB

1 NB = 1 024 BB = 1 048 576 YB

1 DB = 1 024 NB = 1 048 576 BB

我们平常听一首歌曲的大小为几 MB 到几十 MB，看一部高清电影大约 1 GB 左右。根据国际数据公司（IDC）的《数据宇宙》报告显示：2008 年全球数据量为 0.5 ZB，2010 年为 1.2 ZB，2020 年以前全球数据量仍将保持每年 40% 左右的高速增长，大约每两年就翻一倍。可想而知，大数据到底有多大。

大数据有四个关键特性：Volume（大量）、Velocity（高速）、Variety（多样）、Veracity（真实性）。

① 数据量大：有 ZB 级数据量的数据需要分析处理。

② 数据分析速度快：市场变化快，对数据的分析也要高速，同时要能及时快速地响应变化，即对速度要求高。

③ 数据多样性：不同的数据源，非结构化数据越来越多，已不同于传统的结构化数据容易使计算机理解和处理。

④ 数据真实性：如果存在数据采集不及时、数据样本不全面、数据不连续等原因，数据可能会失真。但当数据量达到一定规模，可以通过更多的数据获得更真实全面的信息反馈。

1.7.4　物联网

物联网的英文名称叫 The Internet of things，即"物与物相连的互联网"。国际电信联盟（ITU）曾在 2005 年的一次报告中描绘物联网时代的图景：当司机出现操作失误时汽车会自动报警；公文包会提醒主人忘带了什么东西；衣服会"告诉"洗衣机对颜色和水温的要求等。在生活中，上述图景已经有了实现：我们还在办公室准备下班，停车场里的汽车已经发动，启动空调调节车内温度；汽车经过交通灯控路口，可以清楚看到智慧交通系统提示我们到达城市某个位置还需要多少时间；即使没有回到家中，只要我们需要，家里的灯、窗帘、电视、空调会自动打开，"温馨迎接"主人；秤完体重后，体重秤"告诉"我们各种体脂指标，并对一段时间的测量数据分析后，提示我们是否需要减肥了……

国际电信联盟对物联网做了如下定义：通过二维码识读设备、射频识别（RFID）装置、红外感应器、全球定位系统和激光扫描器等信息传感设备，按约定的协议，把任何物品与互联网相连接，进行信息交换和通信，以实现智能化识别、定位、跟踪、监控和管理的一种网络。

物联网用途广泛，遍及智能交通、环境保护、政府工作、公共安全、平安家居、智能消防、工业监测、环境监测、路灯照明管控、景观照明管控、楼宇照明管控、广场照明管控、老人护理、个人健康、花卉栽培、水质监测、食品溯源、敌情侦查和情报搜集等多个领域。它把新一代 IT 技术充分运用到了各行各业，实现人类社会与物质世界的整合。在这个整合的环境当中，存在能力超级强大的中心计算机群，能够对整合网络内的人员、机器、设备和基础设施实施实时地管理和控制。物联网时代，人类能以更加"智慧"的方式管理生产和生活，提高资源利用率、生产力和生活质量。

本 章 小 结

本章主要介绍了计算机的发展过程、应用领域、工作原理及软、硬件分类；计算机中使用的字符和汉字的编码知识；计算机中数制的表示及二进制与十进制之间的相互转换方法；通信基础知识和信息技术涉及的新发展领域。

- 计算机系统由硬件系统和软件系统两大部分组成。
- 冯·诺依曼体系结构制造的计算机。
- 计算机的工作原理：计算机是一种能够按照事先存储的程序，自动、高速地对数据进行输入、处理、输出和存储的系统。
- 信息是有目的地标记在通信系统或计算机上面的输入信号。
- 信息化是以当前发达的通信技术、网络互联技术、数据存储技术为根本，对所研究对象各要素进行汇总，供合适人群进行工作、学习、生活等和人们息息相关的各种行为相结合的一种技术。
- 计算机软件系统是由系统软件、支撑软件和应用软件组成的。
- 数据通信是通信技术和计算机技术相结合而产生的一种新的通信方式。

课 后 习 题

选择题

1. 计算机的应用范围广、自动化程度高是由于（　　　）。
   A. 设计先进，元件质量高　　　　　　　B. CPU 速度快，功能强
   C. 内部采用二进制方式工作　　　　　　D. 采用程序控制方式工作

2. 计算机中的数据是指（　　　）。
   A. 一批数字形式的信息　　　　　　　　B. 一个数据分析
   C. 程序、文稿、数字、图像、声音等信息 D. 程序及其有关的说明资料

3. 许多企、事业单位现在都使用计算机计算、管理职工工资，这属于计算机的（　　　）应用领域。
   A. 科学计算　　　　B. 数据处理　　　　C. 过程控制　　　　D. 辅助工程

4. 用计算机控制人造卫星和导弹的发射，按计算机应用的分类，它应属于（　　　）。
   A. 科学计算　　　　B. 辅助设计　　　　C. 数据处理　　　　D. 实时控制

5. 用计算机对船舶、飞机、机械、服装进行计算、设计、绘图属于（　　　）。
   A. 计算机科学计算　　　　　　　　　　B. 计算机辅助制造
   C. 计算机辅助设计　　　　　　　　　　D. 实时控制

6. 计算机用于教学和训练，称为（　　　）。
   A. CAD　　　　B. CAPP　　　　C. CAI　　　　D. CAM

7. 下列数据中，有可能是八进制数的是（　　　）。
   A. 408　　　　B. 677　　　　C. 659　　　　D. 802

8. 有一个数值 152，它与十六进制数 6A 相等，该数值是（　　　）。

    A．二进制数　　　　　B．八进制数　　　　　C．十六进制数　　　　D．十进制数

9. 十进制数 89 转换成十六进制数为（　　　）。

    A．95　　　　　　　　B．59　　　　　　　　C．950　　　　　　　　D．89

10. 下列各数中最大的是（　　　）。

    A．11001B　　　　　B．52O　　　　　　　C．2BH　　　　　　　D．44D

11. 下列四个不同数制的数中，最小的是（　　　）。

    A．111010B　　　　　B．133O　　　　　　C．5AH　　　　　　　D．91D

12. 下列四个不同数制的数中，与其余三个不相等的数是（　　　）。

    A．111010B　　　　　B．71O　　　　　　　C．39H　　　　　　　D．57D

13. 设 a 为八进制数 147，b 为十六进制数 68，c 为十进制数 105，则正确的式子是（　　　）。

    A．$a<b<c$　　　　　B．$b<a<c$　　　　　C．$c<b<a$　　　　　D．$a<c<b$

14. 在计算机中，英文字符的比较就是比较它们的（　　　）。

    A．大小写值　　　　　B．输出码值　　　　　C．输入码值　　　　　D．ASCII 码值

15. 下列描述中，正确的是（　　　）。

    A．1 KB=1000 B　　B．1 MB=1024 KB　　C．1 KB=1 024 MB　　D．1 MB=1 024 B

16. 存储器存储容量的基本单位是（　　　）。

    A．字　　　　　　　　B．字节　　　　　　　C．位　　　　　　　　D．千字节

17. 在计算机中，CPU 访问时速度最快的存储器是（　　　）。

    A．光盘　　　　　　　B．内存储器　　　　　C．U 盘　　　　　　　D．硬盘

18. 一个完整的计算机系统包括（　　　）两大部分。

    A．主机和外围设备　　　　　　　　　　　B．硬件系统和软件系统

    C．硬件系统和操作系统　　　　　　　　　D．指令系统和系统软件

19. 微机中运算器的主要功能是进行（　　　）运算。

    A．算术　　　　　　　B．逻辑　　　　　　　C．算术和逻辑　　　　D．函数

20. 关于输入设备不正确的说法是（　　　）。

    A．扫描仪将图形信息转变为 0、1 代码串

    B．键盘可以输入数字、文字符号和图形

    C．鼠标将用户操作信息转换成 0、1 代码串并传给计算机

    D．数码照相机将景物图像转换成数字信息存储

21. 计算机的主（内）存储器一般是由（　　　）组成。

    A．RAM 和 C 盘　　　　　　　　　　　B．ROM、RAM 和 C 盘

    C．RAM 和 ROM　　　　　　　　　　　D．ROM、RAM 和 CD-ROM

22. CPU 是微机的核心部件，它能（　　　）。

    A．正确高效地执行预先安排的命令　　　B．直接为用户解决各种实际问题

    C．直接执行用任何高级语言编写的程序　D．完全决定整个微机系统的性能

23. 用高级语言编写的程序（　　　）。

    A．只能在某种计算机上运行

B. 无需经过编译或解释，即可被计算机直接执行

C. 具有通用性和可移植性

D. 几乎不占用内存空间

24. 计算机的基本指令由（　　）两部分构成。

    A. 操作码和操作数地址码　　　　　B. 操作码和操作数

    C. 操作数和地址码　　　　　　　　D. 操作指令和操作数

25. 在以下关于计算机指令的命题中，不正确的是（　　）。

    A. 计算机所有基本指令的集合构成了计算机的指令系统

    B. 不同指令系统的计算机的软件相互不能通用是因为基本指令的条数不同

    C. 加、减、乘、除四则运算是每一种计算机都具有的基本指令

    D. 用不同程序设计语言编写的程序都要转化为计算机的基本指令才能执行

26. 软件包括（　　）。

    A. 程序和指令　　B. 程序和文档　　　　C. 命令和文档　　　　D. 应用软件包

27. 最基础最重要的系统软件是（　　），若缺少它，则计算机系统无法工作。

    A. 编辑程序　　　　B. 操作系统　　　　C. 语言处理程序　　　　D. 应用软件包

28. 下面关于计算机语言概念的叙述中，（　　）是错误的。

    A. 高级语言必须通过编译或解释才能被计算机执行

    B. 计算机高级语言是与计算机型号无关的计算机算法语言

    C. 一般地说，由于一条汇编语言指令对应一条机器指令，因此汇编语言程序在计算机中能被直接执行

    D. 机器语言程序是计算机能直接执行的程序

29. 解释程序的功能是（　　）。

    A. 将高级语言程序转换为目标程序　　B. 解释执行高级语言程序

    C. 将汇编语言程序转换为目标程序　　D. 解释执行汇编语言程序

30. 微型计算机的主机，通常由（　　）组成。

    A. 显示器、机箱、键盘和鼠标　　　　B. 机箱、输入设备和输出设备

    C. 运算控制单元、内存储器及一些配件　　D. 硬盘、软盘和内存储器

31. 微机的接口卡位于（　　）之间。

    A. CPU 与内存　　　　　　　　　　B. 内存与总线

    C. CPU 与外部设备　　　　　　　　D. 外部设备与总线

32. 显示器的分辨率高低表示（　　）。

    A. 在同一字符面积下，像素点越多，其分辨率越低

    B. 在同一字符面积下，像素点越多，其显示的字符越不清楚

    C. 在同一字符面积下，像素点越多，其分辨率越高

    D. 在同一字符面积下，像素点越少，其字符的分辨效果越好

33. 运算器的核心部件是（　　）和若干高速寄存器。

    A. 乘法器　　　　　B. 除法器　　　　　　C. 减法器　　　　　D. 加法器

34. 下列描述中，正确的是（   ）。

    A. 激光打印机是击打式打印机

    B. 针式打印机的打印速度最高

    C. 喷墨打印机的打印质量高于针式打印机

    D. 喷墨打印机的价格比较昂贵

35. 如同时按【Ctrl+Alt+Delete】键，则对系统进行了（   ）。

    A. 热启动   B. 冷启动   C. 复位启动   D. 停电操作

36. 对于硬盘驱动器，（   ）说法是错误的。

    A. 内部封装刚性硬盘，不会破碎，搬运时不必像显示器那样注意避免震动

    B. 耐震性差，要避免震动

    C. 内部封装多张盘片，存储容量比软盘大得多

    D. 不易损坏，数据可永久保存

37. 光驱的倍速越大，（   ）。

    A. 数据传输速度越快   B. 纠错能力越强

    C. 所能读取光盘的容量越大   D. 播放 VCD 效果越好

38. 关于 ASCII 码在计算机中的表示方法，准确的描述应是（   ）。

    A. 使用 8 位二进制，最右边一位是 1

    B. 使用 8 位二进制，最左边一位是 1

    C. 使用 8 位二进制，最右边一位是 0

    D. 使用 8 位二进制，最左边一位是 0

39. 小写字母 "b" 的 ASCII 码值用十进制数表示是（   ）。

    A. 95   B. 96   C. 97   D. 98

40. 下列全部属于基本逻辑运算符的是（   ）。

    A. 真、假、否   B. 加、减、乘   C. 与、或、非   D. 交、并、反

操作系统及常用工具软件 »» 第2章

引言

自操作系统诞生以来，一直处于支撑计算机科学发展的基础地位。操作系统的发展历经由简单程序到目前多用户、多任务的高级系统软件的过程，从而使计算机具备越来越强大而又细致入微的功能，深入到社会生活的各个方面。

学习目标

通过本章学习，了解和掌握计算机操作系统的基本知识，学习 Windows 8.1 操作系统的基本操作和使用，同时掌握基于 Window 8.1 操作系统的文件、文件夹、设备以及常用工具的操作与管理方法。

学习重点和难点

（1）操作系统的知识。
（2）Windows 8.1 操作系统的基础操作。
（3）文件及文件夹操作。
（4）常用工具的运用。

2.1 操作系统概述

操作系统是管理和控制计算机硬件与软件资源的计算机程序，是直接运行在"裸机"上的最基本的系统软件，任何其他软件都必须在操作系统的支持下才能运行。操作系统是用户和计算机的接口，同时也是计算机硬件和其他软件的接口。操作系统的功能包括 CPU 管理、存储管理、设备管理、文件管理及作业管理。

操作系统自诞生以来，发展极快，经历了从无到有、从简单的运算程序到用户多任务的视窗系统的演变过程。操作系统种类繁多，根据其发展历程及支撑硬件，可以大致划分为大型计算机系统、小型计算机系统和微型计算机系统。普通用户接触到的大多为微型计算机系统。微型计算机系统中，比较有代表性的是微软公司的 Windows 操作系统：Windows 98，Windows XP，Windows Vista，Windows 7，Windows 8，Windows 8.1 等。

本教材主要依据 windows 8.1 操作系统。

2.2 认识 Windows 8.1 操作系统

2013 年 Windows 8.1 操作系统已经渐渐地被一些人所接纳，因为在 Windows 8.1 系统中微软公司加入了很多新的功能，诸如新的启动方式、新的 Hyper-V 虚拟化技术、新的登录方式、新的 ReFS 文件系统等。

Windows 8.1 系统的全新操作界面给用户带来全新的视觉体验,研发人员根据不同用户的感受特别添加切换功能,方便用户切换经典模式的操作画面。

Windows 8.1 操作系统的安全性能也是相当完善的,提高了个人信息及系统的安全。

Windows 8.1 系统采用了内置的诺基亚地图,颠覆了传统的局限性。能够完美地在个人计算机以及平板电脑上使用,强大的触控体验无疑让人感到舒畅。

Windows 8.1 系统采用全新的操作模式将常用的应用程序融合为方块出现在显示屏,用户也可以根据自己的需要将界面的应用程序进行更换。

2.2.1 认识"开始"屏幕

Windows 8.1 系统登录成功后,默认进入开始屏幕,如图 2-1 所示。

图 2-1 开始屏幕

Windows 8.1 中开始屏幕取代了以前的桌面和开始菜单,不仅仅是开始菜单的替代品,它占据了整个屏幕,成为一个强大的应用程序启动和切换工具,一个提供通知、可自定义、功能强大的动态界面。微软 Windows 8.1 相比过去,最大的变化便是去除开始菜单转而使用开始屏幕,此举是希望新的 Windows 能更好地发挥可触控特性,顺应智能手机带来的触控潮流。在 Windows 7 及之前的操作系统里,用户可以在开始菜单里找到最近打开的所有的程序、访问系统多媒体文件夹,同时也能快速进行关机、重启等操作。而在 Windows 8.1 里,用户若需要访问所有程序,除了可以通过直接在开始屏幕敲打键盘搜索外,只能在开始屏幕调出应用程序栏,然后单击应用,如图 2-2 所示。

开始屏幕的操作可以分为四个区域:"开始"按钮,账号区,磁贴区,隐藏区域。

1. "开始"按钮

单击"开始"按钮,会切换到开始屏幕的应用程序界面。

图 2-2　调出应用程序栏

2．账号区

开始屏幕的右上角是账号头像、关机键和搜索键。单击账号头像可以实现切换用户、注销等任务。

单击电源按钮，可以实现关机。

提示： Windows 8.1/8 的开机速度比起之前 Windows 9X 和 XP 有了质的飞跃，速度提升很大。在较好的硬件环境之下，启动速度可控制在 10 秒以内。之所以如此之快，最主要最核心的原因有两个：

（1）硬件原因

那就是 UEFI 的出现，这是一种新型的启动加载方式。简单来讲，Windows 8 之前的计算机，系统启动都是建立在 BIOS 之上的。BIOS 有个弊端，它在开机前需要一个预热的过程，花费了一定的时间。而在 64 位系统出来之后，BIOS 已经跟不上时代了，全新类型接口标准 UEFI 腾空出世，这种接口的特点在于让操作系统自动从预启动的操作环境进行加载，使开机过程化繁为简，从而大大节省开机时间。

（2）系统原因

这部分的原因是得益于 Windows 8 及 8.1 的一项技术创新，叫 Hybrid Boot，也叫混合启动，可以理解为是一种高级休眠功能。即在 Windows 8.1 关机的时候，它把将要关闭的内核对话直接写进了磁盘，全部保存在了 hiberfil.sys 文件中。等到下次计算机开机启动的时候，系统读取 hiberfil.sys 文件并将其写回内存中，从而实现了快速启动。Hybrid Boot 不仅大大增加系统启动速度，还节约了休眠时的耗电量。

3．动态磁贴区

在开始屏幕中一个个图块不再是简单的静态图标，而是可以实时动态更新的磁贴。开始屏幕使用单个进程从 Windows 通知服务获取通知，并保持图块的最新状态。因此很多时候不用单击打开应用，就可以直接从实时图块上获取如天气情况、股票报价、头条新闻、好友微博、更新等信息。动态磁贴在规格上分为了大、中、小三种不同的尺寸，三种不同尺寸的磁贴使用户的自定义屏幕能够更加多样化。

① 添加磁贴：单击"开始"屏幕下面的下箭头。打开所有应用界面，在选择的应用上右击，在弹出的快捷菜单中选择"固定到'开始'屏幕"，即可将应用快捷方式以磁贴形式固定到"开始"屏幕。

② 调整磁贴位置：在磁贴上按住鼠标左键，拖动到合适的位置放开鼠标左键即可。

③ 调整磁贴的大小：在磁贴上右击，在弹出的快捷菜单中选择"调整大小"，这里可以根据实际情况来选择"小""中""宽""大"。

④ 删除磁贴：在磁贴上右击，在弹出的快捷菜单中选择"从'开始'屏幕取消固定"即可。

⑤ 启用或关闭动态磁贴：在磁贴上右击，在弹出的快捷菜单中选择"关闭动态磁贴"或"启用动态磁贴"。

提示：并非所有的磁贴都有此功能。

⑥ 磁贴组命名：在"开始"屏幕空白区域右击，在弹出的快捷菜单中选择"命名组"。

4．隐藏区域操作

Charm Bar/超级按钮：在 Windows 8.1 中将鼠标指针移至屏幕最右上角或最右下角会显示出一个黑色的菜单，这个菜单就是 Charm Bar，中文名称为"超级按钮"，如图 2-3 所示。

"超级按钮"上有 5 个菜单："搜索""共享""开始""设备""设置"，每一个都承担着不可或缺的功能。

- 搜索：允许用户搜索所有的应用程序。如果位于某应用程序中，单击"搜索"默认搜索当前应用，更多请详见后面的"搜索"介绍。（Windows 徽标键+Q）
- 共享：允许用户与其他人或应用共享应用中的内容，并接收共享的内容。（Windows 徽标键+H）
- 开始：单击返回到开始屏幕，等同于 Windows 徽标键。（Windows 徽标键+C）
- 设备：允许用户欣赏从应用中流式传输到家庭网络中的其他设备的音频、视频或图像。（Windows 徽标键+K）
- 设置：显示当前所在界面的应用设置以及系统的网路连接、音量、电源选项和键盘语言设置。（Windows 徽标键+I）

图 2-3 超级按钮

在桌面单击"设置"显示的是关于系统和桌面的设置及属性（控制面板、个性化、计算机信息）等，而在其他应用界面下调出"超级按钮"然后单击"设置"，出现的是关于当前应用的设置选项。

5．开始屏幕的管理

右击开始屏幕的应用图标就会弹出一个菜单，可以将应用图标从开始屏幕取消，可以固定到任务栏，可以卸载，可以调整图标大小，也可以打开所在的文件位置。

在开始屏幕的右上角是账号头像、关机键和搜索键。单击账号头像可以选择锁屏、注销和更换头像，关机键可以重启和关机，搜索支持全局搜索。

开始屏幕左下角有一个向下的箭头，单击就会进入"应用"的界面，类似于 Windows 7 开始菜单中的"程序"。这里显示了所有安装在系统中的软件，在左上角还可以按照不同的情况进行排序。

2.2.2　认识 Windows 8.1 桌面

单击开始屏幕的"系统"图标后进入桌面，如图 2-4 所示。

图 2-4　Windows 8.1 桌面

"桌面"是用户启动计算机及登录到 Windows 8.1 操作系统后看到的整个屏幕界面。桌面是用户和计算机进行交流的窗口，由若干应用程序图标和任务栏组成，也可以根据需求在桌面上添加各种快捷图标，在使用时双击图标就能快速启动相应的程序或文件。

1．桌面图标

桌面图标包含图形、说明文字两部分。每个图标代表一个操作对象，如文件夹或者某个应用程序。这些图标与安装时选择的组件有关，一般包括"这台电脑""网络""回收站"等图标，也可将经常使用的程序或文档放在桌面或在桌面建立快捷方式，如此则能够快捷方便地进入相应的工作环境。

（1）这台电脑

通过"这台电脑"可以管理计算机资源，进行磁盘、文件夹、文件的操作，包括格式化、移动、复制、删除、重命名等。双击"这台电脑"，打开窗口，显示"C:""D:""F:""G:"，表示磁盘的各个分区。

（2）回收站

"回收站"用于暂存被临时删除的文件或文件夹，它是磁盘中的一块区域。在 Windows

8.1 中删除一个文件或文件夹，实际上是暂时保存在"回收站"中，而不是真正从磁盘上删除。当用户需要恢复误删除的文件或文件夹时，可以右击"回收站"中的图标，在弹出的快捷菜单中选择"还原"，还原被删除的文件或文件夹。如果右击"回收站"，在弹出的快捷菜单中选择"清空回收站"，所有被放入回收站的文件才从磁盘真正删除。

（3）网络

利用"网络"图标可以打开网络设置属性对话框，设置网络连接的属性。也可以通过"网络"窗口访问局域网中其他计算机上共享的资源。

图 2-5　快捷菜单

（4）快捷方式

快捷方式是 Windows 提供的一种快速启动程序、打开文件或文件夹的方法。快捷图标有一个共同特点，在每个图标的左下角都有一个非常小的箭头，该箭头用来区分该图标是一个快捷方式，如图 2-5 所示。

（5）任务栏

任务栏在桌面的最下方，如图 2-6 所示。

图 2-6　任务栏

① "开始屏幕"切换按钮。位于任务栏的最左边，它是从当前桌面切换到"开始屏幕"的按钮。

② 速启动栏。由若干按钮图标组成，单击按钮图标便可快速启动相应的应用程序。

③ 任务窗口。用于显示正在执行的程序和打开的窗口所对应的图标，单击任务按钮图标可以快速切换到活动窗口。

④ 通知区域。此区域是显示后台运行的程序，右击通知区域图标时，将弹出该图标的快捷菜单，该菜单提供特定程序的设置方式。

2．任务栏及其操作

在任务栏的空白处右击，弹出快捷菜单，选择"属性"命令，打开对话框，其选项说明如下：

① 任务栏。在"任务栏"选项中有很多复选框出现，单击复选框出现"√"表明选中。若原本已选中，再次单击，"√"消失，表明取消该选项。

② "开始"菜单。单击"任务栏和'开始'菜单属性"对话框中的"'开始'菜单"选项。若对"'开始'菜单"进一步设置，单击"自定义"按钮，打开"自定义-开始菜单"对话框进行相应设置。

③ 工具栏。单击"任务栏和'开始'菜单属性"对话框中的"工具栏"选项，可选择要添加到任务栏的工具栏。

2.2.3　关机方法介绍

从 Windows 8 开始，系统界面就没有了开始按钮，许多习惯于在左下角选择关机的用户，突然一下找不到那个按键，感觉手足无措。以下是 Windows 8.1 常用关机方法汇总，供各位选择。

- 常规的做法是：切换到"开始屏幕"，单击右上角的"关机选项"按钮，选择"关机"。
- 无论在 Metro 或者传统桌面，只要把鼠标指针移动到桌面右上角或者右下角，然后在弹出的 Charm Bar 界面选择"设置"→"电源"，就可以根据个人需求单击重启或者关机。
- 按【Windows+X】组合键，就会弹出一个菜单，关机键就在倒数第二个。
- 按【Alt+F4】组合键是一种比较快捷的关机方法。
- 按【Ctrl+Alt+Del】组合键，然后选择任务管理器选项。Windows 在任务管理器界面的右下角设置了一个电源键，可以实现关机。

2.2.4 窗口的组成

在 Windows 中，以窗口的形式管理各类项目。通过窗口可以查看文件夹等资源，也可以通过程序窗口进行操作、创建文档，还可以通过浏览器窗口畅游因特网。虽然不同的窗口具有不同的功能，但基本的形态和操作都是类似的，如图 2-7 所示。

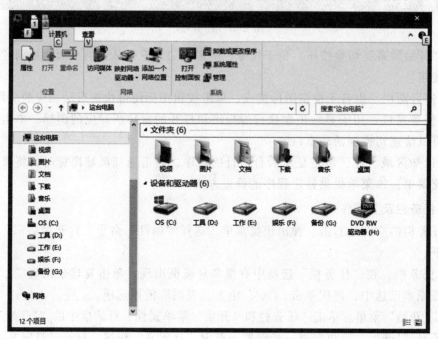

图 2-7　Windows 窗口

- 控制按钮：位于窗口左上角，用于对文档进行控制，如还原、移动、最小化等。
- 标题栏：标题栏位于窗口顶都，用于显示当前打开的文件名。
- "最大化/还原"按钮：窗口最大化即窗口占满整个屏幕。窗口最大化后该按钮变成"还原"按钮。窗口从最大化还原为原窗口大小，窗口处于还原状态时，按钮变成"最大化"按钮。

- "最小化"按钮：单击"最小化"按钮，窗口最小化，即窗口缩小为任务栏上的一个图环。
- "关闭"按钮：单击"关闭"按钮可直接关闭窗口。
- 菜单栏：菜单栏位于标题栏的下方，由"文件""编辑""查看""工具"和"帮助"等菜单项组成。每个应用程序具有不同的菜单标题，但访问这些菜单的方式完全相同。
- 工具栏：操作命令的另一种形式，只要单击"工具栏"中的某个图标，就可以快速执行相应的命令。工具栏图标形象直观，使用方便。
- 滚动条：分水平和垂直滚动条两种。当窗口内的内容太多而屏幕显示不全时，便会在窗口的右边或底部自动出现滚动条，拖动滚动条可显示窗口中的其他内容。
- 状态栏：显示窗口的相关提示信息。

2.2.5 窗口的操作

1．打开窗口

在 Windows 系统桌面上，可使用两种方法来打开窗口，一种方法是双击图标，另一种方法是在选中的图标上右击，在弹出的快捷菜单中单击"打开"命令。

2．关闭窗口

关闭窗口的方法如下：

- 直接单击窗口右上角的"关闭"按钮。
- 右击标题栏，打开快捷菜单，选择"关闭"命令。

3．切换窗口

Windows 8.1 是一个多任务操作系统，可以同时处理多项任务。当前正在操作的窗口称为活动窗口，其标题栏是深蓝色，已被打开但当前未操作的窗口称为非活动窗口，标题栏显示为灰色。切换窗口的一种方法是在任务栏处单击"最小化"的窗口图标，切换相应的窗口为活动窗口；另一种方法是使用【Alt+Tab】组合键，在弹出的对话选择所需要窗口，释放【Alt+Tab】组合键后，被选中的窗口成为活动窗口。

4．缩放窗口

可以随意改变窗口大小，将其调整到合适的尺寸。将鼠标指针放在窗口的水平或垂直边框上，当鼠标指针变成上下或左右双向箭头时拖动，可以改变窗口的高度或宽度。将鼠标指针放在窗口边框任意角上，当鼠标指针变成斜线双向箭头时拖动，可对窗口进行等比缩放。

5．移动窗口

当窗口处于还原状态时，将鼠标指针移动到窗口的标题栏上，按住鼠标左键不放，拖动至目标位置后松开鼠标左键，窗口即可移动至目标位置。

提示：当窗口是最大化时不能移动窗口。

6．排列窗口

在系统中一次打开多个窗口，一般情况下只显示活动窗口。当需要一次查看打开的多个窗口时，可以在任务栏空白处右击，弹出快捷菜单，根据需求选择"层叠窗口""堆叠显示窗口"或"并排显示窗口"。

2.2.6　Windows 8.1的对话框

对话框是一种特殊的 Windows 窗口，由标题栏和不同的元素对象组成，用户可以通过对话框与系统进行交互操作。对话框可以移动，但不能改变大小，如图 2-8 所示。

当用户需要对系统的当前设置作进一步调整的时候，可以通过对话框来实现。一般来说，对话框拥有以下几个基本元素：

- 选项卡：用于将近似功能配置命令集中到一个界面设置，单击标签标题进行切换。
- 单选按钮：表示该组项目中仅能选择一项，且必选一项。表现形式为：选项前有一个圆圈。当圆圈中有小黑点表示当前项被选中。
- 复选框：表示该组项目可多选，也可以全都不选。表现形式为：选项前有方框。当方框中有√表示当前项被选中。
- 下拉列表框：表示由系统预先设定项目属性值，用户可选定列表中的一项，也可不选（有时系统默认选择）。表现形式为：栏目右侧有下拉三角按钮，单击展开列表提供选择。
- 文本框：表示可由用户输入项目属性值。
- 命令按钮：完成某个功能任务的操作。例如："高级""还原默认值""确定"或者"取消"等。

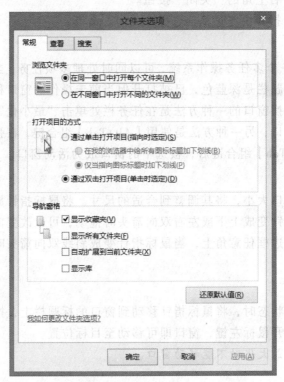

图 2-8　对话框

2.2.7 Windows 8.1的菜单

1．菜单的种类

菜单分为下拉菜单和快捷菜单。按实现功能分组，将可使用单击操作调出的菜单项称为下拉菜单（见图2-9），将通过鼠标右击操作弹出的菜单称为快捷菜单（见图2-10）。

图 2-9　下拉菜单　　　　　　　　　　　　图 2-10　快捷菜单

2．菜单命令约定

① 菜单命令组合键。如果菜单项后面带有"Ctrl+字母"字样的组合键，表明直接在程序中使用组合键就可以完成菜单项的操作。

② 包含右箭头和省略号的菜单命令。如果菜单项后面有一个箭头▶，表明该菜单下还有子菜单，将指针置于该菜单上，可以显示其子菜单；如果菜单项后面带有省略号，表明执行该菜单命令可以弹出对话框。

③ 灰色显示的菜单命令。如果菜单命令呈灰色显示，表明菜单选项在当前状态是不可用的，而黑色菜单是可用的。

④ 菜单命令的分组。在菜单中，有时为了便于区分功能，使用分隔线将菜单分为几个组，每组菜单具有相同或相近的特性。

⑤ 包含选中标记的菜单命令。如果菜单命令左侧带有复选标记"√"，表明可同时选择多个同组的菜单命令；如果带有单选标记"●"，表示只能选择一个同组的菜单命令。

2.3　Windows 8.1 文件管理

2.3.1　文件的基本概念

1．文件的概念

文件是计算机管理的一个重要概念，文件是一组相关信息的集合，每一个文件都以文件名进行标识，计算机通过文件名存取文件。计算机中任何程序和数据都是以文件的形式存储在外部存储器上的。一个存储器中能存储大量的文件，要对各个文件进行管理，则需要通过将它们分类。Windows 8.1中使用树形结构的文件夹形式对文件进行组织和管理。

2．文件名的组成

文件名一般由主文件名+扩展名两部分组成，格式为：主文件名.扩展名，两部分之间用"."隔开。扩展名一般是 3～4 个字符，用来表示文件的类型。例如文件名"文件.txt"，表示该文件为一个文本文件，文件名 "文件.docx"表示该文件为一个 Word 文档。

文件名可由字母、数字、汉字和其他符号组成，最多可包含 255 个字符，文件名可以包含空格，但不能含有以下字符：\、/、:、"、？、<、>、|。

注意：文件名不区分大小写。即在同一个文件目录下的"ABCD.txt"和"abcd.txt"是指同一个文件。

3．模糊查找文件

查找文件时可以使用通配符"？"和"*"，注意这两个通配符需在英文状态下输入。"？"代表一个字符，"*"代表任意个字符。如要查找第二个字符为 B 且扩展名为".txt"的文件，则可以输入"？B*.txt"进行搜索。

2.3.2 文件夹的基本概念

文件夹是对文件进行分类、保存和管理的逻辑区域。可以将相同类别的文件存放在同一个文件夹中，一个文件夹还可以包含子文件夹。文件夹的命名规则和文件基本相似，不同的是文件夹的名字中没有拓展名。

2.3.3 文件和文件夹属性

选择文件或文件夹后，右击，在弹出的快捷菜单中选择"属性"，打开对话框。

文件和文件夹的属性有三种：只读、隐藏、存档。

- 只读：表示对文件或文件夹只能查看不能修改。
- 隐藏：系统不显示隐藏的文件或文件夹，即将该对象隐藏起来，不被显示。若要将其显示出来，单击菜单栏的"工具"→"文件夹选项"，打开"文件夹选项"对话框，单击"查看"选项卡，选择"显示所有文件和文件夹"选项。
- 存档：当用户新建一个文件或文件夹时，系统自动设置"存档"属性。

2.3.4 文件或文件夹的基本操作

文件或文件夹的操作包括：新建、重命名、选定、移动、复制等。

- 新建是指建立新的文件（如记事本、Word 等），或新建存储文件的文件夹。
- 重命名是指将文件或文件夹的名称更改为其他名称。
- 选定是指通过单击使文件或文件夹反相显示。
- 移动是指将文件或文件夹从一个地方转移到另一个地方。
- 复制是指对文件或文件夹做一个副本，或叫备份，然后将副本存放在指定目录中。

1．新建文件或文件夹

通过应用程序来创建文件，方法是单击"开始"→"所有程序"，在弹出的菜单中选择应用程序（如记事本、Word 等），创建相应类型的文件，然后保存。另一常用方法是单击应用程序菜单栏的"文件"→"新建"。

提示：新建文件夹最简单的方法就是在目标位置空白处右击，从弹出的快捷菜单中选择"新建"，并在级联菜单中选择"文件夹"命令，系统便会创建一个名为"新建文件夹"的文件夹。并且文件夹的名字是被选中的，可直接输入名称。

2．重命名文件或文件夹

选择文件或文件夹，右击，在弹出的快捷菜单中选择"重命名"，或在选定文件或文件夹后，使用功能键【F2】也可重命名。

3．选择文件或文件夹

在对文件或文件夹进行各种操作之前需选定待操作的文件或文件夹。

（1）选定一个文件或文件夹

单击要选定的文件或文件夹，其被选中。

（2）选定多个不连续的文件或文件夹

单击第一个文件或文件夹，按住【Ctrl】键，单击其他需要选定的文件或文件夹。

（3）选定多个连续的文件或文件夹

单击第一个文件或文件夹，按住【Shift】键不放，单击要选定的最后一个文件或文件夹，此时包含在两个文件或文件夹之间的所有文件或文件夹被选中。

（4）选定全部文件或文件夹

单击菜单栏的"主页"→"全部选择"，或者使用【Ctrl+A】组合键，或者拖动鼠标框选，所有文件或文件夹都被选中。

（5）取消一项选定

先按住 Ctrl 键不放，然后单击要取消选定的文件，便可取消一项选定。

（6）取消所有选定

在文件夹内容框中单击空白处，即可取消所有选定。

4．移动文件或文件夹

① 选择需要移动的文件或文件夹，单击菜单栏的"主页"→"剪切"，或使用【Ctrl+X】组合键进行剪切。打开目标文件夹，单击菜单栏"主页"→"粘贴"，或使用【Ctrl+V】组合键进行粘贴。

② 选择需要移动的文件或文件夹，右击，在弹出的快捷菜单中选择"剪切"命令。打开目标文件夹，右击，在弹出的对话框中选择"粘贴"命令。

5．复制文件或文件夹

① 选择需要复制的文件或文件夹，单击菜单栏的"主页"→"复制"，或使用【Ctrl+C】组合键进行复制。打开目标文件夹，单击菜单栏"主页"→"粘贴"，或使用【Ctrl+V】组合键进行粘贴。

② 选择需要复制的文件或文件夹，右击，在弹出的快捷菜单中选择"复制"命令。打开目标文件夹，右击，在弹出的快捷菜单中选择"粘贴"命令。

6．删除文件或文件夹

当一些文件或文件夹不再需要时可将其删除，方法有两种。

（1）删除到回收站

选择需要删除的文件或文件夹，右击，在弹出的快捷菜单中选择"删除"命令，会弹出对话框，确认即可。也可使用【Delete】键删除。

（2）彻底删除

选择需要删除的文件或文件夹，使用【Shift+Delete】组合键，弹出对话框，单击"是"按钮。

若是在回收站中的文件或文件夹，选择文件或文件夹，右击，弹出快捷菜单，可对文件或文件夹进行还原、剪切及彻底删除。

2.4 Windows 8.1 设备管理

2.4.1 磁盘管理

磁盘管理的很多操作可以通过工具属性对话框实施，如图 2-11 所示。

图 2-11 "工具属性"对话框

1. 检查磁盘错误

通过系统命令检查磁盘中是否存在错误，并能自动修复其中的逻辑错误，解决某些计算机问题及改善计算机的性能。

检查磁盘错误的操作步骤如下：

① 打开资源管理器窗口，右击 D 盘，在弹出的快捷菜单中选择"属性"选项，弹出"本地磁盘（D:）属性"对话框，选择"工具"选项卡。

② 单击"检查"按钮，弹出"检查磁盘本地磁盘（D:）"对话框，单击"开始"按钮开始检查。为获得最好的结果，在检查错误时，不要使用计算机执行其他任务。

2．磁盘清理

使用磁盘清理可以帮助用户释放磁盘驱动器空间，删除临时文件、删除因特网缓存文件并可以安全删除不需要的文件，腾出它们占用的系统资源，以提高系统性能。对 D 盘进行清理的操作步骤如下：

① 打开资源管理器窗口，右击 D 盘，在弹出的快捷菜单中选择"属性"选项，弹出"本地磁盘（D:）属性"对话框，默认打开"常规"选项卡。

② 单击"磁盘清理"按钮，弹出"本地磁盘（D:）的磁盘清理"对话框，单击"开始"按钮开始检查。

3．碎片整理

经过长期的操作，计算机磁盘会产生碎片，占用磁盘空间，从而降低计算机的运行速度。（移动存储设备也会产生磁盘碎片）。磁盘碎片整理程序通过重新排列碎片数据，科学地安排存储空间，尽量将同一个文件重新存放到相邻的磁盘位置上，并把可用的空间全部移动到磁盘的尾部，因而可以明显地提高磁盘读写效率，从而提高系统的速度和性能。对 D 盘进行碎片整理的操作步骤如下：

① 打开资源管理器窗口，右击 D 盘，在弹出的快捷菜单中选择"属性"选项，弹出"本地磁盘（D:）属性"对话框，选择"工具"选项卡。

② 单击"优化"按钮，弹出"优化驱动器"对话框，选择需要优化的磁盘，单击"优化"按钮开始对驱动器进行碎片整理。

4．磁盘格式化

在第一次使用磁盘之前可以使用磁盘格式化操作命令进行格式化操作。而在长期使用后，需要删除某磁盘分区的所有内容时也可以进行格式化操作。对 D 盘进行格式化的操作步骤如下：

① 右击需要格式化的盘符 D，弹出快捷菜单。

② 选择"格式化"命令，打开"格式化（D:）"对话框。

③ 根据需求设置各属性项，单击"开始"按钮即可格式化该磁盘。

2.4.2　控制面板操作

系统默认状态下，桌面会显示控制面板图标。如果需要用户自行定义显示或者隐藏控制面板图标，可以通过以下操作步骤实现：右击桌面空白处，弹出快捷菜单，选择"个性化"，打开"个性化"窗口，在窗口左上角选择"更改桌面图标"，打开"桌面图标设置"对话框，勾选或去除勾选控制面板选项。

双击打开控制面板窗口，如图 2-12 所示，用户根据个人需求可以进行多项计算机的设置调整。

图 2-12　控制面板窗口

1. 外观和个性化

用户可以对桌面进行个性化设置，将桌面的背景修改为自己喜欢的图片，或设置分辨率以适应自己的操作习惯，设置屏幕保护程序保护计算机等。Windows 8.1 提供了强大的显示特性供用户选择，单机控制面板中的"外观和个性化"可对桌面进行个性化设置，其操作步骤如下：

① 双击"控制面板"，打开"控制面板"窗口。

② 单击"外观和个性化"，打开窗口。

③ 单击"显示"栏目中的"调整屏幕分辨率"，打开窗口。可在此处设置分辨率，例如设置计算机的分辨率为 1366×768，方向选择"横向"。

④ 返回"外观和个性化"窗口，单击"个性化"栏目中的"更改桌面背景"，打开窗口，选择 Windows 作为桌面背景，单击"保存更改"按钮。

⑤ 返回"外观和个性化"窗口，单击个性化栏目中的"屏幕保护程序"，打开窗口，在"屏幕保护程序"下拉列表中选择"彩带"，设置等待时间设为 15 分钟，单击"确定"按钮。

⑥ 关闭"外观和个性化"窗口。

2. 设备和打印机设置

现在市面上打印机型号虽然多种多样，但 Windows 8.1 支持"即插即用"功能，用户安装打印机比较简单。双击控制面板中的"硬件和声音"栏目中的"查看设备和打印机"可以对其进行设置，操作步骤如下：

① 双击面板中的"查看设备和打印机"，打开"设备和打印机"窗口。

② 单击"添加打印机"，打开"添加打印机"对话框。此时系统自动搜索已连接的

打印机设备。

③ 在已搜索到打印机列表中选择用户设备，单击"下一步"按钮。系统自动安装设备或提示安装驱动程序。

④ 若第②步中，用户需要的打印机不在列表中，单击"下一步"按钮，打开"按其他选项查找打印机"窗口。可选择方式有：

● 按名称选择共享打印机。

● 使用 TCP/IP 地址或主机名添加打印机。

● 添加可检测到的 Bluetooth、无线或网络打印机。

● 通过手动设置添加本地打印机或网络打印机。

⑤ 选择"从列表或指定位置安装"选项，单击"下一步"按钮，打开对话框。

⑥ 将打印机驱动盘放入计算机中，单击"下一步"按钮，系统开始安装打印机。

⑦ 选择"打印测试页"，系统会打印一份测试页以验证安装是否准确无误。

3. 设置鼠标

安装 Windows 8.1 时，系统会自动对鼠标、键盘进行设置，也可根据个人喜好重新设置键盘和鼠标的使用方式。单击控制面板中"硬件和声音"，打开窗口，选择"鼠标"对其进行设置，其操作步骤如下：

① 单击控制面板中"硬件和声音"，打开窗口，单击"鼠标"打开"鼠标属性"对话框。

② 选择"鼠标键"选项卡，通过勾选"切换主要和次要的按钮"复选框设置左手习惯，通过调整双击速度进度条调整鼠标双击响应速度。

③ 在控制面板窗口双击"键盘"，打开"键盘属性"对话框。可将"重复延迟"滚动拖到最短出。

4. 设置系统的日期和时间

双击"控制面板"窗口中的"时钟、语言和区域"，打开"时钟、语言和区域"窗口，单击"日期和时间"→"设置时间和日期"，或者可在任务栏的通知区域双击时间的指示器，弹出"日期和时间"对话框，单击"更改日期和时间设置"，打开"日期和时间属性"对话框，可以对系统的日期和时间进行设置。

5. 添加或删除应用程序

各种操作系统都离不开应用程序的支持，正是因为有了各总各样的应用程序，操作系统的功能才能得以拓展，计算机才能完成各种各样的任务。

（1）安装应用程序

双击应用程序安装文件，安装程序就会自动运行，单击显示窗口的"安装"按钮，然后按照屏幕的提示进行操作，即可完成安装。这类程序通常会在 Windows 的注册表中进行注册，并且自动在"应用"菜单中添加相应程序。

（2）删除应用程序

磁盘的空间有限，可将不再使用的应用程序删除，需在控制面板的"程序"中卸载。例如：删除 WinRAR 的操作步骤如下：

① 单击控制面板窗口中的"程序"，打开"程序和功能"窗口。

② 选择"WinRAR（64位）"。

③ 单击"卸载/更改"，弹出提示对话框，选择"卸载"，单击"是"按钮，卸载该程序。

6. 更换输入法

单击控制面板中的"时钟、语言和区域"，打开窗口，选择"语言|更换输入法"，打开"语言"窗口，在左窗格选"高级设置"打开窗口，在"替代默认输入法"选择用户需要的项目即可。

7. 创建和管理用户账号

在登录 Windows 8.1 系统过程中，系统要求选择用户名并输入密码。用户账户用来记录用户的用户名和口令、隶属的组、可以访问的网络资源，以及用户的个人文件和设置。Windows 8.1 中的用户分为系统管理员和普通用户。系统管理员的用户名及密码可以在系统的安装时设定，也可以由系统管理员创建和设置。

单击控制面板中的"用户账户和家庭安全"打开"用户账户和家庭安全"窗口，可根据用户需求更改账户类型、删除用户账户、查看账户家庭安全设置等。

2.5 常用工具软件

Windows 8.1 操作系统提供了多种工具软件，如记事本、画图、计算器等。

2.5.1 记事本

记事本在 Windows 8.1 操作系统中是一个简单的文本编辑器，具备最基本的编辑功能，具有启动快、占用内存低、文件小、容易使用等特点，如图 2-13 所示。

单击"开始"按钮切换到开始屏幕，单击向下箭头，进入"应用"屏幕，向右滚动找到"记事本"，双击打开窗口。

单击菜单栏的"文件"→"新建"，可新建一个记事本。当记事本内容编辑好后以"txt"格式存档，单击菜单栏的"文件夹"→"保存"。若是第一次保存，则会弹出"另存为"对话框。在"地址栏"下拉列表框中选择保存地址，在"文件名"文本框中输入文件名，单击"保存"按钮，即可完成文档的保存。以后使用"保存"命令保存同一个文件时，记事本只是覆盖修改前的内容，不再弹出该对话框。若希望使用不同的文件名称保存或另存一个副本，则可单击菜单栏的"文件"，选择"另存为"命令。

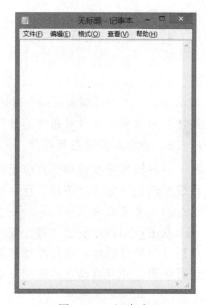

图 2-13　记事本

2.5.2 画图

单击"开始"按钮切换到开始屏幕，单击向下箭头，进入"应用"屏幕，向右滚动找到"画图"，双击打开窗口。

"主页"菜单包含绘制图画所需的工具、形状、颜色等。菜单下方空白就是工作窗口，如图 2-14 所示。

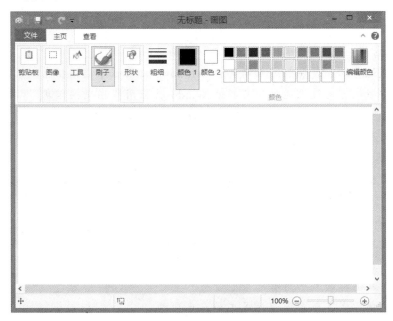

图 2-14 画图

"画图"程序是一个位图编辑器，可以用它绘制图画，也可以对扫描的图片进行编辑修改。在编辑完成后，可以 bmp、jpg 等格式存档。

2.5.3 计算器

单击"开始"按钮切换到开始屏幕，单击向下箭头，进入"应用"屏幕，向右滚动找到"计算器"，双击打开窗口，如图 2-15 所示。

Windows 8"计算器"可以完成所有手持计算器能完成的标准操作，提供了四种计算器："标准型""科学型""程序员"和"统计信息"。标准计算器可以完成简单的运算，其他几种可以进行比较复杂的运算。可以通过单击计算器上的按钮取值，也可以通过键盘输入数值来操作。

图 2-15 计算器

本 章 小 结

本章主要介绍了操作系统的基本知识、Windows 8.1 操作系统的基本操作、文件和文件夹的管理，以及常用工具软件的应用等知识。其中，操作系统的认知与操作是基础，而常用工具的运用是拓展。掌握了这些内容，有助于加强对计算机的认识，为今后更有针对性、更具体的计算机应用奠定基础。

课后习题

一、选择题

1. 在 Windows 中，"写字板"和"记事本"所编辑的文档_____。
   A. 均可通过剪切、复制和粘贴与其他 Windows 应用程序交换信息
   B. 只有写字板可通过上述操作与其他 Windows 应用程序交换信息
   C. 只有记事本可通过上述操作与其他 Windows 应用程序交换信息
   D. 两者均不能与其他 Windows 应用程序交换信息

2. 操作系统是_____。
   A. 用户与软件的接口   B. 系统软件与应用软件的接口
   C. 主机与外设的接口   D. 用户与计算机的接口

3. 下列有关快捷方式的叙述，错误的是_____。
   A. 快捷方式改变了程序或文档在磁盘上的存放位置
   B. 快捷方式提供了对常用程序或文档的访问捷径
   C. 快捷方式图标的左下角有一个小箭头
   D. 删除快捷方式不会对源程序或文档产生影响

4. 在 Windows 中，用户建立的文件默认具有的属性是_____。
   A. 隐藏   B. 只读   C. 系统   D. 存档

5. 在 Windows 操作环境下，将整个屏幕画面全部复制到剪贴板中使用的键是_____。
   A. Print Screen   B. Page Up   C. Alt+F4   D. Ctrl+Space

6. 在 Windows 中，剪贴板是用来在程序和文件间传递信息的临时存储区，此存储区是_____。
   A. 回收站的一部分   B. 硬盘的一部分
   C. 内存的一部分   D. 软盘的一部分

7. 下列叙述中，错误的是_____。
   A. 删除应用程序快捷图标时，会连同其所对应的程序文件一同删除
   B. 设置文件夹属性时，可以将属性应用于其包含的所有文件和子文件夹
   C. 删除目录时，可将此目录下的所有文件及子目录一同删除
   D. 双击某类扩展名的文件操作系统可启动相关的应用程序

8. 在资源管理器中，选定多个非连续文件的操作为_____。
   A. 按住【Shift】键，单击每一个要选定的文件图标
   B. 按住【Ctrl】键，单击每一个要选定的文件图标
   C. 先选中第一个文件，按住【Shift】键，再单击最后一个要选定的文件图标
   D. 先选中第一个文件，按住【Ctrl】键，再单击最后一个要选定的文件图标

9. 在查找文件时，通配符*与？的含义是_____。

    A. *表示任意多个字符，?表示任意一个字符

    B. ?表示任意多个字符，*表示任意一个字符

    C. *和?表示乘号和问号

    D. 查找*.?与?.*的文件是一致的

二、思考题

1. 什么是操作系统？它有什么作用？

2. 常见的 Windows 操作系统有哪些？

3. 文件的命名有哪些限制？

第3章

文字处理软件 ‹‹‹

引言

    Word 2013 文字处理软件是 Microsoft Office 2013 办公套件之一，主要用于文字排版编辑工作，能对图片、表格、图形对象等进行快速处理。为增强用户体验感，与以往版本相比，Word 2013 设置了更为灵活、便捷的操作界面，简化了软件使用功能的方式，强化了功能区的命令按钮操作便利性，突出快捷菜单、对话框和弹出按钮的常用功能，为文本和图表处理提供了强烈的即视感效果，使用户操作变得更加轻松和快速。

学习目标

    通过学习本章内容，掌握 Word 2013 软件的基本使用方法，掌握在文档中输入文字，插入图形、图片、表格等操作，掌握文档的编辑、排版。

学习重点和难点

（1）Word 2013 的基本操作。

（2）文档的格式编辑。

（3）文档的表格和图文排版。

（4）文档的目录和图表编辑。

3.1　Word 2013 介绍

3.1.1　Word 2013 工作界面

    Word 2013 操作界面由快速访问工具栏、标题栏、"文件"按钮、功能区（选项卡和命令组）、标尺、页面区域、滚动条、状态栏等组成，具体说明如图 3-1 所示。

1．快速访问工具栏

    快速访问工具栏的命令按钮始终可见，如需要添加命令，可通过单击下拉按钮选择需要的命令，或通过右击某一个功能区命令组中的命令进行自定义添加。

2．标题栏

    标题栏显示的是当前编辑文档的文件名称。

3．文件按钮

    单击"文件"按钮，在弹出界面可以进行打开、保存、打印以及管理文档等操作。

4．功能区选项卡

    功能区选项卡包含开始、插入、设计、页面布局、引用、邮件、审阅、视图等选项卡，单击某一个选项卡能显示相应的命令和按钮，打开一个 Word 2013 文档时默认进入

"开始"选项卡,里面包含了很多常用的 Word 2013 命令。

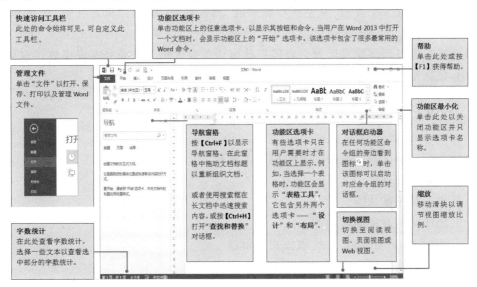

图 3-1 Word 2013 窗口

5. 功能区命令组

功能区命令组通过下方的文字描述不同的类别,以按钮形式实现编辑功能,有可用和不可用两种,如果按钮呈现灰色则当前状态下不可用,反之则可用。命令组的命令按钮可用与否与鼠标指针在屏幕上显现的状态相关,如选择区域不同,可用的命令按钮不同。

移动鼠标指针到功能区命令按钮上方悬停,会弹出该命令的功能提示。单击功能区命令组下方的小箭头符号 可以打开相应类别的命令组对话框,以实现更多的编辑功能。

6. 功能区显示选项

"功能区显示选项 "包含 3 个按钮,分别是自动隐藏功能区、显示功能选项卡、显示选项卡和命令,从而调节文本编辑区的大小。

7. 标尺

标尺的作用主要是进行页面设置、段落缩进、上下边界调整、显示定位和页边距调整等。

8. 导航窗格

导航窗格用来显示文档的结构图和某页的缩略图。通过文档结构图和缩略图,用户能够方便地了解文档的整体结构和页面的效果,同时能够快速定位文档的某个结构或页面。

9. 文本编辑区

对文本、图形和表格等进行的输入、插入、删除、修改等所有的操作都在文本编辑区内完成。

10. 状态栏、视图和缩放按钮

状态栏用于显示当前编辑文档的状态信息,包括光标所在的页码、字数统计、校对错误和语言按钮等。状态栏上的显示信息和按钮是可选的,如要显示如"插入"或"改写"按钮等，可以左击状态栏，在弹出菜单中选择相应的选项进行勾选。

视图按钮共有 3 个按钮，从左到右分别是"阅读视图"按钮、"页面视图"按钮和"Web 版式视图"按钮。不同的按钮给用户显示效果不一样。

缩放按钮可以调整显示比例，直接拖动滚动条或者单击加减号实现缩放，也可以按住【Ctrl+鼠标滚轮】的组合键实现缩放功能。

3.1.2　Word 2013 新增功能

Word 2013 新增功能如下：

- 全新的功能区取代原来的菜单栏和工具栏。
- 新增浮动工具栏。
- 新增实时预览功能。
- 更加便捷的对象编辑功能。
- 全新的 SmartArt 图形系统和公式编辑器。
- 强大的网络联机功能。

Word 2013 对不同对象进行格式化设置时，如图片、表格等对象，功能区提供了强大且简便的命令操作方式，格式化等工具选项卡在用户选择对象后，会在功能区中出现，不再需要用户一一单击菜单进行查找。

3.2　文档基本操作

3.2.1　新建、保存文档

在 Word 2013 软件中新建文档时可直接新建空白文档，也可以根据模板新建带有固定格式的文档。新建文档窗口如图 3-2 所示。适时进行保存文档操作，可以避免因操作失误或断电等原因造成的数据丢失。

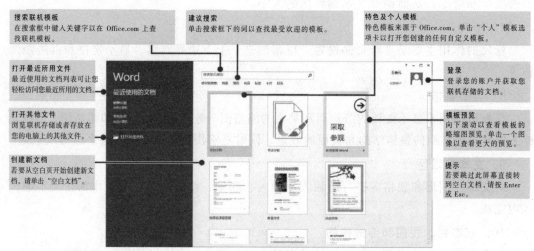

图 3-2　新建文档窗口

1. 新建空白文档

新建空白文档一般有以下3种方法：

① 启动Word 2013软件后在软件工作界面中选择"文件"功能选项卡的"新建"选项，再单击"空白文档"模板，即可以进入Word 2013软件空白文档的编辑界面。

② 右击拟保存文档所在的文件夹空白处，在弹出的快捷菜单中选择"新建"命令，此时会自动弹出级联菜单，选择"Microsoft Word 2013文档"，即可生成一个新的文档，双击打开新建文件即可以进入Word 2013软件空白文档的编辑界面。

③ 启动Word 2013软件后，使用键盘的组合键【Ctrl+N】，可以直接进入空白文档的编辑界面。

2. 创建模板文档

模板是一种预先设置了外观框架和格式的文档，用户在使用模板创建文档时，只需要在相应位置上输入文字，或插入图片、表格等即可。

【例3-1】利用"原创简历"模板创建新文档。

① 启动Word 2013软件，选择"文件"→"新建"选项，下拉滚动条找到"原创简历"模板，如图3-3所示。

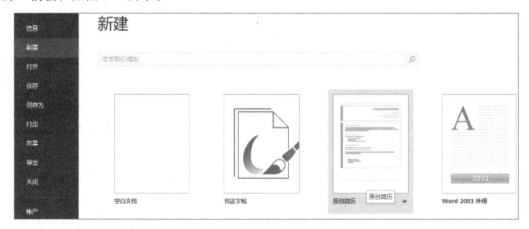

图3-3 选择"原创简历"模板

② 单击"原创简历"模板按钮，启动新文档的窗口。

3. 保存文档

保存文档有保存和另存为两种方式，对所编辑的文档应当适时进行保存，避免因失误造成的数据丢失。

（1）保存命令

选择"文件"→"保存"命令，或单击"快速访问"工具栏的"保存"按钮🖫，对当前打开的文档进行保存操作。第一次单击"保存"时，Word 2013会自动进入"另存为"界面，以提供存放的路径保存文件。完成第一次保存后，再次选择"文件"→"保存"命令，或单击"快速访问"工具栏的"保存"按钮🖫时，不会弹出任何界面，所进行的修改直接保存到原有的文件中。

（2）另存为命令

将打开的文档以其他类型、名称保存或保存在其他位置的操作称为"另存为"操作，适用于文档备份，或需要保留原文档但又需要在格式与内容相同的文档内编辑的情况。Word 2013 提供了云存储和本地存储两种方式。另存为文档的方法是选择"文件"→"另存为"命令，右边出现另存为操作的当前编辑的文档所处的文件路径、以往编辑过的文档所处的历史路径和"浏览"按钮，如图 3-4 所示。如当前编辑的文档所需存放的位置不在上面的路径中，则可以单击"浏览"按钮，在弹出图 3-5 所示的对话框中选择存放文档的路径。

图 3-4 "另存为"界面

图 3-5 "另存为"对话框

（3）关闭保存命令

对 Word 2013 软件，也可以直接使用标题栏右侧的"关闭"按钮 ✕，当单击该按钮前未保存时，会弹出图 3-6 所示的对话框。对话框包含三个按钮。单击"保存"按钮会将文件进行保存后关闭软件的工作界面，如果文档在创建后没有做过任何保存，则单击该按钮会弹出"另存为"的对话框，提示用户进行保存；单击"不保存"按钮则不保存所做的修改直接关闭软件的工作界面；单击"取消"按钮则是不做任何操作返回到软件的工作界面。

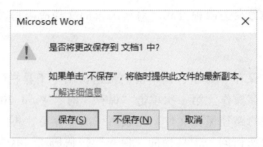

图 3-6 关闭未保存文档的对话框

（4）自动保存

自动保存就是 Word 2013 软件能够在用户不知情的情况下每间隔系统设定的时间就自主进行的保存。自动保存的默认时间是 10 分钟。

选择"文件"→"选项"命令，打开"Word 选项"对话框，单击对话框左侧的"保存"选项，可以对自动保存的文件类型、时间间隔和路径进行修改，如图 3-7 所示。

图 3-7 自动保存选项界面

【例 3-2】将"原创简历"模板创建的文档以"个人简历"为文件名保存到指定文件夹中。再以"投档简历"为文件名另存到另一个文件夹中。再以"原创简历"模板创建一个新的文档，使用关闭按钮以"个人简历 1"保存到指定文件夹中。

① 选择"文件"→"保存"命令，如图 3-8 所示，或单击"快速访问"工具栏的"保存"按钮💾，弹出"另存为"界面，如图 3-9 所示，在界面的中间单击"计算机"按钮，再单击右侧的"浏览"按钮，打开"另存为"对话框，通过左侧的资源管理器选择保存文档的位置，在文件名的框体内输入"个人简历"，保存类型不变，如图 3-10 所示。单击"保存"按钮，将文档保存到指定位置。

② 在打开的"个人简历"工作界面中，单击"文件"→"另存为"选项，弹出"另存为"界面，选择"计算机"→"浏览"命令，利用弹出的"另存为"对话框左侧的资源管理器找到存放的路径，将文件名修改为"投档简历"，单击"保存"按钮。

③ 选择"文件"→"新建"命令，找到"简历"模板并单击打开编辑界面，单击"关闭"按钮，在弹出的对话框中单击"保存"按钮，这时，会再弹出"另存为"对话框，同样的，找到路径和修改文件名后单击"保存"按钮即可。

图 3-8 保存选项   图 3-9 另存为界面

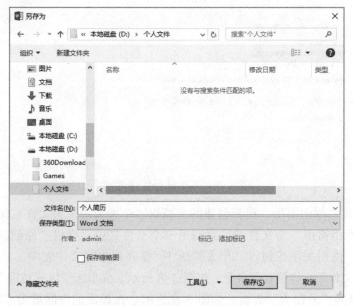

图 3-10 "另存为"对话框

3.2.2 打开与关闭文档

对已存储在硬盘或其他存储设备上的文档进行查看或编辑操作时需要打开文档,操作结束后需要关闭文档。

1. 打开文档

Word 2013 软件有以下 3 种方法进行打开文档的操作:

① 在"计算机"或"资源管理器"窗口中双击需要打开的文档。如右击文档,可以在弹出的快捷菜单中选择"打开"命令,从而开始需要的浏览或编辑工作。

② 在 Word 2013 软件启动进入工作界面后,单击"快速访问工具栏"中的"打开"

按钮，或使用【Ctrl+O】组合键，或者单击"文件"中的"打开"选项，显示"打开文档"的选项卡，通过浏览路径找到并选择对应的文档，再单击"打开"按钮以在Word 2013工作界面里显示需要浏览或编辑的文档。

2．关闭文档

对文档的浏览或编辑操作完成后，可以通过单击Word 2013软件工作界面右上角的关闭按钮，或选择"文件"→"关闭"命令，也可以使用【Alt+F4】组合键实现关闭文档的操作。

3.2.3 打印设置

文档编辑并保存后，可以通过打印机将文档打印出来。Word 2013软件提供了所见即所得的效果，即在文本编辑区内显示的文字等内容编排方式即是最终打印出来的效果。在打印文档之前，先进行页面的设置。

1．页面设置

单击功能区"页面布局"选项卡的"页面设置"命令组的"页边距"下面的按钮，在弹出的菜单中，单击最下方的"自定义边距"选项，弹出"页面设置"对话框，如图3-11所示。也可选择"文件"→"打印"命令，在弹出的界面中进行页面设置。

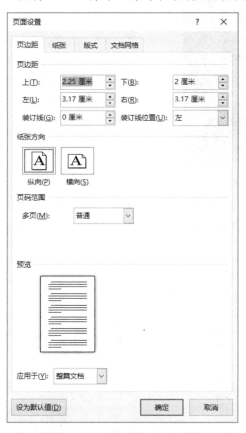

图 3-11 "页面设置"对话框

（1）设置页边距

设置文档内容到纸张页边的距离，同时可以设置纸张页面是纵向或是横向页面。

（2）设置纸张类型

选择纸张类型，一般为 A4 纸。

2．预览与打印

在正式打印之前，利用 Word 2013 提供的打印预览功能在屏幕上查看打印的总体效果，看文档边距等是否符合要求，确定无误再进行打印操作，如图 3-12 所示。

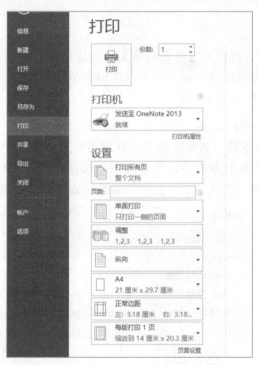

图 3-12　打印界面

①打印预览。打印文档方法：单击"文件"→"打印"选项，打开"打印"选项窗口，窗口右侧显示的是即将打印文档的最终打印效果预览，并且在屏幕右下角有缩放滚动条可以对显示的文档进行缩放，查看文档打印的效果。

②在窗口中可输入打印的份数，设置打印的页面范围等，设置完毕后单击"打印"按钮打印文档。

3.3　文本编辑操作

3.3.1　输入文本

1．选择输入法

可以按【Ctrl+Shift】组合键来切换输入法，也可以单击 Windows 系统任务栏右侧输入法按钮，在弹出的输入法菜单中选择一种合适的输入法。

2．输入文本

单击 Word 2013 界面，激活编辑状态。输入文本时，文本会出现在光标闪烁的位置后。如果要在文字中间插入新的内容，可移动鼠标将光标即移到该位置，也可以按方向键移动光标。当文字录入达到一行的最右侧时会自动换行。按【Enter】键可以另起一段。

在默认方式下，在一行中插入文字时，原有的文字会随插入的文字向右移动。但如果按键盘上的【Insert】键时，"插入"状态会转换为"改写"状态，新输入的文字会把光标右侧已有的文字覆盖，再次按此键将返回"插入"状态。如需要显示改写或插入状态，可以右击状态栏，在弹出的快捷菜单中将"改写–插入"选项勾选，状态栏中左侧会出现"改写"或"插入"按钮，对应于当前的输入状态。

【例 3-3】创建一个空白文档，以"输入实验"为名保存到指定位置，在文档中输入书本 3.3.1 节的第二小点的文字内容。输入过程中可以尝试切换"改写"或"插入"状态。

图 3-13 输入法选择

① 启动 Word 2013，新建空白文档，将文档按要求保存。

② 选择合适的输入法，如图 3-13 所示。

③输入文字，用鼠标或者键盘切换输入状态，如图 3-14 所示。

图 3-14 改写或插入状态

3.3.2 选定文本

在文档中输入文字后，可以利用标记文本的功能将文本选定，让文本呈现灰底的选定状态，成为当前拟编辑范围，然后再利用复制、移动、删除等功能快速地编辑文本。选定文本有多种方式，一般可以用鼠标移动到所需选定文本前，按下鼠标左键拖动到选定文本的最后，松开左键即可选定所需的文本。但上述方法容易出错，可按照表 3-1 介绍的选定文本不同区域的方法来执行选定文本操作。

表 3-1 选定文本不同区域方法

选取范围	操作方法
字/词	双击需选定的字/词
句子	按住【Ctrl】键后单击该句子
行	在文本编辑区空白处左侧单击该行
段落	在文本编辑区空白处左侧双击该段
矩形区域	按住【Alt】键后按下鼠标左键并拖动
大块文字	单击所需内容开始处，按住【Shift】键后，单击所选内容结束处
一行中光标之前的文字	定位光标，按【Shift+Home】组合键
一行中光标之后的文字	定位光标，按【Shift+End】组合键
全文	鼠标左键 3 连击文本编辑区左侧空白处或按【Ctrl+A】组合键
多个不连续的文字	选定一块文本后按住【Ctrl】键继续选取其他区域

3.3.3 编辑文本

在编辑文本的过程中经常需要对文本中的内容进行修改，如在文档移动、复制或删除文本等操作。

1. 移动文本

对已经选定的文本进行移动操作有以下两种方法：

（1）利用剪切板移动文本

首先选定需要移动的文本范围，然后单击功能区的"开始"选项卡"剪贴板"命令组中的"剪切"按钮，将选定的文本送入剪切板中，再把光标移动到目标位置，单击"粘贴"按钮。

利用组合键的方式完成以上操作：选定文本→按【Ctrl+X】组合键→移动光标→按【Ctrl+V】组合键。

（2）利用鼠标拖动移动文本

此方法适用于近距离移动文本。首先选定所需移动的文本范围，然后把鼠标指针移动到选定文本范围内，按下鼠标左键不放，将指针移动到目的位置再释放鼠标左键。

2. 复制文本

复制文本的方法与移动文本相似，同样可以利用剪切板或鼠标拖动来实现。复制文本时，单击功能区"开始"选项卡"剪贴板"命令组中的"复制"按钮（或使用【Ctrl+C】组合键），再在目标位置单击"粘贴"按钮（或使用【Ctrl+V】组合键）。

利用鼠标拖动复制文本需同时按住【Ctrl】键。

3. 删除文本

按【Backspace】退格键删除光标前的文字。

按【Delete】删除键删除光标后的文字。

如果已经选定需要删除的文本，按【Backspace】退格键或【Delete】删除键都可以，但在删除表格中选定某一行或列时，按【Delete】删除键删除的是表格中的文字内容，按【Backspace】退格键则可以将内容、行或列一起删除。

4. 撤销和恢复操作

在文档处理过程中，如果进行了误删除、误移动等操作，可以通过单击"快速访问工具栏"中的"撤销"按钮，使文本恢复为原来的状态。如果还需要更多的操作，可继续单击"撤销"按钮。

撤销操作的组合键是【Ctrl+Z】，连续撤销可多次使用该组合键。

"恢复"操作刚好与"撤销"操作相反，它可以恢复被撤销的操作。

撤销和恢复操作只能是在文档打开后，进行一定的编辑操作后才能使用，如果已经关闭了该文档，即使再立刻打开该文档也不能再撤销文档关闭之前的操作了。

【例3-4】打开【例3-3】的"输入实验"文档，复制第一段文字为最后一段，将最后一句话移动到第二段文字后并另起一段，删除第一段的最后一句话。将原有文档内容进行覆盖保存。

① 在 Word 2013 中单击"文件"→"打开",选择"计算机",单击"浏览"按钮,找到并选择"输入实验"文档,单击"打开"按钮,或者双击"输入实验"文档,如图 3-15 所示。

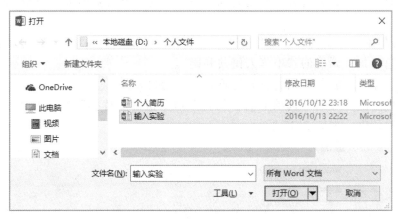

图 3-15　打开文件界面

② 在打开的文档中选择第一段文字,同时按下【Ctrl+C】组合键(可以右击所选文字,选择快捷菜单中的"复制"选项;也可以单击功能区"开始"选项卡的"剪贴板"命令组的"复制"按钮),将文字送入剪贴板中。

③ 将光标移动到第二段末尾,单击使光标移动到第二段末尾回车符前,按下键盘的【Enter】键,使光标在第三段开始处闪烁。

④ 利用【Ctrl+V】组合键(可以在光标处右击,选择快捷菜单中的"粘贴"选项;也可以单击功能区"开始"选项卡的"剪贴板"命令组的"粘贴"按钮)。

⑤ 选择第三段文字的最后一句,利用剪切或者鼠标拖动的方式移动该句子到第二段末尾。光标移动到这句话的最前面单击,将光标置于该句子之前,按下【Enter】键。

⑥ 选择第一段文字的最后一句,单击键盘上的键【Delete】或【Backspace】键。注意不要将回车符号 ↵ 一起选择,不然第一段和第二段会合并为一段。最终结果如图 3-16所示。

⑦ 单击"快速访问"工具栏的保存按钮进行保存。

> 单击 Word 2013 界面,激活编辑状态。输入文本时,文本会出现在光标闪烁的位置后。如果要在文字中间插入新的内容,可移动鼠标将光标即移到该位置,也可以按方向键移动光标。当文字录入达到一行的最右侧时会自动换行。↵
>
> 在默认方式下,在一行中插入文字时,原有的文字会随插入的文字向右移动。但如果按键盘上的【Insert】键时,"插入"状态会转换为"改写"状态,新输入的文字会把光标右侧已有的文字覆盖,再次按此键将返回"插入"状态。如需要显示改写或插入状态,可以右击状态栏,在弹出的快捷菜单中将"改写-插入"选项进行勾选,状态栏中左侧会出现"改写"或"插入"按钮,对应于当前的输入状态。↵
>
> 按【Enter】键可以另起一段。↵
>
> 单击 Word 2013 界面,激活编辑状态。输入文本时,文本会出现在光标闪烁的位置后。如果要在文字中间插入新的内容,可移动鼠标将光标即移到该位置,也可以按方向键移动光标。当文字录入达到一行的最右侧时会自动换行。↵

图 3-16　设置结果

3.3.4 查找和替换

在文本编辑过程中，经常需要对某一个或某一些特定的名词或字符串进行编辑，而如果文档页数很多时，或者某个特定名词大量存在时，翻动页面去寻找是一件很让人头疼的事情。

【例 3-5】将"输入实验"文档中的"文字"二字利用替换功能替换为华文新魏、三号字体、红色、加下画线的"中华人民共和国"。

①打开"输入实验"文档，将光标置于文档的最开头。

②单击功能区"开始"选项卡的"编辑"命令组的"替换"按钮 ab_{ac}替换 ，弹出"查找和替换"对话框，如图 3-17 所示。

图 3-17 "查找和替换"对话框

③在"替换"选项卡的"查找内容"下拉列表框中输入被替换的内容："文字"。

④在"替换为"下拉列表框中输入要替换的内容："中华人民共和国"。

⑤单击"更多"按钮，再单击"格式"按钮，选择"字体"选项，如图 3-18 所示，在"替换字体"的对话框中设置相应的字体格式，如图 3-19 所示。

图 3-18 选择"字体"选项

图 3-19   替换字体格式设置

⑥ 单击"全部替换"按钮，再击"确定"按钮完成替换，最终结果如图 3-20 所示。

单击 Word 2013 界面，激活编辑状态，输入文本时，文本会出现在光标闪烁的位置后，如果要在**中华人民共和国**中间插入新的内容，可移动鼠标将光标移到该位置，也可以按方向键移动光标，当**中华人民共和国**录入达到一行的最右侧时会自动换行。

在默认方式下，在一行中插入**中华人民共和国**时，原有的**中华人民共和国**会随插入的**中华人民共和国**向右移动，但如果按键盘上的【Insert】键时，"插入"状态会转换为"改写"状态，新输入的**中华人民共和国**会把光标右侧已有的**中华人民共和国**覆盖，再次按此键将返回"插入"状态，如需要显示改写或插入状态，可以右击状态栏，在弹出的快捷菜单中将"改写-插入"选项进行勾选，状态栏中左侧会出现"改写"或"插入"按钮，对应于当前的输入状态。

按【Enter】键可以另起一段。

单击 Word 2013 界面，激活编辑状态，输入文本时，文本会出现在光标闪烁的位置后，如果要在**中华人民共和国**中间插入新的内容，可移动鼠标将光标移到该位置，也可以按方向移动光标，当**中华人民共和国**录入达到一行的最右侧时会自动换行。

图 3-20   查找和替换最终结果

注意，有时候替换结果为零时，需要检查是否对查找内容限定了格式，如果设置的格式与文档内容的格式不相同时，则无法查找到相应内容。可以将光标置于"查找内容"下拉列表框中，单击下方的"不限定格式"按钮来取消已经设置的格式，请特别注意图 3-21 中框线标注的地方。

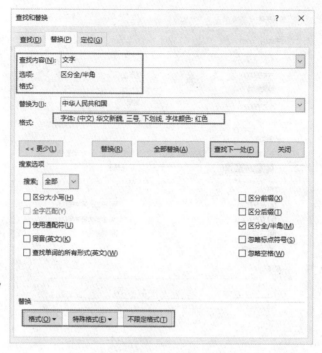

图 3-21　查找和替换的格式限定

3.4　文市的初级排版

3.4.1　设置字体格式

1. 利用"字体"命令组设置文字格式

要使用"字体"命令组的命令，需要先选择设置格式的文字，然后单击相应的格式命令按钮进行设置。"字体"命令组部分命令按钮和下拉列表框的功能如图 3-22 所示。

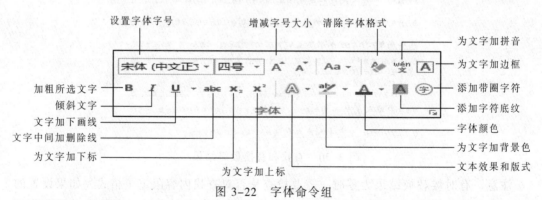

图 3-22　字体命令组

2. 利用"字体"对话框设置文字格式

"字体"对话框可以通过功能区"开始"选项卡的"字体"命令组右下角的箭头按钮调出，或在选定的文字区域内右击并选择"字体"选项打开。"字体"对话框包含"字体"和"高级"选项卡，可以对字体、字形、字号和字符间距等进行设置，如图 3-23 所示。"字体"对话框下方的"文字效果"按钮可以对文本效果格式进行设置，包括文本填充、文本边框、阴影效果等，如图 3-24 所示。

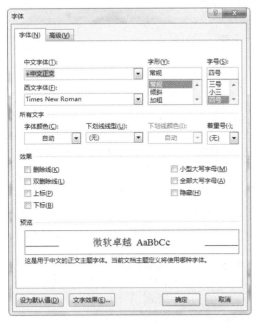

图 3-23 "字体"对话框

图 3-24 设置文本效果

【例 3-6】将"输入实验"文档中的第一段文字用功能区的"字体"命令组设置为华文楷体、加粗、三号、黑色，用"字体"对话框设置第二段文字为华文隶书、斜体、三号、红色，用弹出"字体"设置框设置最后两段为楷体、三号、蓝色加下划线。

① 打开"输入实验"文档。

② 选定第一段文字，利用功能区"开始"选项卡的"字体"命令组中的命令按钮进行设置，如图 3-25 所示。

图 3-25　字体命令组设置内容

③ 选定第二段文字，单击功能区"开始"选项卡的"字体"命令组对话框启动启 打开"字体"对话框，如图 3-26 所示。

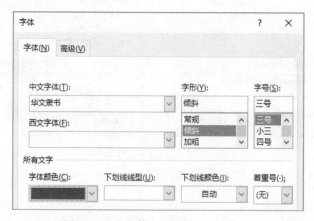

图 3-26　"字体"对话框设置内容

④ 选定最后两段文字，Word 软件会自动弹出【字体】设置框，选择需要的设置，如图 3-27 所示。如果未弹出【字体】设置框，可以将鼠标指针移入选定区域内，右击，指针上方就会出现"字体"设置框。

图 3-27　字体设置框设置内容

3.4.2　设置段落格式

1. 利用"段落"命令组设置段落格式

要使用"段落"命令组的命令，需要先选定设置格式的段落（或将光标置于该段落内），然后单击相应的格式命令按钮进行设置。"段落"命令组部分命令按钮和下拉列表框的功能如图 3-28 所示。

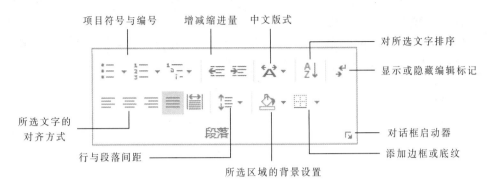

图 3-28 段落命令组

2．利用"段落"对话框设置段落格式

"段落"对话框可以通过功能区"开始"选项卡的"段落"命令组右下角的对话框启动器 或在需要更改格式的段落区域内右击并选择"段落"选项打开。"段落"对话框包含"缩进和间距""换行和分页"和"中文版式"三个选项卡，可以对所选区域的对齐方式、缩进、间距等进行具体设置，如图 3-29 所示。

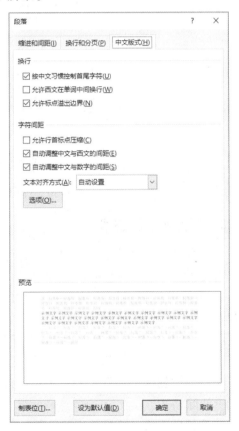

图 3-29 "段落"对话框

【例 3-7】将"输入实验"文档的各个段落设置为段前间距为 2 行，左右各缩进 8 个字符，首行缩进 2 个字符，行距设置为 24 磅。

① 打开"输入实验"文档。

② 选定全部文字，单击功能区"开始"选项卡的"段落"命令组右下角的对话框启动器 ，打开"段落"对话框进行设置，如图 3-30 所示。

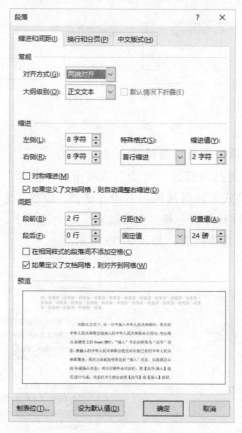

图 3-30 "段落"对话框的设置内容

3.4.3 项目符号和编号

为了使文档条理清晰，层次清楚，可以为文档的各级标题或文字添加项目符号和编号。首先，选定需要设置的文本，再单击"段落"命令组的"项目符号"按钮 、"编号"按钮 、"多级列表"按钮 ，为文字添加相应的项目符号和编号。如需要更换符号和编号等，可以单击按钮右侧的下拉按钮 ，在打开的下拉列表中进行选择或设置，如图 3-31 所示。

【例 3-8】在"输入实验"文档清除所有的格式，然后在前两段加上编号，格式为"一、二、"，在后两段加上项目符号。

①打开"输入实验"文档，用组合键【Ctrl+A】选择所有文字，单击"字体"命令组的 清除格式。

②选择前两段，然后单击"段落"命令组的编号按钮 的下拉按钮，选择下拉列表的对应编号格式。

③选择后两段，然后单击"段落"命令组的项目符号按钮 的下拉按钮，选择项目符号库的符号。

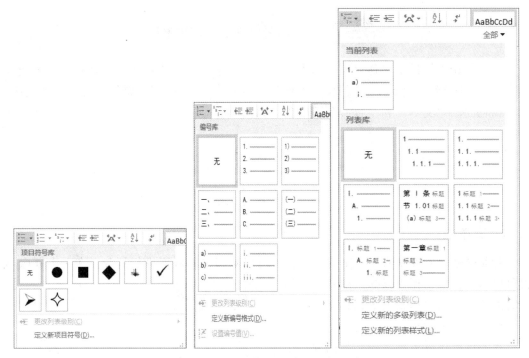

图 3-31 项目符号和编号下拉列表

3.4.4 底纹和边框

首先，选定需要设置的文本，再单击"段落"命令组中的"底纹"按钮 、"边框"按钮 ，为文字添加相应的底纹和边框。如需要更换颜色或框线等，可以单击按钮右侧的下拉按钮 ，在打开的下拉列表中进行选择或设置。

也可以在"边框"按钮旁的下拉按钮 ，在打开的下拉菜单中选择"边框和底纹"选项，从而打开"边框和底纹"对话框进一步进行设置，如图 3-32 所示。

图 3-32 底纹和边框设置

3.5 对象插入及编辑

Word 2013 提供了多种对象的插入，使得文档编辑效果能更加丰富多彩。在功能区"插入"选项卡里，提供了"页面""表格""插图""应用程序""媒体""链接""批注""页眉和页脚""文本"和"符号"等对象，如图 3-33 所示。

图 3-33　插入对象

3.5.1　文本框

文本框是一个可以输入文字的矩形框，可以对编辑的版面进行划分。在文本框内不仅可以输入文字，还可以插入图片和图形，同时能够根据需要移动文本框在文档中的位置、设置文本框的边框和底纹等。

文本框可以分为横排和竖排两种，用户根据需要选择相应的文本框样式应用到文档中。操作方法是选择功能区"插入"选项卡中的"文本"命令组，再单击"文本框"按钮打开文本框内置窗口，如图 3-34 所示，从而选择已有的样式或是选择下方的绘制选项自行绘制文本框。

Word 2013 中的功能区有文本框的格式化设置命令按钮。创建文本框或选择文本框，在功能区会显示文本框的绘图工具"格式"选项卡，里面包含了"插入形状""形状样式""艺术字样式""文本""排列""大小"等六个命令组，如图 3-35 所示。

【例 3-9】在"输入实验"文档的前两段中间插入一个高为 2 厘米，宽为 8 厘米的横排文本框，将文本框用预设渐变的浅色渐变——着色 6 进行填充，去掉文本边框线。布局选项设置为上下型文字环绕。

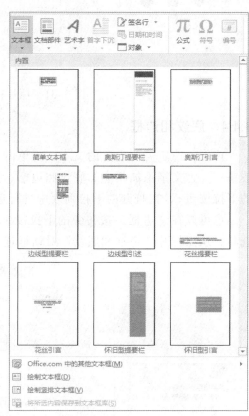

图 3-34　文本框内置窗口

① 打开"输入实验"文档，选择"插入"→"文本框"→"绘制文本框"选项。

② 鼠标指针变为黑色十字形状时，移动到需要插入文本框的位置按下鼠标左键并拖动，画出文本框。

图 3-35　文本框的绘制工具"格式"选项卡

③　右击文本框任一框线，在弹出的快捷菜单中选择"设置形状格式"，在工作界面的右侧会显示"设置形状格式"的界面。依次单击"形状选项"→"填充线条" ◇ →"填充" ◢ →"渐变填充"→"预设渐变"，如图 3-36 所示。

④　在"设置形状格式"的界面，依次单击"形状选项"→"填充线条" ◇ →"线条" ◢ →"无线条"

⑤　右击文本框任一框线，在弹出的快捷菜单中选择"其他布局选项"，弹出"布局"对话框，在"文字环绕"选项卡中选择"上下型"，如图 3-37 所示，在"大小"选项卡中输入高度和宽度。

图 3-36　设置形状格式

图 3-37　文字环绕选项卡

3.5.2　艺术字

艺术字是高度风格化的文字，经常用于各种演示文稿、海报、文档标题和广告等场合。它可以作为图形对象置于编辑的页面上，也可以进行移动、复制、旋转和调整大小等操作，达到增强文档的可观赏性和突出主题的目的。插入艺术字后或选择艺术字，功能区会出现艺术字的绘图工具"格式"选项卡，"格式"选项卡包含了"插入形状""形状样式""艺术字样式""文本""排列""大小"等六个命令组，如图3-38所示。

图3-38　艺术字功能区"格式"选项卡

【例3-10】在"输入实验"文档的标题位置插入艺术字：输入实验，艺术字使用"渐变填充–金色，着色4，轮廓–着色4"字体，并加上"橙色，18pt发光，着色2"的文字效果。

① 打开"输入实验"文档，在"插入"选项卡"文本"命令组中单击插入艺术字按钮，单击"渐变填充–金色，着色4，轮廓–着色4"选项，如图3-39所示。在弹出的文本框中输入文字。

② 在功能区"艺术字样式"命令组单击"文字效果"按钮，选择发光字体效果，如图3-40所示。

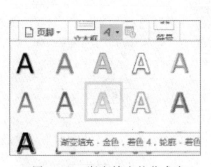

图3-39　渐变填充的艺术字

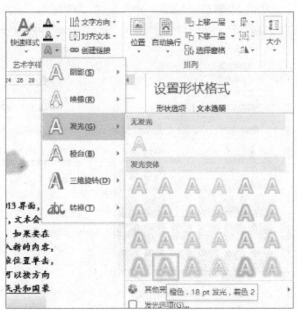

图3-40　选择发光字体效果

3.5.3　图片

Word 2013能够处理多种类型的图片，其"插入"选项卡的"插图"命令组提供了丰富的图片插入来源，图片插入文档的方法非常容易掌握。插入图片后只要单击选中它，在图片右上方会出现一个布局选项按钮，方便图文混编时对于图片的处理。

1．插入图片

通过"插入"选项卡"插图"命令组的"图片"按钮，可以很方便地将计算机中存放的图片文件插入到编辑的文档中，如图 3-41 所示。

图 3-41 "插入图片"对话框

插入图片后，在图片区域内右击，会弹出一个快捷菜单和两个命令按钮（样式和裁剪按钮），对用户进行图片相关的设置非常有用。如果选中图片，功能区会出现图片工具的"格式"选项卡，单击"格式"选项卡以激活功能区命令按钮，"格式"选项卡包含了"调整""图片样式""排列""大小"四个命令组，如图 3-42 所示。用好快捷菜单选项、弹出命令按钮和"格式"选项卡对图片与文档的整体效果提升很有帮助。

图 3-42 图片工具"格式"选项卡

2．插入自选图形

在编辑文档的过程中，经常需要添加一些特定的图形对文本进行诠释或者构造一些图形，用户可以通过"插图"命令组的"形状"按钮，打开自选图形的下拉列表，如图 3-43 所示，并从其中选择合适的形状后，移动指针到文档中需要的位置按住鼠标左键拖动，即可画出所需的图形。

画出图形后或选中图形，功能区会出现图片工具的"格式"选项卡，"格式"选项卡包含了"插入形状""形状样式""艺术字样式""文本""排列""大小"等六个命令组，如图 3-44 所示。

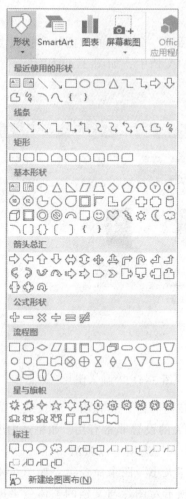

图 3-43   自选图形列表

图 3-44   自选图形"格式"选项卡

3．插入 SmartArt 图形

把图片和文字信息进行整合表达，比起单一、枯燥的文字或图片表达会更生动、直观。SmartArt 图形就是 Word 2013 软件提供的一个很好的图形和文字整合表达工具。使用 SmartArt 图形可通过单击"插入"选项卡的"插图"命令组的"插入 SmartArt 图形"按钮 打开"SmartArt 图形"对话框，如图 3-45 所示，SmartArt 图形包括图形列表、流程图以及更复杂的图形，如维恩图和组织结构图等。

图 3-45 "SmartArt 图形"对话框

插入 SmartArt 图形后或选中图形，功能区会出现 SmartArt 图形工具的"设计"和"格式"两个选项卡，选项卡能对图形的形状、样式和文字格式等进行设置，如图 3-46 所示。

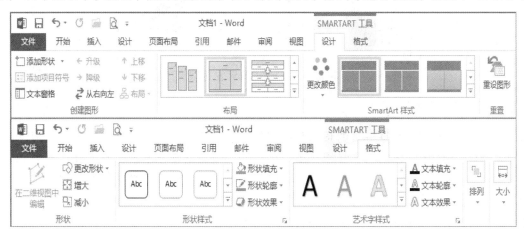

图 3-46 SmartArt 工具功能区命令

【例 3-11】新建一个文档，将题中文字用合适的 SmartArt 图形表示出来，涉及的文字为：

公安机关接受刑事案件来源有四种：一是行政执法机关或者其他公检法移送涉嫌犯罪且属于本公安机关管辖的案件；二是上级公安机关交办；三是公安机关在办理行政案件、刑事案件过程中发现的其他刑事案件；四是"110"报警服务台指令处警的刑事案件。

① 打开 Word 2013 工作界面，新建一个空白文档，并保证文档处于可编辑的激活状态。

② 选择"插入"→"插图"→"SmartArt"命令，打开"选择 SmartArt 图形"对话框以查找合适的图形表达信息。

③ 因为文字包含四个平级关系的信息，所以采用"选择 SmartArt 图形"对话框左侧的第二类"列表"图形以表达信息。

④ 选择"列表"中的"表格列表"图形，单击"确定"按钮后文档中会出现一个表格列表形状的图形。

⑤ 在第一排"文本"中输入"公安机关接受刑事案件来源"几个字。

⑥ 在第二排"文本"右击，在弹出的快捷菜单中选择"添加形状"→"在后面添加形状"命令，确保第二排形状有四个。

⑦ 依次在第二排形状里输入四种来源的文字描述。

⑧ 输入完成后，可以通过功能区的"SmartArt 工具"选项卡和右击 SmartArt 图形后弹出的快捷菜单进行进一步的颜色、样式等相关设置，达到用户需要的效果，如图 3-47 所示。

图 3-47　SmartArt 图形表达结果

3.5.4　页眉和页脚

页眉和页脚是指在每一页的顶部和底部加入的信息，可以是文字或图形，页眉文字内容一般是文件名、标题名、日期、单位名称等，页脚通常是页码信息。在"页眉和页脚"命令组中包含了"页眉""页脚""页码"三个命令按钮。当单击命令按钮的某一个选项时，就会弹出页眉和页脚工具的"设计"选项卡，如图 3-48 所示。用户可以通过对工具按钮的选择和设置进行页眉和页脚的相关操作。

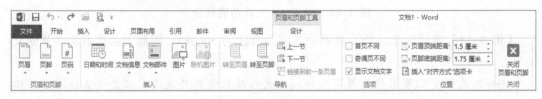

图 3-48　页面和页脚"设计"工具

3.5.5　公式

Word 2013 软件提供了一个公式编辑器，专门用于编辑数学公式，可以在 Word 2013 工作界面里轻松输入和编辑复杂的数学公式。在"符号"命令组单击"公式"按钮即可启动公式编辑器，且在 Word 2013 工作界面的功能区会弹出公式工具的"设计"选项卡，如图 3-49 所示。用户可以通过对工具按钮的选择和设置进行数学公式的编辑操作。

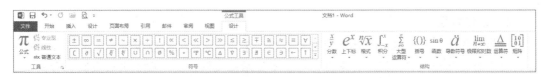

图 3-49 数学公式工具

3.6 制作目录

目录是为了读者能快速浏览文档的主要内容而将文档中所有标题进行排列的列表，一般位于文档的开头。读者可以通过查看目录了解文档内容纲要，也可以快速定位到某个主题。在页面视图中，目录包括标题及相应的页码，按住【Ctrl】键的同时单击某个标题可以直接跳转到该标题对应的页面中。由于目录的项目是根据文档中的样式产生的，所以在创建目录前必须先设置文档中标题的样式，例如功能区"开始"选项卡的"样式"命令组"标题 1"和"标题 2"等。

3.6.1 文档视图

Word 2013 软件提供 5 种视图以方便用户不同的需求，分别是阅读视图、页面视图、Web 版式视图、大纲视图和草稿视图。单击"视图"选项卡，在显示的"视图"命令组中可以切换视图，如图 3-50 所示。

图 3-50 切换视图

1. 阅读视图

阅读视图可以将文档所有的内容以缩略图模式或文档结构图模式显示在屏幕上，用户可以上下翻页，可以添加批注，但是不能修改、编辑文档的内容。

2. 页面视图

页面视图具有"所见即所得"的显示效果（最终打印效果），用于显示整个页面的分布状况和整个文档在每一页上的位置，包括文本、图形、表格、文本框、页眉页脚等，可以对文档内容进行修改和编辑。

3. Web 版式视图

Web 版式视图用于显示文档在 Web 浏览器中的外观。在此视图中可以创建能在屏幕上显示的网页或文档，还可以设置文档的背景等。

4. 大纲视图

大纲视图用于显示文档的框架，可以用它来组织文档并观察文档的结构。它为在文档中进行大块文本的移动、生成目录和其他列表提供了一个方便的途径。

5. 草稿视图

草稿视图用于快速输入文本、图形及表格，并进行简单的排版编辑，在此视图下可以看到版式的大部分内容，但没有垂直标尺，不显示图文框、文本框、页眉页脚和背景等。

3.6.2 编辑样式

样式是指 Word 2013 软件系统预定义或者用户自定义的一系列排版格式，包括字体和段落等设置内容。使用样式可以很方便地编排具有统一格式的段落，而且可以使整个文档保持格式一致。

Word 2013 中的样式类型有：字符、段落、链接段落和字符、表格和列表等。其中字符样式保存了字符的格式化信息，包括字体、字号、粗体、斜体及其他效果等；段落样式则保存了字符和段落的格式，包括段落文本的字体、字号、对齐方式、行间距和段间距等。

1. 使用样式

选定文本区域或将光标置于需要设置样式的位置，单击功能区"开始"选项卡相应的"样式"命令组中的样式命令，如图 3-51 所示。

图 3-51 样式命令组

2. 新建样式

用户如需要自定义样式，可以单击"样式"命令组的右下角的对话框启动器 ，在弹出的下拉菜单中单击左下角的"新建样式"按钮 ，如图 3-52 所示，打开"根据格式设置创建新样式"对话框，在其中进行操作即可。

3. 修改、删除样式

在"样式"命令组中，右击需要修改或删除的样式，在弹出的菜单中，根据需要选择相应的命令和操作；或单击"样式"命令组的右下角的下拉按钮，选择弹出菜单中的某一个样式名称，再单击右侧的下拉按钮，在弹出菜单中根据需要选择相应的命令和操作。

3.6.3 目录制作

1. 利用样式设置生成目录

在插入目录之前，首先需要设置文档中各级标题的样式，在"开始"选项卡"样式"命令组进行标题设置。

选中文档中拟设置为一级标题的标题，单击样式里的"标题 1"按钮 ，依次将所有的一级标题进行设置，如图 3-53 所示。

图 3-52 新建样式

图 3-53　一级标题设置

类似的，选中二级标题，单击样式里的"标题 2"按钮 AaBbC，依次完成二级标题设置，以此类推，如图 3-54 所示。

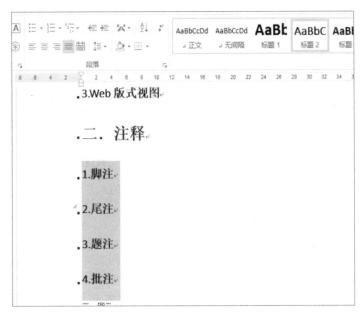

图 3-54　二级标题设置

在所有标题的样式设置完成之后，就可以添加目录了，将光标定位到要添加目录的地方，单击"引用"选项卡，并在"目录"命令组的最左边单击"目录"按钮，选择"自动目录 1"，这样就自动生成一个文档的目录了，如图 3-55 所示。

当标题发生变化时，可以选中目录，单击弹出的"更新目录"按钮，选择"更新整个目录"，从而自动更新整个目录。

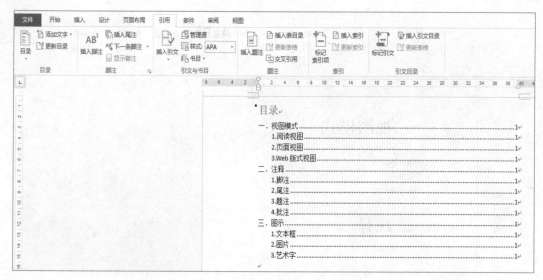

图 3-55　生成目录

利用样式设置生成目录的操作比较容易掌握，但在一般情况下，Word 2013 软件自带的样式与工作中所需的字体格式设置等不是特别一致，这时就要对样式进行修改和编辑，或者新建样式，以适应编辑文档的不同格式的要求。

在 Word 2013 版本中，软件提供了一个非常方便的修改样式的命令以快速修改样式，制作目录变得容易和直观。

选中文档中拟设置为一级标题的标题，右击样式里的"标题 1"，选择弹出菜单的"更新标题 1 以匹配所选内容"选项，如图 3-56 所示，这样可以将"标题 1"的格式与所选内容设置相同的格式，同时，软件会弹出导航窗格利于用户查看设置结果。

图 3-56　更新样式的格式

2．利用大纲视图生成目录

利用大纲视图生成目录的方法是首先单击"视图"选项卡中"视图"命令组的"大纲视图"按钮，将文档显示视图切换为大纲视图。可以看到文档的所有的栏目标题和正文的前面，都出现了小圆圈。这时可以选中第一个标题，再单击命令组左上角的"正文文本"，在弹出的下拉列表中选择"1 级"，如图 3-57 所示。

接下来选中二级标题。同样是单击命令组中的"正文文本"按钮，在弹出的下拉列表中选择"2 级"。用这种方法，对所有标题进行这样的设置。设置完成后，单击"关闭大纲视图"按钮。将光标放在文档需要添加目录的位置，依次单击功能区中的"引用"→"目录"→"自动目录 1"，最终生成文档的目录。

图 3-57 大纲视图中设置标题等级

3.6.4 题注、脚注和尾注

题注就是给图片、表格、图表、公式等项目添加的名称和编号。脚注是标明资料来源、为文章补充注解的一种方法。尾注是对文本的补充说明，一般位于文档的末尾，列出引文的出处等。题注应用于图表上，脚注和尾注应用于对插入点的词或语句的注解。

1．插入题注

在编辑的文件中，对图、表可以加上自动编号的题注，如有移动或删除的情况发生，可以对题注的列表进行更新，保持编号的顺序不乱。具体操作是在"引用"选项卡中单击"插入题注"按钮，在出现的"题注"对话框中单击"新建题注"按钮并输入对应的文字标签。设置完成后，如果在文档当中需要插入图、表时，可在图、表需要插入题注的上方或下方单击"插入题注"按钮，就可以实现对图、表自动编号了。如果移动或删除了某些图、表等，可以右击所插入的"题注"，在弹出的快捷菜单中选择"更新域"选项，以对图、表次序进行重新编号。

2．插入脚注和尾注

将光标定位到需要插入脚注或尾注的地方，单击"引用"选项卡，然后单击"插入脚注"（尾注），这样就可以实现脚注和尾注的自动编号了。用户如果需要更改编号的符号，可以单击功能区"脚注"命令组的 按钮，打开"脚注和尾注"对话框进行设置。

脚注尾注的相互转换：选择对应的脚注或尾注，点击弹出快捷菜单，选择"转换为尾注"（脚注）选项，就可以轻松将脚注转换成尾注，或将尾注转为脚注。

小技巧：如何给脚注和尾注的编号加上[]：选择"开始"选项卡，单击"编辑"命令组的"替换"按钮，打开"查找和替换"对话框，如果是给尾注加[]，就在"查找"的那一栏中输入"^e"，在"替换为"中输入"[^&]"；如果是给脚注添加[]，就在"查找"中输入"^f"，在"替换为"中输入"[^&]"，单击"替换"按钮就全部替换了。

3.7 表格应用

使用表格可以分门别类地存放数据，使数据容易读懂和理解。表格由行和列组成，行列交叉形成的每一格称为单元格，在单元格内可以输入文字和数字等数据信息。

3.7.1 创建表格

常用创建表格的方法有：

①将光标定位在要插入表格的位置，单击"插入"选项卡的"表格"按钮，在行列数下拉面板中拖动鼠标，确定表格的行列数后单击，就可以在该位置快捷地创建一个表格，如图 3-58 所示。

②如果表格行列数大于 10×8，可以单击"表格"按钮，在下拉列表中选择"插入表格"选项，打开"插入表格"对话框，输入所需的行数和列数，单击【确定】按钮创建表格，如图 3-59 所示。

图 3-58 快捷插入表格　　　　图 3-59 "插入表格"对话框

3.7.2 编辑表格

表格创建完毕后，需要对表格进行一定的修改和设置，以便于表格能和文档风格相融合。

1. 选定表格与单元格

对表格进行修改和设置，首先要选定表格，但表格中不同的区域有不同的选定方法，如表 3-2 所示。

表 3-2 选定表格不同区域的方法

选定区域	选定方法
整个表格	光标移动到表格内，左上角出现标志后，单击标志
一行	将光标移动到该行左边，光标变白色空心斜向上箭头后单击
一列	将光标移动到该列上方，光标变黑色实心向下箭头后单击
一个单元格	将光标移动到单元格左边框线，光标变黑色空心斜向上箭头后单击
多个单元格	将光标移动到表格里面，光标变黑色空心斜向上箭头后按住左键拖动

2．合并和拆分单元格

合并单元格是将一行或一列中多个连续的单元格合并成一个单元格。拆分单元格是将一个单元格拆分成多个连续的单元格。

操作方法是先选定目标单元格，右击，在弹出的快捷菜单中选择"合并单元格"或"拆分单元格"选项。

3．删除单元格

选中表格中的某一个单元格后，单击"表格工具"→"布局"→"行和列"→"删除"按钮 ，会弹出删除单元格的下拉列表。单击"删除单元格"选项可弹出"删除单元格"的对话框，如图 3-60 所示。

图 3-60 "删除单元格"对话框

3.7.3 格式化表格

可以在选择表格后对其位置、宽度、行高、列高及表格内的文字进行格式化操作。通过移动光标到表格内右击，在弹出的快捷菜单中选择"表格属性"选项，可以弹出"表格属性"对话框，如图 3-61 所示，大部分格式化操作可以在此对话框内完成。

图 3-61 "表格属性"对话框

Word 2013 对表格的格式化设置提供了命令按钮的方式。创建表格或选中表格后，在功能区会显示"表格工具"选项卡，包含了"设计"和"布局"两个子选项卡，其中"设计"选项卡包含了"表格样式选项""表格样式"和"边框"等三个命令组，"布局"选项卡包含了"表""绘图""行和列""合并""单元格大小""对齐方式"和"数据"等命令组命令按钮，可通过这些命令对表格的样式、颜色、线体等进行格式化设置，如图 3-62 所示。

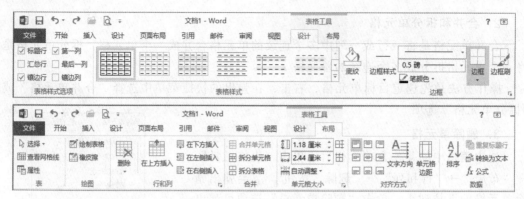

图 3-62 "表格工具"选项卡

3.8 图表应用

3.8.1 创建图表

单击"插入"选项卡，单击"插图"命令组的"图表"按钮 ，打开"插入图表"对话框，如图 3-63 所示，从中选择合适的图表进入编辑界面。如选中"簇状柱形图"，单击"确定"按钮后，工作区就会出现一个图表区和一个类似 Excel 电子表格的"Microsoft Word 中的图表"活动窗口。同时，功能区选项卡会弹出"图表工具"，包括"设计"和"格式"两个子选项卡，以对图表进行进一步的设置，如图 3-64 所示。

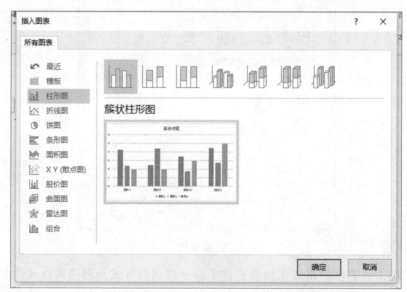

图 3-63 插入图表对话框

要创建图表，首先要在"Microsoft Word 中的图表"活动窗口中输入数据，Word 2013 编辑区的图表会自动生成相关数据，如图 3-65 所示。因"Microsoft Word 中的图表"活动窗口的数据处理功能有限，Word 2013 提供了直接将图表数据利用 Excel 处理的命令选项，通过单击活动窗口标题栏的"在 Microsoft Excel 中编辑数据"按钮 ，或者右击图表区，选择快捷菜单"编辑数据"→"在 Excel 2013 中编辑数据"选项，如图 3-66 所示，也可以选择"图表工具"功能区"设计"选项卡"数据"命令组的"编辑数据"按钮，在打开的 Excel 软件中进行编辑、统计工作，关闭 Excel 后图表区的数据会同时更新。

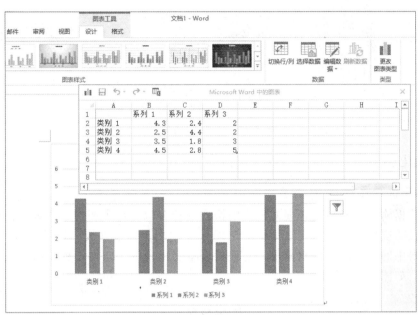

图 3-64 图表工具

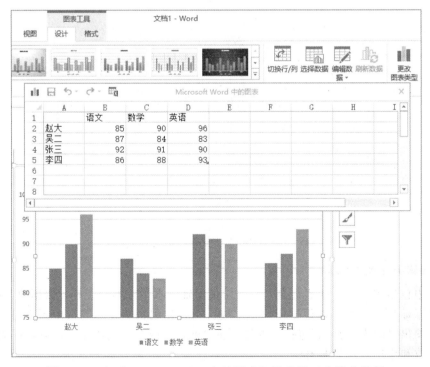

图 3-65 在"Microsoft Word 中的图表"活动窗口中输入数据

图 3-66　编辑图表数据

3.8.2　美化图表

1．选中图表元素

图表数据输入完成后，还要对图表的格式进行编辑。首先要选中图表区，鼠标指针移动到图表的空白处单击，图表周围会出现 8 个空白小框及框线，如图 3-67 所示，如果单击图表中的文字或图例对象等，它们周围也会出现 8 个空白小框或两个以上的小圆圈及框线，如图 3-68 所示。

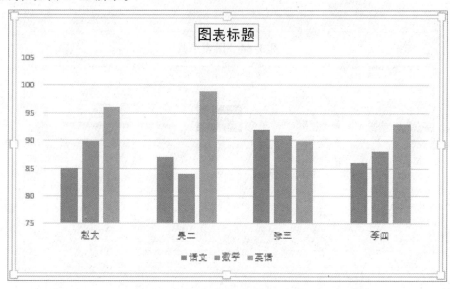

图 3-67　选中图表

2．编辑美化图表元素

图表中包括图表区、图表标题、垂直（值）轴、水平（类别）轴、数据值、网格线、图例、数据标签等，都可以根据用户要求进行格式化编辑美化。当选中图表时，功能区选项卡会弹出"图表工具"，包括"设计"和"格式"两个子选项卡，可以对图表中的对象进行更改和修饰等编辑操作。

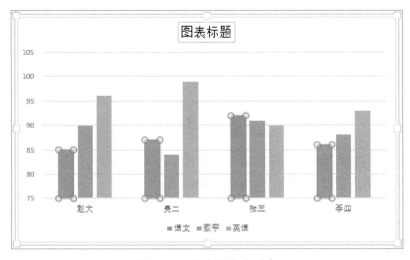

图 3-68　选中图表中对象

（1）"设计"选项卡

"设计"选项卡是对图表的类型、元素排列和显示方式等进行格式设置。包含了"图表布局""图表样式""数据""类型"等四个命令组，如图 3-69 所示。当用户的图表类型不一样时，功能区选项卡"设计"的"图表样式"命令组的命令按钮会发生变化，其他的命令组不变。

图 3-69　图表的"设计"选项卡

① 添加图表元素。在图表中添加或更改各种元素的显示方式。

② 快速布局。利用其提供的 11 个布局对图表中的各种元素进行一定的排列。

③ 更改颜色。对图表中的数据值、图例的颜色进行更改。

④ 图表样式。对不同类型的图表各提供了 12 种样式，如显示不完全，可单击"样式"命令组右下角的下拉按钮以显示所有样式。

⑤ 切换行列。该按钮必须在"Microsoft Word 中的图表"活动窗口打开的前提下才能使用，单击该按钮，图表的行列数据显示会发生变化。

⑥ 选择数据。可以通过该按钮选择在图表区中显示行或列的数据，避免无效数据对图表显示效果的影响。

⑦ 编辑数据。关闭"Microsoft Word 中的图表"活动窗口后，单击该按钮可以再次打开"Microsoft Word 中的图表"活动窗口。

⑧ 刷新数据。刷新选择的图表以显示更新的数据。

⑨ 更改图表类型。需要放弃当前选择的图表类型，单击此按钮以更换为其他类型的图表。

（2）"格式"选项卡

"格式"选项卡包含了"当前所选内容""插入形状""形状样式""艺术字样式""排

列"和"大小"等六个命令组，如图 3-70 所示，主要是对图表元素的格式进行设置。当用户选中的图表元素不一样时，"格式"选项卡的"形状样式"命令组的命令按钮会发生变化，其他的命令组不变。

图 3-70　图表"格式"选项卡

① 当前所选内容。当用户选定某一个图表时，该命令组的下拉列表还提供了菜单选项式的选择方法，从而明确格式设置的对象。

② 插入形状。提供了文本框插入和"插入"选项卡"形状插入"两种方式，且利用"更改形状"按钮可以更改图表数据标签的显示形状。

③ 形状样式。选择图表不同的区域，可以更改所选区域的显示颜色和显示效果。

④ 艺术字样式。该按钮只对有文字的对象可用，当选择到某些文字元素时，可以用艺术字的方式显示效果。

⑤ 排列。改变图表的显示位置、布局以及对齐方式等。

⑥ 大小。改变图表显示的大小比例，用数值精确表示。

3. 注意事项

对图表的美化操作需要注意以下两点：

① 当用户选中图表中的对象不一样时，右击弹出的快捷菜单相应的选项也不一样，注意要选中对象的区分，对用户编辑工作会产生较大的帮助。

② 图表不是越艳丽越花哨越好，而应该是直观地表达用户的意思以及真实地反映出数据。

本 章 小 结

本章主要对 Word 2013 文档基本编辑、排版操作、对象插入编辑、目录制作、表格和图表的应用等进行了深入浅出的介绍。本章内容需要用户亲自实践操作，对功能区命令、对话框、快捷菜单及弹出按钮等功能融会贯通。

Word 2013 较以往的版本进行了较大的改进和变动，对于同一种操作提供了多种可能的操作方法，并对不同的选择提供了快捷方便的弹出菜单、功能区选项命令和窗口操作等。

课 后 习 题

一、选择题

1. Word 提供了多种选项卡，关于选项卡，下列说法错误的是（　　）。

A. 功能区每个选项卡有不同的功能组

B. 功能区的选项卡的个数是固定不变的

C. 使用功能区的按钮可迅速获得 Word 的最常用的命令

D. 使用功能区中的按钮只要将鼠标指针移到要使用的按钮上单击即可

2. 对于 Word 的标尺，下列说法错误的是（　　　）。

　　A. 在所有的视图中都有标尺

　　B. 可用"视图"选项卡中的"标尺"复选框来设置或隐藏标尺

　　C. 垂直标尺只有页面视图才有

　　D. 垂直标尺可有来调整表格的行高

3. 纯文本文件与 Word 软件产生的文本不同之处在于（　　　）。

　　A. 非纯文本文件只有文字而没有图形

　　B. 纯文本文件只有英文字符，没有中文字符

　　C. 纯文本文件没有段落格式的信息

　　D. 纯文本文件不能用 Word、WPS 等文字处理软件处理

4. 在 Word 中建立的 Word 文档，如果要将文档的扩展名取为 .txt，应在"另存为"对话框的"保存类型"框中选择（　　　）。

　　A. 纯文本　　　　B. Word 文档　　　C. 文档模板　　　D. 其他

5. 当前打开了多个 Word 文档，单击当前文档窗口的"关闭"按钮，则（　　　）。

　　A. 关闭 Word 窗口　　　　　　　　B. 关闭当前文档

　　C. 关闭所有文档　　　　　　　　　D. 关闭非当前文档

6. 对于已执行过存盘命令的文档，为防止突然掉电丢失新输入的文档内容，应该经常执行（　　　）命令。

　　A. 保存　　　　　　B. 另存为　　　　　C. 关闭　　　　　D. 退出

7. 打开一个已有文档进行编辑修改后，执行（　　　）既可保留修改前的文档，又可得到修改后的文档。

　　A. "文件"选项卡中的"保存"命令

　　B. "文件"选项卡中的"打印"命令

　　C. "文件"选项卡中的"另存为"命令

　　D. "文件"选项卡中的"关闭"命令

8. 在 Word 中，下列说法错误的是（　　　）。

　　A. 在中文标点符号状态下，按【Shift+6】组合键可输入符号"……"

　　B. 输入的内容满一行后会自动换行

　　C. 若状态栏显示的是"插入"框，则双击后变为"改写"

　　D. 在编辑区每按一次【Enter】键，就插入一个段落标记

9. 在 Word 文档未保存前，对先前所做过的编辑操作，以下说法中正确的是（　　　）。

　　A. 不能对已做的操作进行撤销

　　B. 能对已做的操作进行撤销，但不能恢复撤消后的操作

　　C. 能对已做的操作进行撤销，也能恢复撤销后的操作

　　D. 不能对已做的操作进行撤销

10. 在 Word 中，进行复制或移动的第一步是（　　　）。

    A. 单击"粘贴"按钮

    B. 将插入点放入要操作的目标处

    C. 单击"剪切"或"复制"按钮

    D. 选定要操作的对象

11. 在 Word 的编辑状态，当前编辑文档中的字体全是宋体字，选择了一段文字使之成反显状，先设定了楷体，又设定了仿宋体，则（　　　）。

    A. 文档全文都是楷体

    B. 被选择的内容仍为宋体

    C. 被选择的内容变为仿宋体

    D. 文档的全部文字的字体不变

12. 在 Word 中，如果要将文档中的某一个词组全部更新为新词组，应（　　　）。

    A. 单击"开始"选项卡中的"编辑"功能组的"替换"命令

    B. 单击"开始"选项卡中的"编辑"功能组的"查找"命令

    C. 单击"开始"选项卡中的"编辑"功能组的"选择"命令

    D. 单击"开始"选项卡中的"编辑"功能组的"编辑"命令

13. 如要在 Word 文档中创建表格，应使用（　　　）选项卡。

    A. 开始　　　　　　B. 插入　　　　　　C. 设计　　　　　　D. 引用

14. Word 的文档中，在某字符处三击鼠标左键，则选定（　　　）

    A. 一个词语　　　　　　　　　　　　B. 一句

    C. 该字符所在的段　　　　　　　　　　　　　　　　　D. 整篇文档

15. 在 Word 中，对表格添加底纹应执行（　　　）操作。

    A. "字体"对话框中的"底纹"标签项

    B. "设计"选项卡中的"颜色"选项

    C. "开始"选项卡中的"段落"命令组的"边框"按钮旁的"边框和底纹"选项

    D. "插入"选项卡中的"段落"命令组的"边框"按钮旁的"边框和底纹"选项。

16. 设置分布在 Word 文档多处的同一个词语的格式最好的方法是（　　　）。

    A. 复制→粘贴　　　　　　　　　　　B. 替换

    C. 字体功能组设置格式　　　　　　　D. 格式刷

17. 在 Word 中，打印页码 8-11，18，22 表示打印的是（　　　）。

    A. 第 8 页，第 11 页，第 18 页，第 22 页

    B. 第 8 页至第 11 页，第 18 页至第 22 页

    C. 第 8 页至第 11 页，第 18 页，第 22 页

    D. 第 8 页，第 11 页，第 18 页至第 22 页

18. 在 Word 中，选中文档中的图片后，将鼠标指针移动到图片的右上角变为双向箭头形状后，按住鼠标左键向左下方拖动（　　　）。

    A. 图片变大　　　　　　　　　　　　B. 图片变小

    C. 图片移动位置　　　　　　　　　　D. 图片变扁

19. 不属于 Word 显示文件的视图方式是（　　　　）。

    A. 普通　　　　　　B. 大纲　　　　　　C. 阅读　　　　　　D. 正常

20. 执行"开始"选项卡"编辑"组的"替换"命令，在对话框中指定了查找内容，但在"替换为"框内未输入任何内容，此时单击"全部替换"按钮将（　　　　）。

    A. 只做查找不做任何替换

    B. 将所查到内容全部替换为空格

    C. 将所查到内容全部删除

    D. 每查到一个，就询问替换成什么

21. 要迅速将插入点定位到第 25 页，可使用查找和替换对话框的（　　　　）选项卡。

    A. 替换　　　　　　B. 设备　　　　　　C. 定位　　　　　　D. 查找

22. Word 中，如果用户选中了大段文字，不小心按了空格键，则大段文字将被一个空格所代替，此时可用（　　　　）操作还原到原来的状态。

    A. Ctrl+C　　　　　B. Ctrl+V　　　　　C. Ctrl+X　　　　　D. Ctrl+Z

23. 要将某一段落分成两段，可先将插入点移到要分段的地方，再按（　　　　）键。

    A.【Enter】　　　　　　　　　　　B.【Alt+Enter】

    C.【Insert】　　　　　　　　　　　D.【Ctrl+Insert】

24. 在 Word 表格中，单元格内填写的信息（　　　　）。

    A. 只能是文字　　　　　　　　　　B. 只能是文字或符号

    C. 只能是图像　　　　　　　　　　D. 文字、符号、图像均可

25. 在 Word 中，设置段落缩进后，段落第一句文本相对于纸的边界的距离等于（　　　　）。

    A. 页边距+缩进量　　　　　　　　B. 页边距

    C. 缩进距离　　　　　　　　　　　D. 以上都不是

26. 进行缩进操作前没有选择文本范围，则该操作将运用于（　　　　）。

    A. 插入点所在的段落　　　　　　　B. 插入点以前的段落

    C. 插入点以后的段落　　　　　　　D. 所有段落

27. 下列有关 Word 格式刷的叙述中，（　　　　）是正确的。

    A. 格式刷只能复制字体格式

    B. 格式刷可用于复制纯文本的内容

    C. 格式刷只能复制段落格式

    D. 字体或段落格式都可以用格式刷复制

28. 关于段落的格式化，下列说法错误的是（　　　　）。

    A. 对段落进行格式化，事先必须选定该段落或者将光标置于该段

    B. 对段落进行格式化，可右击，在弹出的快捷菜单选"段落"选项

    C. 可使用鼠标对某段落进行格式化

    D. "段落间距"与"段落行距"是一回事

29. 关于行距，下列说法错误的是（　　　　）。

    A. 行距的"默认值为单倍行距"

    B. 行距的"最小值"是 Word 可调节的最小行距

C. 行距的"固定值"用于设置成不需要word调节的固定行距

D. "多倍行距"是指行距按单倍行距的整数倍数增加

30. 在 Word 中对文档分栏时首先应（　　　）。

A. 选定需要设置格式的部分文档

B. 选定除回车符以外的全部内容

C. 将插入点置于文档中部

D. 以上都可以

31. 关于样式，下列说法错误的是（　　　）

A. 样式是多个格式排版命令的组合

B. 由 Word 本身自带的样式是不能修改的

C. 样式可以是 Word 本身自带的，也可以是用户自己创建的

D. 样式规定了文中标题、题注及正文等文本元素的格式

32. 在 Word 文档中，要使用一个图片放在另一个图片上，可右击该图片，在弹出的快捷菜单中选择（　　　）命令。

A. 组合　　　　　　　　　　　　　　B. 置于顶层

C. 更改图片　　　　　　　　　　　　D. 设置图片格式

33. 某个文档已经设置为纵向格式，某一页需要以横向页面形式出现，则（　　　）。

A. 不可以这样做

B. 在该页面开始处和该页的下一页开始处插入分节符，将该页通过页面设置为横向，但应用范围必须设为"本节"

C. 将整个文档分为两个文档来处理

D. 将整个文档分为 3 个文档来处理

34. 打开"文件"按钮的"选项"对话框中的"保存"选项不能修改的是（　　　）。

A. 文件类型　　　　　　　　　　　　B. 时间间隔

C. 自动更正　　　　　　　　　　　　D. 保存路径

35. Word 自动保存的默认时间是（　　　）分钟。

A. 5　　　　　　B. 6　　　　　　C. 10　　　　　　D. 15

36. 以下（　　　）不是 Word 文档的时间属性。

A. 创建时间　　　B. 修改时间　　　C. 保存时间　　　D. 访问时间

37. Word 文档中的表格删除某一个选定的单元格操作时，会弹出一个对话框，不包括（　　　）选项。

A. 右侧单元格左移　　　　　　　　　B. 右侧单元格右移

C. 下方单元格上移　　　　　　　　　D. 删除整行或删除整列

38. 用鼠标结合键盘按键复制文本的方法是需要按住（　　　）键。

A. Ctrl　　　　　　B. Shift　　　　　　C. Alt　　　　　　D. 空格

39. 项目符号的对齐方式不能实现（　　　）。

A. 分散对齐　　　B. 居中对齐　　　C. 左对齐　　　D. 右对齐

40. 选定 Word 文档中表格的一行，应将鼠标指针置于该行左边，鼠标指针变成（   ）形状后单击即可。
    A. 白色空心斜向上箭头
    B. 黑色实心向下箭头
    C. 黑色空心斜向上箭头
    D. 白色实心斜向上箭头

二、思考题

1. Word 软件第一次保存用"保存"还是"另存为"命令？两者的区别是什么？
2. 使用鼠标选取特定内容的操作方法是什么？
3. 打开字体设置对话框的几种方法分别怎么操作？
4. 设置页码、页眉和页脚怎么操作？
5. 创建表格后用鼠标调整表格时，不同的指针形状代表什么意思？
6. 如何使用样式和创建新的样式？
7. 制作目录有哪些方法？具体怎么操作？
8. 插入图片后如果需要调整位置或者变换大小，如何操作？
9. 页边距是指什么距离？设置页边距有什么方法？
10. 题注、脚注和尾注分别处在文档的什么位置？三者有什么区别？

第4章
电子表格处理软件 ‹‹‹

引言

日常生活中，人们会遇到各种各样的数据处理问题，利用计算机进行数据管理方便、快速，电子表格是其中一种处理数据的应用软件。目前，比较流行的电子表格处理软件有美国微软公司 office 2013 办公软件包 Excel 2013，我国金山软件公司 WPS Office 办公软件中的金山表格等，被广泛应用于财务、统计、分析等领域，其主要功能有：处理数据、图表处理和数据库管理。特点是：界面友好、组织管理方便。电子表格不仅有强大的计算和分析功能，被广泛用于用户数据管理的同时，还被公安民警广泛应用于数据分析，为侦察破案提供了很好的依据。本章将介绍 Excel 2013 电子表格的基本操作，数据处理和分析的方法。

教学目标

通过学习本章内容，学生应用能够做到：

（1）了解：电子表格软件的种类及应用范围。

（2）理解：如何用电子表格软件进行数据的处理。

（3）应用：掌握本章所介绍的数据处理和分析的方法，并能够在实践中灵活运用。

（4）分析：通过学习本章提供的案例，学会分析在侦察办案中如何得到有用的数据思路和方法。

教学重点和难点

（1）Excel 2013 的主要功能。

（2）Excel 2013 的基本操作。

（3）数据处理和分析。

（4）数据的图表化。

4.1 工作簿的基市操作

工作簿是 Excel 用来存储和处理数据的文件。一个工作簿就是一个 Excel 文件，默认扩展名为 ".xlsx"。一个工作簿由若干张工作表组成，把工作簿比作一本账簿，一张工作表就相当于账簿中的一页。

4.1.1 新建、打开、关闭、保存工作簿

1. 新建工作簿

① 创建空白工作簿：单击 "开始" → "所有程序" → "Microsoft office 2013" → "Microsoft office Excel 2013"，在右边的列表中选择 "空白工作簿" 便建立了一个名为工作簿 1 的

空白工作簿，如图 4-1 及图 4-2 所示。

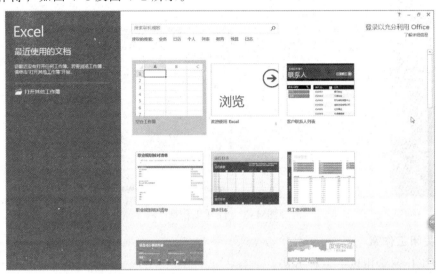

图 4-1 新建工作簿

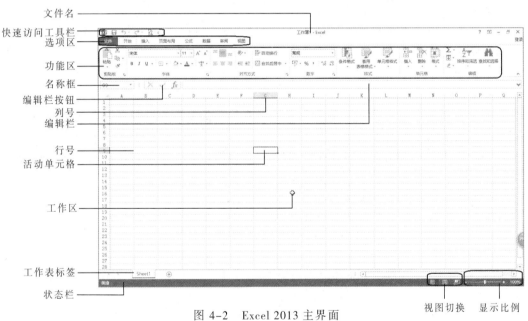

图 4-2 Excel 2013 主界面

② 使用模板快速创建：单击"文件"→"新建"，在右边的列表中选择其中一个合适的模板，最后单击"创建"按钮将创建一个与选中模板结构完全相同的新工作簿。

2．打开工作簿

打开工作簿有下列三种方法：

① 启动 Excel 2013 之后，进入图 4-1 所示的界面，单击"文件"→"打开"→"计算机"，选择"浏览"选项，在弹出的对话框中选择要打开的文件，如图 4-3 所示。

② 在资源管理器中找到要打开的工作簿文件，双击打开。

③ 启动 Excel 2013 后，用组合键【Ctrl+O】可打开工作簿。

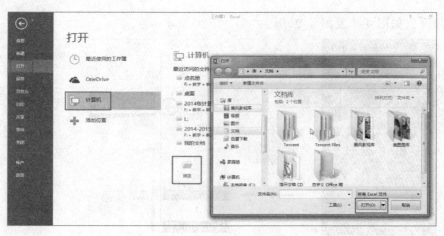

图 4-3 打开工作簿

3．关闭工作簿

关闭工作簿常用以下三种方法：

① 单击标题栏右侧的"关闭"按钮 × 。

② 选择"文件"→"关闭"命令。

③ 单击"快速访问工具栏"的电子表格标志 ，再选择"关闭"选项。

4．保存工作簿

保存工作簿有三种情况：

① 保存新建工作簿：

方法 1：选择"文件"→"保存"命令，在弹出的窗口中选择保存路径，输入文件名，选择文件类型。

方法 2：单击"快速访问工具栏"的保存按钮 ，在弹出的窗口中选择保存路径，输入文件名，选择文件类型。

② 保存原有工作簿：选择"文件"→"保存"命令。

③ 另存为其他类型或其他名称工作簿：选择"文件"→"另存为"命令，在弹出的对话框中选择文保存类型或重新输入文件名，如图 4-4 所示。

图 4-4 工作簿的保存

4.1.2 保护和共享工作簿

对于一些特定数据，作者不希望被他人对其进行结构或内容上的修改，甚至不希望被不相干的人读取，可以对该工作簿进行保护。而有的情况下又需要将工作簿共享给他人。

1．保护工作簿

选择"文件"→"信息"→"保护工作簿"命令，将展开保护选项，分别为"标记为最终状态""用密码进行加密""保护当前工作表""保护工作簿结构""限制访问""添加数字签名"六个选项，如图4-5所示。用户可以根据需要进行选择。

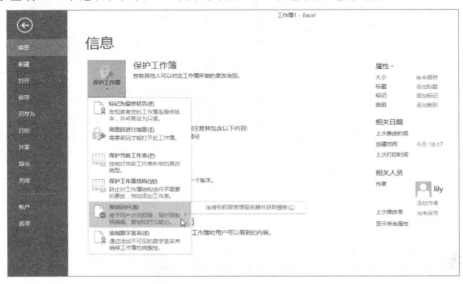

图4-5 保护工作簿

① "标记为最终状态"：选择此项，工作簿的状态属性将设置为"最终状态"，并禁用输入、编辑命令和校对标记。但单击"仍要编辑"按钮之后仍然可以进行编辑。

② "用密码进行加密"：选择此项，需要输入密码对内容进行保护，无密码将不能打开此工作簿。

③ "保护当前工作表"：选择此项，用户将不能对工作表进行编辑修改，如图4-6所示。

④ "保护工作簿结构"：选择此项，用户将不能对工作簿进行工作表的添加、删除、移动等操作，只能对工作表内容进行编辑。

⑤ "限制访问"：授予用户访问权限，同时限制其编辑、复制和打印权限。需要权限管理服务器并获取模板。

⑥ "添加数字签名"：通过添加不可见的数字签名来确保工作簿的完整性。

2．共享工作簿

共享工作簿的作用就是可以让在同一个网络内的多个人同时编辑该文件，这样可以提高工作效率。

图4-6 保护当前工作表

单击"审阅"→"共享工作簿",在"编辑"选项卡勾选"允许多用户同时编辑,同时允许工作簿合并"复选项,然后再选择"高级"选项卡,在"更新"选项的"自动更新间隔时间",再设置其他选项,最后单击"确定"按钮,如图 4-7 所示。

（a）

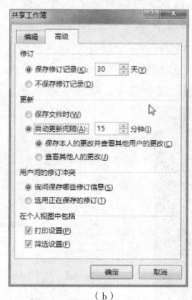
（b）

图 4-7　共享工作簿

注意：共享状态下不能同时编辑批注和建立超链接。

4.2　工作表的基本操作

工作表的基本操作主要有插入、删除、复制、移动、重命名、隐藏、显示、保护、冻结和拆分工作表等。

4.2.1　插入、删除工作表

1. 插入工作表

Excel 2013 一个工作簿默认为一张工作表,表名为 sheet1,如果需要更多的工作表可以插入新工作表。单击工作表标签区域的 ⊕ 命令按钮,便可在现有工作表的右侧插入一个新的工作表。

2. 删除工作表

工作表的删除有两种方法：

① 单击功能区"单元格"命令组中的"删除"下拉按钮,选择"删除工作表"选项,便可将当前工作表删除。

② 右击要删除的工作表标签,在弹出的快捷菜单中选择"删除"命令。

4.2.2 移动、复制工作表

在实际操作中，经常会对一些数据进行共享，需要对工作表进行移动和复制。移动和复制工作表可以在同一工作簿中进行，也可以在不同工作簿之间进行。操作步骤如下：

方法 1：单击"开始"选项卡，在"单元格"命令组中选择"格式"→"移动或复制工作表"，在弹出的对话框中，在"将工作表移至工作簿"选项中选择目标工作簿，在"下列选定工作表之前"选项中选择工作表的位置，如图 4-8 所示。勾选"建立副本"是复制工作表，不勾选此项即是移动。

（a）　　　　　　　　　　　　　　　（b）

图 4-8　移动或复制工作簿

方法 2：右击要移动或复制的工作表标签，在弹出的快捷菜单中选择"移动或复制"命令，在弹出的对话框中选择目标工作簿、工作表位置，复制工作表则勾选"建立副本"复选框，移动则不勾选。

注意：如果目标工作簿不是当前工作簿，则要先打开该工作簿，再进行移动或复制。

4.2.3 隐藏、显示工作表

隐藏工作表，只需在该工作表的表标签上右击，在弹出的快捷菜单中选择"隐藏"命令，如图 4-9 所示。

如果要显示隐藏的工作表，在工作表标签上右击，在弹出的快捷菜单中选择"取消隐藏"命令，弹出"取消隐藏"对话框，在对话框中选择要显示的工作表，单击"确定"按钮。

4.2.4 重命名、保护工作表

在需要重命名的工作表的表标签上右击，在弹出的快捷菜单

图 4-9　隐藏工作表

中选择"重命名"命令，如图 4-10 所示。

在需要进行保护的工作表的表标签上右击，在弹出的快捷菜单中选择"保护工作表"命令，如图 4-11 所示，在弹出的对话框中进行设置。

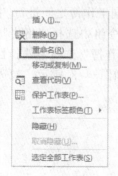
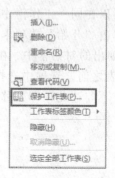

图 4-10　重命名工作表　　　　　　　　图 4-11　保护工作表

4.2.5　冻结、拆分工作表

1. 冻结工作表

当工作表的内容已经超出显示屏的大小，用户希望工作表在滚动时能够保持行号、列标题或者某些数据始终可见，可以使用冻结功能将工作表的顶部和左侧区域固定。选择"视图"选项卡，在"窗口"命令组选择"冻结窗格"命令，弹出三种冻结方式供选择，如图 4-12 所示。

图 4-12　冻结工作表

- 冻结拆分窗格：选定某个单元格作为冻结点，冻结的是该单元格上面及左侧的所有单元格，当滚动工作表时，被冻结的区域固定不动。
- 冻结首行：该选项不需要选定冻结点，冻结的是工作表的第一行。
- 冻结首列：该选项不需要选定冻结点，冻结的是工作表的第一列。

如果要将冻结的工作表窗口取消，在"视图"选项卡的"窗口"命令组中选择"冻结窗格"→"取消冻结窗格"命令。

2. 拆分工作表

工作表内容较多，希望比较对照工作表相距较远的数据时，可以拆分工作表窗口。

单击"视图"选项卡，选择"窗口"命令组中的"拆分"命令，窗口会出现拆分条，鼠标指针移到拆分条上方，待指针形状变成双向箭头时，按下鼠标左键拖动拆分条到目标位置松开，如图 4-13 所示。如果需要取消拆分，只需再点单一次"拆分"命令。

图 4-13　窗口拆分

4.3　单元格的基本操作

单元格是构成工作表的最小单位，是行与列交叉形成的区域。对工作表输入和编辑数据就是对单元格输入和编辑数据。单元格的基本操作包括单元格的选定、插入、删除、合并单元格或拆分单元格等。

4.3.1　选定连续或不连续的单元格

用户要对某个单元格或单元格区域进行操作，必须先选定该区域。按选定的范围分为以下几种方法：

- 选定一个单元格：单击要选定的单元格。
- 选定连续的单元格区域：选定起始单元格，鼠标指针变成空心十字时按住鼠标左键拖动到要选定区域的右下角单元格，松开鼠标左键即可。
- 选定不连续的单元格区域：先选定第一个区域，按下【Ctrl】键的同时选择其他区域。
- 选择一行：单击要选择行的行号。
- 选择一列：单击要选择列的列标。
- 选定整个工作表：单击左上角的全选按钮，如图 4-14 所示。

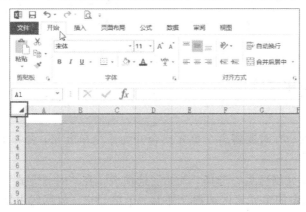

图 4-14　选定整个工作表

4.3.2 插入、删除单元格

1. 插入单元格、行或列

在需要插入单元格的位置选定单元格，在"开始"选项卡"单元格"命令组中选择"插入"→"插入单元格"命令，在弹出的"插入"对话框中进行设置，如图 4-15 所示。

图 4-15　插入单元格、行或列

① 插入单元格：选择该命令，会弹出图 4-15 所示对话框，选择单元格插入的位置或方法。有以下 4 个选项：

* 活动单元格右移：在所选定的单元格左边插入。
* 活动单元格下移：在所选定的单元格上方插入。
* 整行：在所选定的单元格上方插入一行单元格。
* 整列：在所选定的单元格左边插入一列单元格。

② 插入工作表行：选择此项将在所选单元格上方插入一行。

③ 插入工作表列：选择此项将在所选单元格左边插入一列。

2. 删除单元格、行或列

选定需要删除的单元格、行或列，在"开始"选项卡"单元格"命令组中选择"删除"→"删除单元格"/"删除工作表行"/"删除工作表列"，如图 4-16 所示。其操作方法与插入类似。

图 4-16　删除单元格、行或列

4.3.3 合并、拆分单元格

1. 合并单元格

根据制表的需要，有时要将多个单元格合并为一个单元格。合并单元格有三种情况：

（1）合并后居中

选择要合并的单元格区域，选择"开始"选项卡，在"对齐方式"命令组中选择"合并后居中"命令，选定的单元格区域则合并为一个单元格，数据居中显示，如图 4-17（a）所示。

（2）跨越合并

选择要合并的单元格区域，选择"开始"选项卡，在"对齐方式"命令组中单击"合并后居中"后的下拉按钮，在下拉菜单中选择"跨越合并"命令，选定的单元格区域则合并为一个单元格。如果所选单元格每一行都有值，则分别合并，仅保留左上角单元格的值，其余的值放弃，数据左对齐，如图4-17（b）所示。

（3）合并单元格

选择要合并的单元格区域，选择"开始"选项卡，在"对齐方式"命令组中单击"合并后居中"后的下拉按钮，在下拉菜单中选择"合并单元格"命令，选定的单元格区域则合并为一个单元格。如果所选单元格有值，则保留左上角单元格的值，数据左对齐，如图4-17（c）所示。

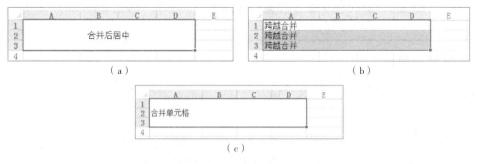

（a）　　　　　　　　　　　（b）

（c）

图4-17　合并单元格

2．拆分单元格

要将已经合并的单元格拆分，选定该单元格再单击"合并后居中"命令便可完成拆分。拆分后字符将显示在左上方的单元格。

4.4　输　入　数　据

向工作表输入数据，先要选定单元格，使之成为活动单元格，再输入数据，还可以通过编辑栏的编辑框输入。Excel 2013有常规、数值、货币、会计专用、日期、时间、百分比、分数、科学记数、文本、特殊、自定义等多种数据类型。每个单元格都可以输入不同类型的数据。

4.4.1　文本型数据

文本是指由英文字母、汉字和其他符号等组成的字符串。在单元格中自动左对齐。当输入的文本长度超出单元格的列宽时，右边相邻单元格没有数据时则跨列显示，如果右边相邻单元格有数据，则隐藏超出部分的文本。

当输入的文本全部都是数字串时，如学号、身份证、邮编等长串数字，系统会自动把它当成数值处理，超过一定长度的用科学计数法显示，在输入此类数据前加上单撇号"'"，这时Excel会将数字串看作文本。要将最左边的0显示出来，必须将单元格设置为文本类型，或者在输入 0 之前加上单撇号" ' "。如：03040201，在输入时输入"' 03040201"，确认之后，单元格里显示的是"03040201"，否则，Excel 会将此数字串看成数值，最左边的 0 被隐藏，显示"3040201"。

4.4.2 常规数字

常规数字中，单元格格式不包含任何特定的数字格式。如果是常规格式，系统则会根据单元格中的内容，自动判断数据类型。如果很明确地输入数值，常规格式和数字格式是一样的。但也有不一样的情况，比如在常规格式下输入日期 2016-09-04，显示是日期；而如果在数字格式下输入，就会显示 40617。这不是错误，是从 1900 年 1 月 1 日起算日期的数字序列值。如果是文本格式，Excel 只会将其作为字符串来处理。所以，常规格式下输入的数据，Excel 会智能处理为相应的类型：文本、数值、日期时间、逻辑、公式等。

4.4.3 货币型数据

货币型数据是带有货币符号及千位分隔符的数值，表示金额大小。设置为货币类型的单元格，会在数值的左边显示货币符号，默认的是人民币符号"￥"，货币符号可以根据具体情况设置，如图 4-18 所示。

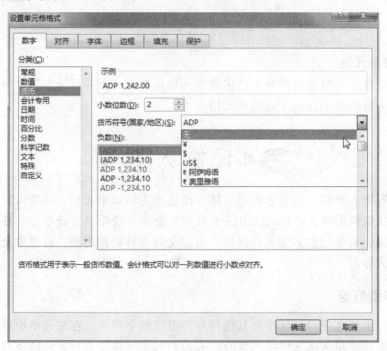

图 4-18 货币符号的设置

4.4.4 日期型数据

日期类型表示的是日期，有多种不同的格式显示，如图 4-19 所示。默认的格式为"年/月/日"，如"2016/9/4"。

图 4-19 日期类型

注意：输入数值时，有时会发现单元格中出现符号"###"，这是由于单元格列宽不够，加大单元格列宽即可。

4.4.5 有规律数据的填充

有时用户需要输入有规律的数据，比如相同的数据、等差、等比序列，Excel 提供了自动填充功能可以实现快速输入。

1. 填充相同的数据

输入相同的数据实际上是复制数据。选中一个需要被复制的数据单元格，在它的右下角有一个黑色的小方块，是填充句柄。将鼠标指针移到填充句柄，指针形状变成实心的黑色十字，这时，按下鼠标左键不放，往水平或垂直方向拖动至目标单元格后松开，即完成复制，如图 4-20 所示。

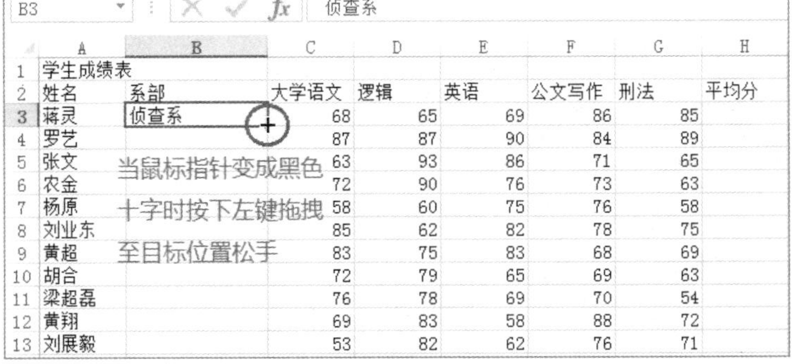

	A	B	C	D	E	F	G	H
1	学生成绩表							
2	姓名	系部	大学语文	逻辑	英语	公文写作	刑法	平均分
3	蒋灵	侦查系	68	65	69	86	85	
4	罗艺		87	87	90	84	89	
5	张文	当鼠标指针变成黑色	63	93	86	71	65	
6	农金		72	90	76	73	63	
7	杨原	十字时按下左键拖拽	58	60	75	76	58	
8	刘业东		85	62	82	78	75	
9	黄超	至目标位置松手	83	75	83	68	69	
10	胡合		72	79	65	69	63	
11	梁超磊		76	78	69	70	54	
12	黄翔		69	83	58	88	72	
13	刘展毅		53	82	62	76	71	

（a）

图 4-20 填充相同数据

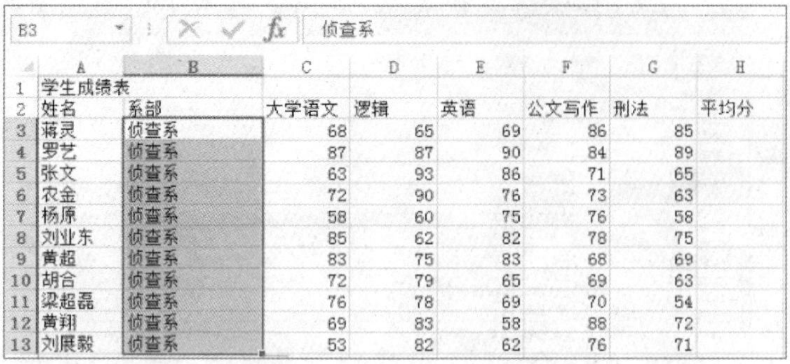

（b）

图 4-20　填充相同数据（续）

2．填充序列数据

序列填充分为等差、等比、日期和自动填充。

【例 4-1】用自动填充功能将"学生成绩表"的学号填充起始数据为"032010101"的等差序列。

① 选定 A3 单元格，输入"' 032010101"，按【Enter】键。

② 用鼠标选定 A3 单元格，移动鼠标指针到填充句柄，当鼠标指针变成黑色实心的十字时拖动鼠标到 A13 松开，如图 4-21 所示。

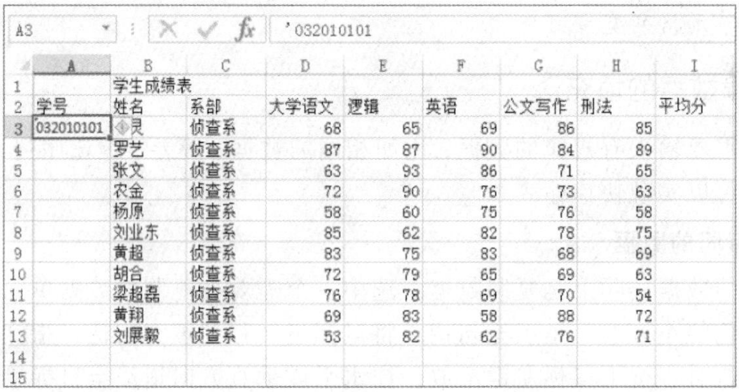

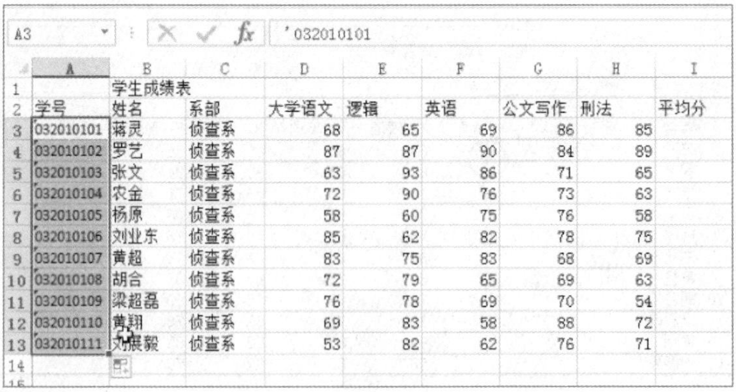

（a）

（b）

图 4-21　填充等差序列数据

【例4-2】在工作表中，利用自动填充功能输入一个等比序列3、9、27、81、243。

① 在活动单元格输入"3"。

② 选择"开始"选项卡，在"编辑"命令选项组中单击"填充"图标，展开下拉菜单，如图4-22（a）所示，选择"序列"命令。

③ 在弹出的对话框中，"序列产生在"选择"列"，"类型"选择"等比序列"，"步长值"输入3，"终止值"输入243，单击"确定"按钮，如图4-22（b）所示，最终效果如图4-22（c）所示。

（a） （b） （c）

图4-22 填充等比序列数据

3．填充系统提供的序列

Excel自带了一批常用的序列供用户使用，如星期、月份、天干、地支等序列。填充时只需输入这些序列的第一项，再用填充句柄进行填充便可完成快速输入，如图4-23所示。

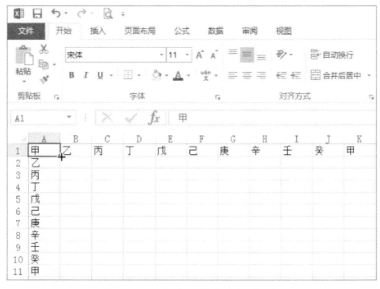

图4-23 填充系统定义的序列

4．自定义序列

用户除了会用到系统定义的序列外，还可能会在工作中重复用到一些数据，为了提高工作效率，用户可以通过自定义序列的方法将这些数据定义为序列，使用时通过自动填充功能快速输入。

【例 4-3】在"学生成绩表"中，添加一个课程的新序列，分别为"大学语文""逻辑""英语""公文写作"和"刑法"。

① 在工作表空白单元格输入序列"大学语文""逻辑""英语""公文写作"和"刑法"，然后拖动鼠标选中这个序列。

② 单击"文件"→"选项"，打开"Excel 选项"对话框。

③ 在对话框中选择"高级"选项，在右边列表中"常规"组单击"编辑自定义列表"按钮。

④ 在弹出的"自定义序列"对话框中，单击"导入"按钮，"输入序列"文本框中就导入进了序列，单击"添加"按钮，待"自定义序列"组中有了导入的序列后，单击"确定"按钮，如图 4-24 所示。

图 4-24　自定义序列

4.5　编 辑 数 据

工作表数据录入一段时间之后可能会进行更新或修改，即数据的编辑。

1．修改单元格内容

有两种方法：

- 双击需要编辑的单元格，将光标移动到需要修改的位置，即可进行修改。
- 选定目标单元格，在编辑栏相应的位置单击，然后进行修改。

2．移动单元格内容

选定需要移动的单元格，按下鼠标左键不放拖动到目标位置松开。

3．复制单元格内容

复制单元格内容有两种方法：

- 用填充句柄进行复制。如需要复制的内容是由数字组成或包含有数字的文本类型、时间型或日期型，用拖动填充句柄的方法复制需要按下【Ctrl】键，否则就是填充序列。如需要复制的内容是不包含数字的文本类型，则直接用拖动填充句柄的方法填充。
- 选定要复制的单元格，右击选择"复制"命令或按【Ctrl+C】组合键复制，再选定目标单元格，右击选择"粘贴选项"或"选择性粘贴"中合适的选项，即可完成复制。如果是按【Ctrl+V】组合键粘贴，则是将值、格式等全部复制到目的单元格。

4．移动单元格

选定要移动的单元格，右击选择"剪切"或按【Ctrl+X】组合键剪切，再选定目标单元格，右击选择"粘贴"，或按【Ctrl+V】组合键，即可完成移动。

4.6 表格格式的设置

工作表内容编辑好之后，为了表格的美观大方及使用方便，需要进行格式化设置，如数据的对齐方式、字体字号、边框底纹、条件格式等。

4.6.1 字体和对齐方式的设置

1．字体字号的设置

选定需要设置字体字号的单元格，选择"开始"选项卡，在"字体"选项组中选择"字体"下拉按钮和"字号"下拉按钮，选择相应的字体和字号即可。如需设置更多的文字格式，单击"字体"选项组右下角的对话框启动器，在对话框中设置。

2．对齐方式

单元格文字的对齐方式分为水平和垂直两个方向的对齐。

选定需要设置对齐的单元格，选择"开始"选项卡，在"对齐方式"命令组中的水平和垂直方向各选一种对齐方式。如需设置更多的对齐格式，单击"对齐方式"选项组右侧的对话框启动器，在对话框中设置。

4.6.2 各类数字格式的设置

一些数字在录入之后需要用到一些特殊的格式，如表示工资的数字，不能是一般的数值类型，而应该用货币型的数据表示，即设置数字格式。

【例4-4】将"肯德鸡菜单"工作薄的表 sheet1 "单价"列的数字设置为货币类型。

选定 B4:B9 单元格，选择"开始"选项卡，单击"数字"命令组右下角的对话框启动器，在对话框"数字"选项卡中选择"货币"，单击"确定"按钮，如图4-25所示。

图 4-25　数字格式设置示例

4.6.3　表格边框和背景

Excel 工作表默认的表格线都是灰色细线，预览和打印时不能显示和打印。需要将表格线打印出来还需要进行边框设置。

1. 表格边框

选定单元格，单击"开始"选项卡，单击"对齐方式"命令组的对话框启动器，进入"设置单元格格式"对话框，选择"边框"选项卡，"线条"组选择线条形状，"颜色"组选择线条颜色，"边框"组选择需要加边框的位置，如图 4-26 所示，单击"确定"按钮。

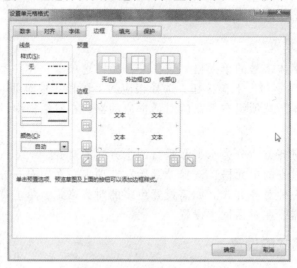

图 4-26　表格边框的设置

2. 表格背景

有时，因为数据表内容过多，为了用户阅读方便，会将单元格设置为不同的背景颜色，即底纹。

选定单元格，单击"开始"选项卡，单击"对齐方式"命令组的对话框启动器，进入"设置单元格格式"对话框，选择"填充"选项卡，在"背景色"组选择一种颜色，单击"确定"按钮。

4.6.4 表格行高和列宽

向工作表单元格输入字符串，有时字符串会超过列宽，超长的字符默认会被隐藏，数值和日期类型的数据将显示一串"#"号。可以通过调整列宽或行高将数据完整显示。

1. 精确调整

选定要调整的行或列，单击"开始"选项卡，在"单元格"命令组选择"格式"→"行高"/"列宽"，在弹出的对话框中输入数值，如图4-27所示，单击"确定"按钮。

（a）精确调整行高　　　　（b）精确调整列宽

图4-27 精确调整行高或列宽

2. 粗略调整

将鼠标指针移动至行号或者列标间的分隔线处，当鼠标指针变成上下箭头的十字形状或左右箭头的十字形状时，拖拽鼠标到合适的宽度或高度处松开，如图4-28所示。

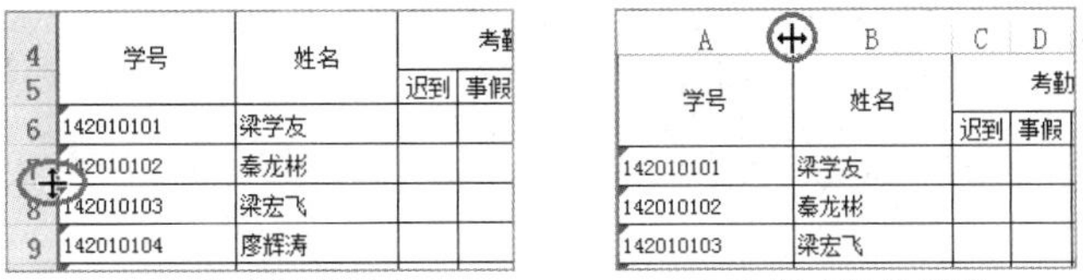

（a）粗略调整行高　　　　（b）粗略调整列宽

图4-28 粗略调整行高或列宽

4.6.5 自动套用格式

Excel提供了多种样式供用户选择，样式即数字格式、字体格式、对齐方式、边框和底纹、颜色等格式的组合，用这种方式对单元格或工作表重复设置相同的格式时，可以提高工作效率。可以套用的样式有两种：

1. 单元格样式

选定需要套用样式的单元格或单元格区域，在"开始"选项卡"样式"命令组中单击"单元格样式"按钮，在下拉菜单中选择合适的样式。

2. 套用表格格式

选定需要套用样式的单元格或单元格区域，在"开始"选项卡"样式"命令组中单击"套用表格格式"按钮，在下拉菜单中选择合适的样式。

4.6.6 条件格式

在实际应用中，经常需要根据一定的条件将工作表中的数据突出显示出来。可以通过设置单元格的条件格式来实现，设置条件格式后的单元格数据，当满足指定的条件时，便会按设定的格式进行显示。

【例 4-5】在"学生成绩表"中，把不及格的学生成绩红色加粗显示。

① 选定学生成绩所在的区域。

② 在"开始"选项卡"样式"命令组单击"条件格式"按钮。

③ 在下拉菜单中选择"突出显示单元格规则"，在级联菜单中选择"其他规则"，如图 4-29（a）所示。

④ 打开"其他规则"对话框，在对话框"只为满足以下条件的单元格设置格式"标签下方的"大于"下拉列表选择"小于"，右侧填入"60"，单击"格式"按钮，在弹出的对话框中选择"字体"选择卡，"字形"选择"加粗"，"颜色"选择红色，如图 4-29（b）所示，单击"确定"按钮，返回再按"确定"按钮。

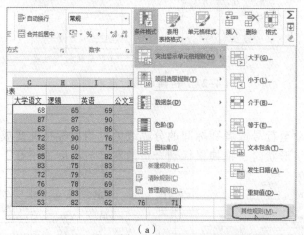

（a）

（b）

图 4-29 条件格式设置

4.6.7　超链接

我们在 Excel 中查阅数据时，往往需要把工作表从头至尾浏览一遍，如果工作表很长，这样做很麻烦。使用 Excel 提供的超链接功能，只须单击，即可跳转到当前工作表的某个位置或者其他工作表（甚至可以是 Internet/Intranet 上的某个 Web 页面），给日常操作和查阅带来方便。

1．现有文件或网页

选定要设置超链接的单元格，右击，在弹出的快捷菜单中选择"超链接"命令，弹出"插入超链接"对话框，在"现有文件或网页"选项右侧选择本地文件或网页，或直接在"地址"栏输入网址。

2．在文档中插入超链接

（1）超链接在同一个工作表

选定要设置超链接的单元格，右击，在弹出的快捷菜单中选择"超链接"命令，弹出"插入超链接"对话框，选择"本文档中的位置"选项，在"请键入单元格引用"文本框输入单元格地址，单击"确定"按钮。

（2）超链接为同一文档中其他工作表

选定要设置超链接的单元格，右击，在弹出的快捷菜单中选择"超链接"命令，弹出"插入超链接"对话框，选择"本文档中的位置"选项，在右侧选择工作表标签，单击"确定"按钮。

3．超链接是电子邮件地址

选定要设置超链接的单元格，右击，在弹出的快捷菜单中选择"超链接"命令，弹出"插入超链接"对话框，选择"电子邮件地址"，在右侧电子邮件地址文本框输入邮箱地址，单击"确定"按钮。

如需取消超链接，需要在选定设置了超链接的单元格，右击，在弹出菜单中选择"取消超链接"。

4.7　公式的应用

在 Excel 中，进行数据的逻辑运算或算术运算均离不开公式的运用，通过公式运算，可以提高制表的效率，以及实现数据分析、整理的功能，让用户的数据处理工作变得简单、便捷。

4.7.1　公式中的运算符

1．公式的概念

公式始终以等号（=）开始，对数据进行加、减、乘、除或比较等运算。公式由常量、运算符、函数、单元格引用组成。例如："=A1*5+B2"公式中，等号、单元格引用、常量、运算符等元素是构成公式的基本元数。当然，并非具备所有元素才算是公式。

2．公式中的运算符

在 Excel 公式中，用户可以使用不同的运算符组建公式表达式，常见的运算符分为算术运算、比较运算符、文本连接运算符和引用运算符四种。

（1）算术运算符

算术运算符是指数学计算中常用的加、减、乘、除、百分比等基本的数学计算符号，其各自的功能及说明如表 4-1 所示。

表 4-1　算术运算符的功能及说明

运算符号	运算符名称	功能及说明
+	加号	加法运算，如 3+5
-	减号	减法运算，如 5-3
*	星号	乘法运算，如 3*5
/	除号	除法运算，如 5/3
-	负号	负号运算，如-3+5
%	百分号	百分比，如 5%
^	插入符号	乘幂运算，如 2^1

（2）比较运算符

比较运算符通常用来比较两个数值之间大小的符号。其各自的功能及说明如表 4-2 所示。

表 4-2　比较运算符的功能及说明

运算符号	运算符名称	功能及说明
=	等于	等于，如 p=q
>	大于	大于，如 p>q
>=	大于等于号	大于或等于，如 p>=q
<	小于	小于，如 p<q
<=	小于等于号	小于或等于，如 p<=q
<>	不等于	不等于，如 p<>q

（3）文本连接运算符

文本连接运算符是用于将两个字符串连接为一个字符串的符号，其功能及说明如表 4-3 所示。

表 4-3　文本连接运算符

运算符号	运算符名称	功能及说明
&	连接符号	文本连接符可以将两个或者多个文本连接在一起形成一个文本值，例如使"Hello boys"&"and girls"这两个文本连接在一起，显示的结果就为"Hello boys and girls"

（4）引用运算符

引用运算符是表示单元格在工作表中位置的坐标集，可以更加直接明了地说明用户所引用单元格的位置，引用运算符的功能及说明如表 4-4 所示。

表 4-4　引用运算符的功能及说明

运算符号	运算符名称	功能及说明
：	冒号	区域选择，表示引用两个单元格中的所有单元格。如 A1：B2（是指选中 A1、A2、B1、B2 四个单元格）
，	逗号	联合运算符，是指将多个单元格区域联合引用。如 A1，C5（表示引用 A1 和 C5 两个单元格）
空格	空格	交叉运算符，是选取两个区域的公共单元格，如 "SUM(B:C 3:4)"

【例 4-6】如图 4-30 所示，在单元格 E1 中输入公式 "=SUM（B:C 3:4）"，SUM 函数的参数为 "（B:C 3:4）" 表示 B：C 列和 3：4 行的交集部分，所以最后求和的值为 10。

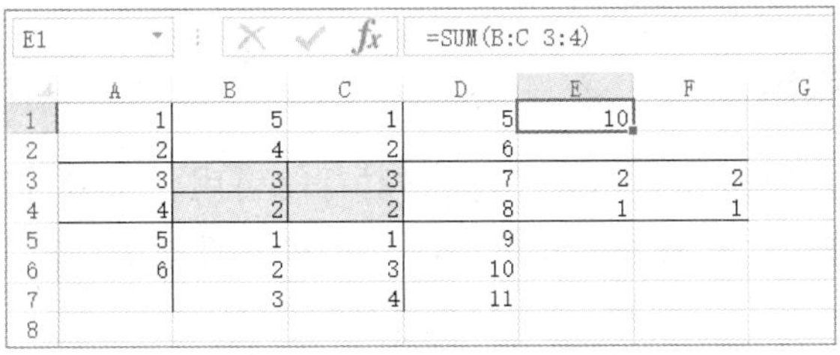

图 4-30　交叉运算示例

4.7.2　运算符的优先级

Excel 公式中的运算是分级的，和初中课本的运算规律一样。例如乘法运算优先于加法，乘幂运算优先于乘法等。

运算的优先级是针对运算符而言，表 4-5 提供了各种运算的优先级顺序。

表 4-5　运算符的优先级

运算符	说明	优先级
( )	括号，可以改变运算的优先级	1
—	负号	2
%	百分号	3
^	乘方	4
*和/	乘法和除法	5
+和—	加法和减法	6
&	文本运算符	7
=，<，>，>=，<=，<>	比较运算符	8

当公式中同时使用多个运算符时，系统将遵循从高到低的顺序进行计算，相同优先级的运算符，将遵循从左到右的原则进行计算。

4.7.3　相对地址的引用

在引用中，用字母表示单元格的列号，用数字表示单元格的行号。如，A1，D3。

相对引用，是指把公式复制到新位置后，公式所在单元格的位置发生改变，则引用也随之改变。所谓相对，是引用公式的地址和公式的相对位置保持不变。

例如，D4 单元格的公式为"=B4*C4"，将 D4 单元格的公式复制到 D5，则 D5 单元格的公式为"=B5*C5"；若将 D4 单元格的公式复制到 D6，则 D6 单元格的公式为"=B6*C6"。

4.7.4 绝对地址的引用

绝对引用，即在列标和行号前面添加"$"符号，例如$A$5。绝对引用是指当公式的位置发生改变时，绝对引用的地址也不会变。在 Excel 中，通过对单元格引用的"冻结"来实现。

例如，C4 单元格的公式为"=4*(1+$E$1)"，把 C4 单元格的公式复制到 C6 中，那么 C6 中的公式为"=4*(1+$E$1)"；若将 C4 单元格的公式复制到 C9 中，那么 C9 中的公式为"=4*(1+$E$1)"。

4.7.5 混合地址的引用

混合地址的引用，例如$A1，是绝对列相对行的引用，如图 4-31 所示，单元格 E1 的公式为"=$A1"把此公式复制到单元格 E2，我们可以看到单元格 E2 的公式为"=$A2"，其值为 3；同理，把此公式复制到 E3，则单元格 E3 的公式为"=$A3"，其值为 5。

例如 A$1，是相对列绝对行的引用，如图 4-32 所示，单元格 E1 的公式为"=A$1"，把此公式复制到 E2，则单元格 E2 的公式为"=A$1"其值为 1。

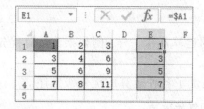
图 4-31 绝对列相对行的混合引用

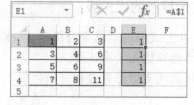
图 4-32 相对列绝对行的混合引用

4.7.6 不同单元格位置的引用

1. 引用同一工作簿其他工作表中的单元格

引用同一工作簿其他工作表中的单元格，其格式为：工作表名称！单元格（或单元格区域）地址。例如图 4-33 中，在工作表 sheet2 的单元格 C3 中输入公式"=Sheet1!B3*5"，其中 B3 为工作表 Sheet1 中的单元格 B3，其结果如图 4-33（b）所示。

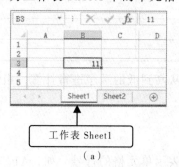

（a）

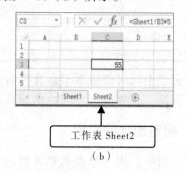

（b）

图 4-33 引用工作簿其他工作表中的单元格

2．引用同一工作簿多张工作表中的单元格

引用同一工作簿多张工作表中的单元格或单元区域，其表达方式为：工作表名称：工作表名称！单元格地址。

例如，在工作表 Sheet3 中 A2 单元格输入公式"=Sheet1!A1+Sheet2!A1"，表示计算 Sheet1 和 Sheet2 两张工作表中单元格 A1 的和，然后将计算结果保存到工作表 Sheet3 中 A2 单元格内。

又例如，在工作表 Sheet3 中 B2 单元格输入公式"=SUM(sheet1:sheet3!A1)"表示计算 Sheet1、Sheet2 和 Sheet3 三张工作表中单元格 A1 的和，然后将计算结果保存到工作表 Sheet3 中的单元格 B2 内。

3．引用不同工作簿中的单元格

除了引用同一工作簿中工作表的单元格外，还可以引用其他工作簿中的单元格，其表达方式为：'工作簿存储地址[工作簿名称]工作表名称'！单元格（或单元格区域）地址。

【例 4-7】在当前工作簿的工作表 Sheet1 中的单元格 A1 中输入"公式='E:\[肯德鸡菜单.xls]菜单价格'!B4*10"，表示在当前单元格中引用 E 盘根目录下的工作簿"肯德鸡菜单"（见图 4-34）中的工作表 Sheet1 中 B4 单元格乘以 10，其结果如图 4-35 所示。

图 4-34 存储在 E 盘根目录下的文件

图 4-35 未打开要引用工作簿时的公式输入

如果已经在 Excel 中打开了被引用的工作簿，那么表达式可写为"=[肯德鸡菜单.xls]菜单价格'!B4*10"。

4.8 函数的应用

函数是由系统预定义的公式，将参数按照某种特定顺序和结构进行计算和分析的功能模块。使用函数也要添加等号（=），如"=SUM（A3:F9）"，函数主要由等号、函数名、括号、参数组成。当函数名称后面不带任何参数时，仍然需要带一组空括号。

4.8.1 函数的录入

Excel有几百个函数，且部分函数名称较长不容易记忆，除了在单元格中直接输入公式外，再掌握其他录入技巧能让我们准确并且快捷地录入函数。

1. 使用函数库录入函数

单击"公式"选项卡，展开函数库如图 4-36 所示，该组提供所有函数的类别，可以根据所需要的函数类别进行选择。

图 4-36 函数库

2. 使用插入函数向导

① 单击要输入公式的单元格，选中"公式"选项卡。

② 单击"函数库"中"插入函数"按钮，打开"插入函数"对话框，如图 4-37 所示。

③ 在"搜索函数"文本框中输入问题后，单击"转到"按钮；或者在"或选择类别"下拉列表框中选择要使用的函数类型，然后在"选择函数"列表框中选择所需要的函数，单击"确定"按钮。

④ 进入到"函数参数"对话框，如图 4-38 所示；单击 按钮，暂时隐藏对话框，然后在工作表中选定单元格区域，如图 4-39 所示；单击 按钮，展开刚才暂时隐藏的对话框，单击"确定"按钮。

3. 直接录入

对于熟悉的函数或者至少知道函数首个字母的用户，可以直接在单元格中录入函数。选定单元格后，首先输入"="，再输入函数的首个字母，Excel 系统能自动列出与用户输入的首字母相同的全部函数，以便更快捷地帮助用户选择录入。

4.8.2 公式的错误类型

在操作中我们会经常遇到系统提示的公式运算结果为错误值的信息，了解这些出错原因便于我们更好地纠正，下面将介绍常见的错误提示，如表 4-6 所示。

图 4-37 "插入函数"对话框

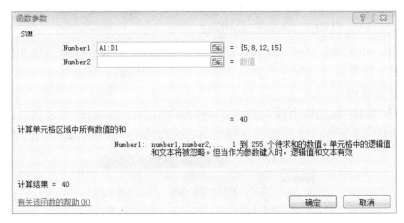

图 4-38 "函数参数"对话框

图 4-39 选择单元格区域

表 4-6 Excel 公式中常见的错误提示

错误类型	简要说明
#DIV/0!	也称"被零除"错误。是在进行除法运算时,除数为零时出现的错误
#NAME?	也称"无效名称"错误。是使用了 Excel 不能识别的名称或函数所引起的错误
#NUM!	当公式或函数中含有无效数值时的错误
#VALUE!	通常是参数类型错误时出现的提示。如,使用了文本参与数学运算
#REF!	当公式中要引用的单元格已经被删除时,将出现这类错误提示
######	通常是单元格中的数据太长,而单元格的列宽不足引起的错误提示;或者公式计算的结果为负日期时的提示

4.8.3 SUM、AVERAGE、MAX、MIN 函数

1. SUM 函数——求和

主要功能：计算所有参数数值的和。

语法格式：SUM(number1, number2……)

参数说明：number1、number2……表示 SUM 的参数，可以是具体的数值、数据集合，也可以是引用的单元格（区域）、逻辑值等。

特别注意：如果参数为一组数组或引用，则只计算其中的数字。数组或引用中的空白单元格、逻辑值或文本将被忽略。

例如：在 D6 单元格中输入公式：=SUM(D2:D5)，确认后即可求出 D2 单元格到 D5 单元格区域内数值的总和。

2. AVERAGE 函数——求平均值

主要功能：求出所有参数的算术平均值。

语法格式：AVERAGE(number1, number2……)

参数说明：number1, number2……需要求平均值的数据集合或引用单元格（区域）。

特别注意：如果引用区域中包含文本型的数字、逻辑值、空白单元格或字符单元格，将会忽略不计算在内。

【例 4-8】在 D1 单元格中输入公式：=AVERAGE(A1:C1)，即可求出 A1 到 C1 区域的平均值，其中 B2 为空白单元格，其结果为=(4+8)/2=6，如图 4-40 所示。

图 4-40 求平均值

3. MAX 函数——求最大值

主要功能：求出一组数中的最大值。

语法格式：MAX(number1, number2……)

参数说明：number1, number2……代表需要求最大值的数值或引用单元格（区域）。

特别注意：如果参数中有文本或逻辑值，则忽略。

4. MIN 函数——求最小值

主要功能：求出一组数中的最小值。

语法格式：MIN（number1, number2……）

参数说明：number1, number2……代表需要求最小值的数值或引用单元格（区域）。

特别注意：如果参数中有文本或逻辑值，则忽略。

4.8.4　ROUND、RANK、COUNT、IF 函数

1．ROUND 函数——计算四舍五入

主要功能：对指定数据进行四舍五入运算。

语法格式：ROUND（number, num_dgits）

参数说明：number，代表需要进行四舍五入运算的数据或者是包含数据的单元格引用。num_dgits，位数，即计算精度，代表指定四舍五入的位数，当 num_dgits 参数等于 0 时，表示四舍五入运算结果为整数；当 num_dgits 参数大于 0 时，表示四舍五入运算到指定的小数位；当 num_dgits 参数小于 0 时，表示在小数点左侧的指定位进行四舍五入运算。

【例 4-9】ROUND（21.86,1）表示将 21.86 四舍五入后，保留 1 位小数，其结果为 21.9。

ROUND（1.863,2）表示将 1.86 四舍五入后，保留 2 位小数，其结果为 1.86。

ROUND（21.86,-1）表示将 21.86 四舍五入到小数点左侧第 1 位，其结果 22。

2．RANK 函数——对某数值排名

主要功能：求出某个数值在某个区域内的排名。

语法格式：RANK（number, ref, [order]）

参数说明：number，代表需要排名的数值或引用单元格（单元格内必须是数字）。Ref，为指定排名参照数集合或单元格区域的引用。order，是可选参数，为 0 或 1，默认值为 0 时可省略输入，此时表示按照降序方式排序；当 order 为 1 时，表示按照升序方式排序。

【例 4-10】在 B1 单元格内求出 12 这个数在 A1 到 A5 区域内，从高到低的排名。其结果如图 4-41 所示。

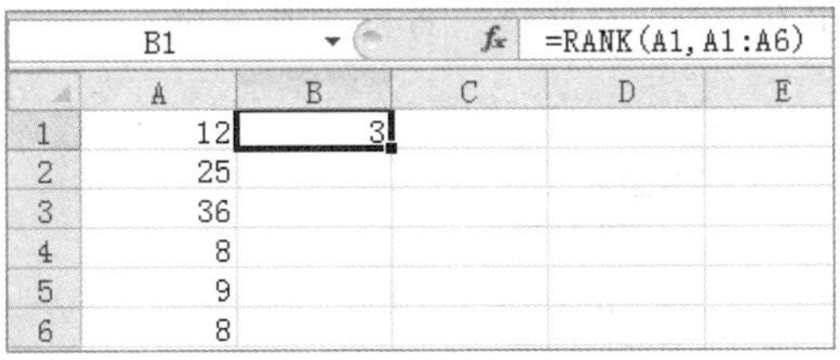

图 4-41　Rank 函数示例

应用拓展：如图 4-41 所示，请求出 A1 到 A6 单元格内数据的各自排名情况。

提示：使用混合引用单元格。

3．COUNT 函数——统计数字单元格个数

主要功能：统计出现数字单元格的个数。

语法格式：COUNT（value1, [value2] ……）

参数说明：value，表示指定的数据集合或引用单元格（区域）。

特别注意：只能对数字数据和日期数据进行统计。

【例 4-11】如图 4-42 所示，计算出签到人数。

D4 =COUNT(C2:C7)

	A	B	C	D
1		会议签到表		
2	部门	姓名	签到时间	签到人数
3	办公室	张丽	9:50	
4	办公室	刘勇	9:50	4
5	销售部	马文	/	
6	销售部	何一平	9:56	
7	采购部	覃静	9:58	

图 4-42　COUNT 函数示例

4. IF 函数——条件判断

主要功能：用于判断是否满足条件，满足条件时返回一个值，不满足条件时返回另一个值。

语法格式：IF(logical_test, [value_if_true], [value_if_false])

参数说明：logical_test，为判断条件，表示计算结果为 TRUE 或 FALSE 的任意值或表达式。value_if_true，是可选参数，表示满足条件时的返回值。value_if_false，是可选参数，表示不满足条件时的返回值。

【例 4-12】如图 4-43 所示，大学语文成绩大于等于 60 分的为及格，否则不及格。

C2 =IF(B2>=60,"及格","不及格")

	A	B	C	D	E	F
1	姓名	大学语文	等级			
2	蒋灵	68	及格			
3	罗艺	87				
4	张文	63				
5	农金	72				

图 4-43　IF 函数示例（1）

【例 4-13】如图 4-44 所示，对学生的大学语文成绩进行评定，成绩大于等于 80 分的为优秀，成绩大于等于 60 分的为及格，否则为不及格。

C2 =IF(B2>=80,"优秀",IF(B2>=60,"及格","不及格"))

	A	B	C	D	E	F	G	H
1	姓名	大学语文	等级					
2	蒋灵	68	及格					
3	罗艺	87	优秀					
4	张文	63	及格					
5	农金	72	及格					
6	杨原	58	不及格					

图 4-44　IF 函数示例（2）

4.8.5　VLOOKUP、MATCH、INDEX 函数

1. VLOOKUP 函数——自动查找填充数据

主要功能：查找函数，在数据表的第一列查找指定的数值，并返回数据表当前行中指定列处的数值。

语法格式：VLOOKUP(lookup_value, table_array, col_index_num, range_lookup)

参数说明：lookup_value 代表需要查找的数值。table_array 代表需要在其中查找数据的单元格区域。col_index_num 为在 table_array 区域中待返回的匹配值的列序号（当 col_index_num 为 2 时，返回 table_array 第 2 列中的数值，为 3 时，返回第 3 列的值……）。

range_lookup 为逻辑值，如果为 TRUE 或省略，则返回模糊匹配值，也就是说，如果找不到精确匹配值，则返回小于 lookup_value 的最大数值；如果为 FALSE，则返回精确匹配值，如果找不到，则返回错误值#N/A。

特别注意：lookup_value 参数必须在 table_array 区域的首列中；如果忽略 range_lookup 参数，则 table_array 的首列必须进行升序排序。

【例 4-14】如图 4-45 所示，计算出儿童节打折后的菜单价格。

解析：本例为跨表查找数据，在菜单价格表中的 A4：B9 区域中的第一列查找产品，并返回该行对应的第 2 列值，再进行折扣计算。在查找区域中，使用了混合引用，这样使得公式在复制时的引用区域不发生改变。

	A	B	C	D
1		肯德鸡菜单		
2				
3	品种	单价（元）	份量	价格（元）
4	田园汉堡	¥8.50	1	¥8.50
5	香辣鸡腿汉堡	¥8.00	1	
6	至尊虾堡	¥9.00	2	
7	牛肉汉堡	¥10.00	1	
8	老北京鸡肉卷	¥12.00	3	
9	薯条	¥5.00	5	
10				

菜单价格 / 折扣价格 / Sheet3 / vlookup

（a）

C4 =VLOOKUP(A4,菜单价格!A$4:B$9,2,FALSE)*B4*90%

	A	B	C	D	E	F
1		儿童节打折价格				
2						
3	品种	销售份量（份）	打折10%后价格（元）			
4	田园汉堡	3	22.95			
5	香辣鸡腿汉堡	2	14.4			
6	老北京鸡肉卷	1	10.8			
7	薯条	0	0			
8	牛肉汉堡	2	18			
9	至尊虾堡	5	40.5			
10						
11						

菜单价格 / 折扣价格 / Sheet3 / vlookup

（b）

图 4-45　VLOOKUP 应用（1）

【例 4-15】如图 4-46 所示，按销售业绩求出提成比例。

解析：本例为模糊查找，也就是说找不到精确匹配值时，则返回比该值小的最大数值。

B11 =VLOOKUP(A11,$A$3:$B$7,2,TRUE)

	A	B	C
1		薪资奖金对照表	
2	销售业绩	提成比率	说明
3	0	1%	销售小于10000元的
4	10000	2%	销售大于等于10000并小于30000元的
5	30000	3%	销售大于等于30000并小于50000元的
6	50000	4.50%	销售大于等于50000并小于200000元的
7	200000	6.00%	销售大于200000元的
8			
9		提成计算表	
10	销售业绩	提成比率	
11	2000	0.01	
12	35000	0.03	
13	68000	0.045	
14			

图 4-46　VLOOKUP 应用（2）

2．MATCH 函数——返回在数组或者区域中的对应位置

主要功能：用于搜索指定数据在单行或者单列区域中的位置。

语法格式：MATCH（lookup_value, lookup_array, [match_type]）

参数说明：lookup_value，表示查找对象。Lookup_array，表示需要在其中查找的一个区域或者数组，只能是单行或者单列。[match_type]，为可选参数，指明如何在区域或数组中查找对象，其值为-1、0 或 1。当[match_type]值为 1 或省略时，函数查找小于或等于 lookup_value 的最大数值，且 lookup_array 必须按升序排列；当[match_type]值为 0 时，函数查找等于 lookup_array 的第一个数值，对 lookup_array 无排序要求；当[match_type]值为-1 时，函数查找大于或等于 lookup_value 的最小数值，且 lookup_array 必须按降序排列。

注意： 函数 MATCH 返回 lookup_array 中目标值的位置，而不是数值本身。

【例 4-16】=MATCH（124,{1,10,124,152},0）——其结果为 3，表示 124 在数组中第 3 个位子。

=MATCH（126,{1,12,123,7},0）——其结果为#N/A 错误值，未找到精确匹配值。

=MATCH（126,{1,12,123,128}）——其结果为 3，要求模糊匹配，当找不到 126 时，则在数组中找比 126 小的最大数为 123，123 在数组 k 中第 3 个位。

【例 4-17】如图 4-47 所示，在 D3 单元格中输入公式=MATCH（D2,A1:A7,0），表示精确查找出 D2 单元格内容在 A1:A7 区域内的位置，其结果为第四行。

	D3			f_x	=MATCH(D2,A1:A7,0)	
	A	B	C	D	E
1	品种	单价（元）			
2	田园汉堡	¥8.50		至尊虾堡	
3	香辣鸡腿汉堡	¥8.00		4	
4	至尊虾堡	¥9.00			
5	牛肉汉堡	¥10.00			
6	老北京鸡肉卷	¥12.00			
7	薯条	¥5.00			

图 4-47　Match 应用

3．INDEX 函数——返回指定行列的交叉值

主要功能：引用区域或者数组中指定行列交叉处的单元格内容。

语法格式：INDEX（arry, row_num, [column_num]）

参数说明：arry，表示指定的数据集合或引用单元格（区域）。row_num，表示行数，即引用数组中的第几行的内容。[column_num]，为可选参数，表示列数，即引用数组中的第几列的内容，当省略参数时，表示引用数组中第一列数据。

INDEX 函数是引用函数，MATCH 函数是查找函数，在实际运用中，这两个函数经常在一起使用。

【例 4-18】如图 4-48 所示，在 A7 单元格中输入公式=INDEX（$A$1:$E$5,4,2），表示在 A1:E5 区域内查找第 4 行和第 2 列交叉的单元格的内容。

	A	B	C	D	E
1	学号	姓名	大学语文	逻辑	英语
2	141001	蒋灵	68	65	69
3	141002	罗艺	87	87	90
4	141003	张文	63	93	86
5	141004	农金	72	90	76
6					
7	张文				

A7 ▼ f_x =INDEX($A$1:$E$5,4,2)

图 4-48　INDEX 应用（1）

【例 4-19】如图 4-49 所示，根据学号查询姓名及成绩。

分析：第一步，查找学号所在的位置。由公式 MATCH(要查找的对象,查找区域,参数)，得出 MATCH(G3,A1:A12,0)，因为查找的对象 G3 单元格为固定的，所以为绝对地址 $G$3，又因为查找的区域也是固定的静态区域，因此也设为绝对地址，所以：MATCH ($G$3,$A$1:$A$12,0)。

第二步，取出该学号的姓名。由公式 INDEX(数据区域,行,列)提取出交叉单元格的内容。数据区域固定在 A 列和 B 列内，要查找的学号对应的具体姓名，在学号所在的行与姓名列交叉的单元格内。学号所在行的位置已经由第一步得出，姓名列固定在数据区域第 2 列。由此得到提取姓名的公式=INDEX($A$1:$B$12,MATCH($G$3,$A$1:A 12,0),2)，

同理可得提取大学语文的公式=INDEX($A$1:$C$12,MATCH($G$3,$A$1:$A$12,0),3)，提取逻辑学的公式=INDEX($A$1:$D$12,MATCH($G$3,$A$1:$A$12,0),4)。

为了统一上面的公式，我们可以把 INDEX 函数的区域统一设置为$A$1:$D$12。

G4 ▼ f_x =INDEX($A$1:$B$12,MATCH($G$3,$A$1:$A$12,0),2)

	A	B	C	D	E	F	G	H
1	学号	姓名	大学语文	逻辑学				
2	141001	蒋灵	68	65		成绩查询（根据学生的学号查询成绩）		
3	141002	罗艺	87	87		学号	141008	
4	141003	张文	63	93		姓名	胡合	
5	141004	农金	72	90		大学语文		
6	141005	杨原	58	60		逻辑学		
7	141006	刘业东	85	62				
8	141007	黄超	83	75				
9	141008	胡合	72	79				
10	141009	梁超磊	76	78				
11	141010	黄翔	69	83				
12	141011	刘展毅	53	82				

图 4-49　INDEX 应用（2）

4.9　图 表 制 作

为了使数据更加直观，可以将数据以图表的形式展示出来，当工作表中的数据源发生变化时，该数据源在图表中对应的图形也会自动更新。

4.9.1　图表的类型

Excel 提供了 11 各图表组成类型，不同类型的图表有其使用特点，表 4-7 分别介绍这些图表的特点。

表 4-7　图表的类型及特点

图表名称	特点
柱形图	是 Excel 默认的图表类型，用于显示一段时间内数据的变化，或数据之间的对比
折线图	用于显示某段时间内数据的变化及变化趋势
饼图	用于显示一个数据系列中各项的大小与总和的比例关系图
条形图	用于显示各项之间的比较信息以及比较两项或多项之间的差异
面积图	用于强调数据量随时间的变化程度
XY 散点图	用于显示系列数据中各数据值之间的关系
股价图	一般用来表示股价的波动，也可以用于处理其他数据
曲面图	用不同的颜色和图案来显示在同一取值范围内的区域
圆环图	与饼图相似，用于显示整体与各部分的关系，与饼图的区别在于圆环图能够绘制多个数据系列，而饼图只能绘制一个数据系列
气泡图	是特殊类型的散点图。气泡的大小可以表示数据的值，气泡越大，数据就越大
雷达图	是专门用来进行多指标体系比较分析的图表，用于显示指标的实际值与参照值的偏离程度

4.9.2　图表的组成

在 Excel 中，以图 4-50 为例，图表主要由标题、坐标轴、图例和数据等系例等组成。

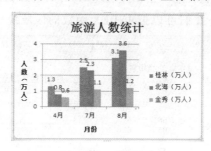

图 4-50　柱形图

- 图表标题：是图表的名称。
- 坐标轴：坐标轴分为水平坐标轴、垂直坐标轴和竖坐标轴，其中竖坐标轴只在三维图表中存在。
- 坐标轴标题：表明坐标轴上数据的含义。
- 图例：表明不同颜色的图形所代表的数据系列。
- 数据标签：一个数据标签对应一个单元格的数据。

4.9.3　创建图表

【例 4-20】如图 4-51 所示，对旅游人数统计表创建一个柱形图。
① 选中 A2:D5 区域。
② 如图 4-52 所示，单击"插入"选项卡，在"图表"命令组中单击"柱形图"图标按钮，选择二维柱形图中的"簇状柱形图"，操作结果为图 4-53 所示。

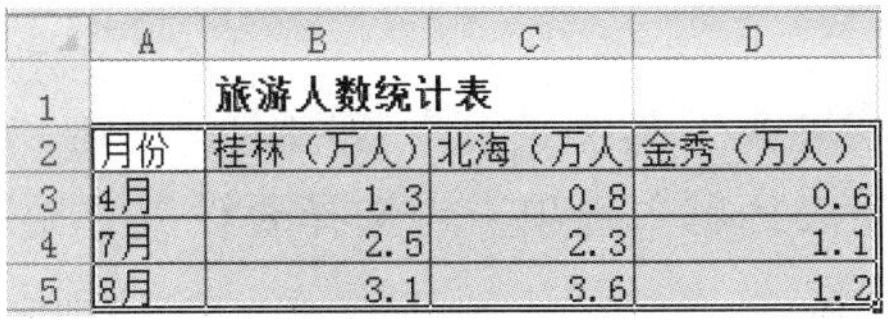

	A	B	C	D
1	旅游人数统计表			
2	月份	桂林（万人）	北海（万人）	金秀（万人）
3	4月	1.3	0.8	0.6
4	7月	2.5	2.3	1.1
5	8月	3.1	3.6	1.2

图 4-51　选择数据

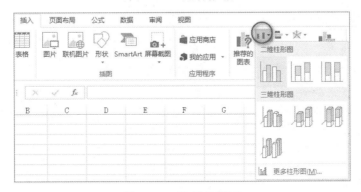

图 4-52　选择柱形图

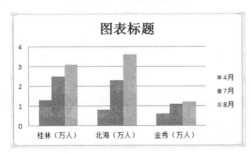

图 4-53　柱形图示例

4.9.4　修改图表

系统创建好图表后，一般情况下还要对图表进行设置、编辑和美化操作，使得图表更方便理解和观看。Excel 提供了多种图表布局和样式供用户选择，方便用户快速操作。

1．添加图表元素

对已经生成的图表要更改表中对象的显示与分布方式，或者添加其他图表元素，可使用 Excel 提供的"添加图表元素"工具，如图 4-54 所示。

（1）添加坐标轴

单击选中图表，选择"图表工具 | 设计"选项卡，单击"添加图表元素"，在弹出的下拉列表中选择"坐标轴"选项，再选择要设置"主要横坐标轴"还是"主要纵坐标轴"，如图 4-55 所示。

（2）添加轴标题

单击选中图表，选择"图表工具 | 设计"选项卡，单击"添加图表元素"，在弹出的下拉列表中选择"轴标题"选项，再选择要设置"主要横坐标轴"还是"主要纵坐标轴"。

（3）添加图表标题

单击选中图表，选择"图表工具 | 设计"选项卡，单击"添加图表元素"工具，在弹出的下拉列表中选择"图表标题"选项，再选择要设置"无""图表上方"或者"居中覆盖"选项，如图 4-56 所示。

图 4-54　添加图表元素　　　　　　图 4-55　添加坐标轴

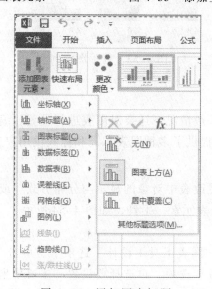

图 4-56　添加图表标题

小知识

添加图表元素的快速使用工具：单击选中图表后，选择图表右边的快速按钮，如图 4-57 所示。

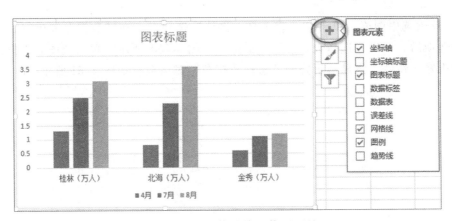

图 4-57 图表修改快速使用工具

2. 快速布局图表

单击选中图表后，选择"图表工具丨设计"选项卡，单击"快速布局"按钮，在弹出的下拉列表中，选择一种图表布局方式，如图 4-58 所示。

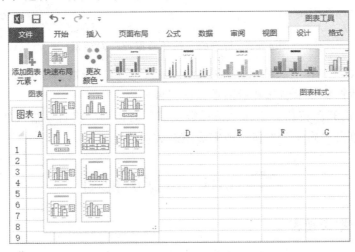

图 4-58 快速布局图表

3. 更改图表样式

单击选中图表后，选择"图表工具丨设计"选项卡，在"图表样式"命令组中，选择一种图表样式并更改颜色搭配，如图 4-59 所示。

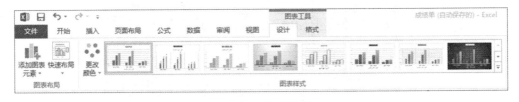

图 4-59 图表样式

4. 选择数据源

图表创建好后，可以根据需要随时向图表添加或更改数据。

① 单击选中图表，单击"图表工具 I 设计"选项卡，在"数据"命令组，单击选择数据选项后，弹出"选择数据源"对话框，如图 4-60 所示，单击"图表数据区域"右侧的折叠按钮后，将显示折叠的"选择数据源"对话框，如图 4-61 所示。

图 4-60　"选择数据源"对话框

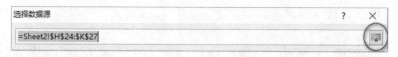

图 4-61　折叠的"选择数据源"对话框

② 返回 Excel 工作表，使用鼠标拖动的方法，重新选择数据源区域后，折叠的"选择数据源"对话框将显示新选择后的单元格区域。

③ 单击"展开"按钮，返回"选择数据源"对话框，将自动输入新的数据区域，确认无误后，单击"确定"按钮，即完成图表数据的更改。

4.10　数据透视图

4.10.1　创建数据透视表

数据透视表是一种对大量数据快速汇总的交互式表格，可以深入分析数值数据，从不同角度审视数据。

【例 4-21】如图 4-62 所示，按部门统计应发工资的总数。

	A	B	C	D	E	F	G
1	应 发 工 资						
2	姓名	部门	职务	基本工资	奖金	加班工资	应发工资
3	刘海鸣	办公室	职员	1800	1000	300	3100
4	马星勇	销售部	大区经理	3000	2500	275	5775
5	王小芬	办公室	职员	1800	1000	350	3150
6	蒋文	财务	职员	1800	3000	650	5450
7	郑惠	采购部	职员	1800	900	700	3400
8	陆红宇	销售部	大区经理	3000	1800	375	5175
9	韦天文	采购部	职员	1800	1800	325	3925
10	李浩	销售部	职员	1800	1650	200	3650
11	蔡放	办公室	科长	2200	1100	900	4200
12	陈一文	采购部	科长	2200	800	425	3425
13	潘斌	销售部	职员	1800	3600	175	5575
14	徐骏辉	销售部	经理	2200	1000	225	3425
15	刘振旺	财务	科长	2500	1600	375	4475

图 4-62　应发工资表

① 单击"插入"选项卡，在"表格"命令组中单击"数据透视表"按钮，打开图 4-63 所示"创建数据透视表"对话框。

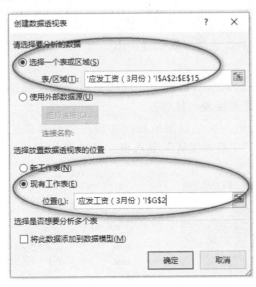

图 4-63 创建"数据透视表"对话框

② 在"数据透视表"对话框"请选择要分析的数据"单选项中，选择"选择一个表或区域"单选按钮，在"表/区域"文本框中输入要创建数据透视表的数据源，也可以使用鼠标拖动的方法选定数据区域，如图 4-63 所示。

③ 在"选择放置数据透视表的位置"单选项中，选择"现有工作表"单选按钮，在"位置"文本框中输入要放置数据透视表的位置，如图 4-63 所示。

④ 单击"确定"按钮，即可打开"数据透视表字段"窗格，可使用鼠标拖动的方法将"选择要添加到报表的字段"拖动到"在以下区域间拖动字段"，完成效果如图 4-64 所示，表示统计采购部职工的应发工资总和。

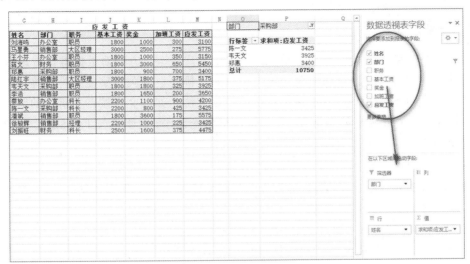

图 4-64 创建数据透视表

4.10.2 创建数据透视图

数据透视图是以图形形式表示数据透视表，更直观地反映数据透视表的分析结果。

① 打开"应发工资.xls"文件，单击【插入】选项卡，在"图表"命令组中单击"数据透视图"，展开下拉菜单，选择"数据透视图"选项后，打开"创建数据透视图"对话框。

② 在"创建数据透视图"对话框中，选择数据列表及放置数据透视表和数据透视图的位置，如同创建数据透视表一样。

③ 单击"确定"按钮，在"数据透视图字段"中选择需要显示的字段，在本例题中，勾选"姓名""部门""基本工资"复选框，其效果如图 4-65 所示。

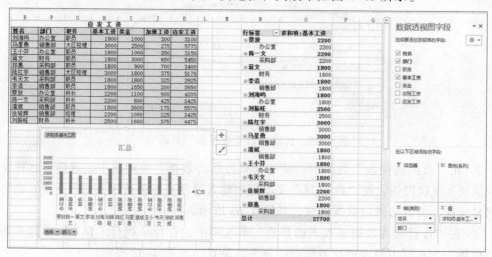

图 4-65　数据透视图的效果图

4.11　数据管理

4.11.1 数据排序

数据排序能使工作表的数据记录按照规定的顺序排列，方便对数据进行管理。Excel 的数据排序功能可以分为按列简单排序、按行简单排序、多关键字复杂排序等。

默认排序顺序是 Excel 2013 系统自带的排序方法，如：文字按首字拼音的第一个字母进行排序；数字按从小到大排序；日期按从早到晚排序；逻辑值按 FALSE 在前、TRUE 在后排序。

1. 按列简单排序

【例 4-22】对"成绩单.xls"工作薄中"学生成绩表"工作表（见图 4-66）的"总分"字段，按从高到低进行排序。

① 单击选择"总分"列中的任意一个单元格。

② 单击"数据"选项卡，在"排序和筛选"命令组，单击"升序"按钮，即可完成总分的排序。

2. 按行简单排序

【例4-23】对"成绩单.xls"工作薄中"学生成绩表"工作表的第三行进行升序排列。

① 单击选择"学生成绩表"工作表的任意一个单元格。

② 单击"数据"选项卡，在"排序和筛选"命令组，单击"排序"按钮，打开"排序"对话框，单击"选项"按钮，打开"排序选项"对话框，选择"按行排序"，单击"确定"按钮，返回"排序"对话框。

③ 在返回的"排序"对话框中，在"主要关键字"中选择"行3"，"次序"单选框中选择"升序"，最后单击"确定"按钮，即可完成排序，如图4-67所示。

	A	B	C	D	E	F	G	H	I
1				学 生 成 绩 表					
2									
3	学号	姓名	性别	大学语文	逻辑	英语	公文写作	刑法	总分
4	147001	蒋灵	女	68	65	69	86	85	373
5	147002	罗艺	女	87	87	90	84	89	437
6	147003	张文	女	63	93	86	71	65	378
7	147004	农金	男	72	90	76	73	63	374
8	147005	杨原	女	58	60	75	76	58	327
9	147006	刘业东	男	85	62	82	78	75	382
10	147007	黄超	男	83	75	83	68	69	378
11	147008	胡合	男	72	79	65	69	63	348
12	147009	梁超磊	男	76	78	69	70	54	347
13	147010	黄翔	男	69	83	58	88	72	370
14	147011	刘展毅	男	53	82	62	76	71	344

图 4-66 学生成绩表

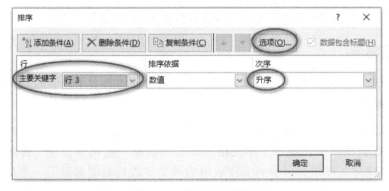

图 4-67 按行简单排序

3. 多关键字复杂排序

多关键字复杂排序是指对选定的数据区域按照两个以上的排序关键字按行或按列进行排序。

【例4-24】对"成绩单.xls"工作薄中"学生成绩表"工作表的"大学语文"字段按降序排列，"大学语文"分数相同的再按"英语"字段降序排列。

① 选中"学生成绩表"数据区域的任意一个单元格。

② 单击"数据"选项卡，在"排序和筛选"命令组，单击"排序"按钮，打开"排序"对话框，如图4-68所示，在"主要关键字"下拉列表框中选择"大学语文"，并将"排序依据"设置为"数值"，将"次序"设置为"降序"。

③ 单击"添加条件"按钮，将"次要关键字"设置为"英语"，并将"排序依据"

设置为"数值",将"次序"设置为"降序",最后单击"确定"按钮,如图4-69所示。

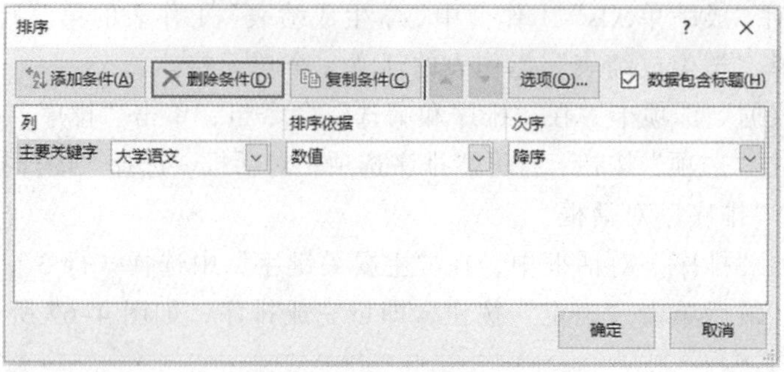

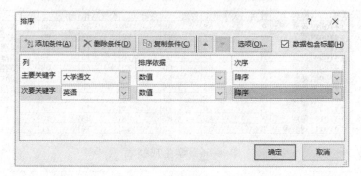

图4-68 "排序"对话框设置"主要关键字"

图4-69 "排序"对话框设置"次要关键字"

4.11.2 数据筛选

数据筛选是将工作表中符合条件的记录显示出来,将不符合条件的记录暂时隐藏起来。

1. 自动筛选

【例4-25】显示"学生成绩表"工作表中所有女生的记录。

① 单击数据区域中任意一个单元格,单击"数据"选项卡,在"排序和筛选"命令组中单击"筛选"按钮,可看到工作表中的每个字段的右侧都显示一个向下箭头。

② 单击"性别"单元格右侧的向下箭头,在弹出的下拉菜单中,仅选中"女"复选框,撤销其他复选框,如图4-70所示。

③ 单击"确定"按钮,完成自动筛选。

如果要退出自动筛选,可以再次单击"数据"选项卡,在"排序和筛选"命令组中单击"筛选"按钮。

2. 自定义筛选

使用自动筛选时,对于某些特殊的条件,可以使用自定义筛选。

【例4-26】显示"学生成绩表"工作表中所有英语分数大于80分的同学记录。

① 单击数据区域中任意一个单元格,单击选择"数据"选项卡,在"排序和筛选"命令组中单击"筛选"按钮。

② 单击"英语"单元格右侧的向下箭头,在弹出的下拉菜单中,选择"数字筛选"→"大于"选项,如图4-71所示,打开"自定义自动筛选方式"对话框。

图 4-70 自动筛选

4-71 自定义筛选

③ 在"大于"右侧的文本框中输入"80",如图 4-72 所示,单击"确定"按钮,即可完成自定义筛选。

图 4-72 "自定义自动筛选方式"对话框

3．高级筛选

当筛选条件为逻辑或的关系（也就是说，只要有一个条件成立就能满足用户要求的筛选时），必需使用高级筛选，并且，高级筛选是根据条件区域设置筛选条件来进行筛选。

【例4-27】对"学生成绩表"工作表中筛选出"大学语文"成绩大于80分或者"英语"成绩大于80分的同学。

① 建立一个"或"关系的筛选条件区域，如图4-73所示，将条件放在不同的行中。这里注意：如果条件放在同一行里，则表示"与"的关系。

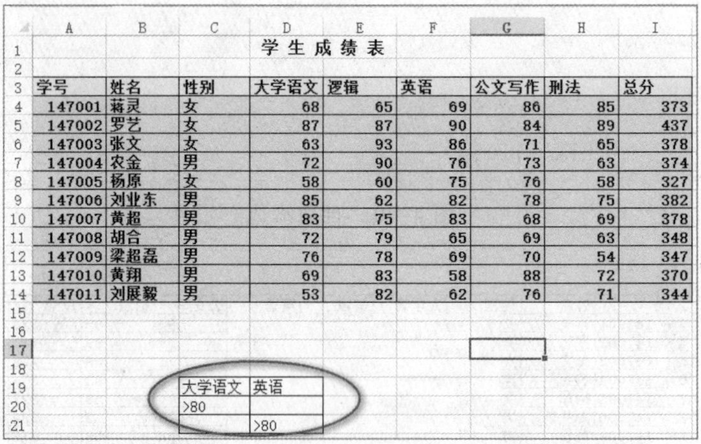

	A	B	C	D	E	F	G	H	I
1				学 生 成 绩 表					
2									
3	学号	姓名	性别	大学语文	逻辑	英语	公文写作	刑法	总分
4	147001	蒋灵	女	68	65	69	86	85	373
5	147002	罗艺	女	87	87	90	84	89	437
6	147003	张文	女	63	93	86	71	65	378
7	147004	农金	男	72	90	76	73	63	374
8	147005	杨原	女	58	60	75	76	58	327
9	147006	刘业东	男	85	62	82	78	75	382
10	147007	黄超	男	83	75	83	68	69	378
11	147008	胡合	男	72	79	65	69	63	348
12	147009	梁超磊	男	76	78	69	70	54	347
13	147010	黄翔	男	69	83	58	88	72	370
14	147011	刘展毅	男	53	82	62	76	71	344
15									
16									
17									
18									
19				大学语文	英语				
20				>80					
21					>80				

图4-73 高级筛选设置条件区域

② 单击数据区域中任意一个单元格，单击"数据"选项卡，在"排序和筛选"命令组中单击"高级"按钮。

③ 打开"高级筛选"对话框，按图4-74进行操作。单击"确定"按钮即可完成高级筛选。

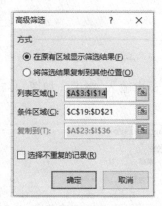

图4-74 "高级筛选"对话框

4.11.3 数据的分类汇总

分类汇总是根据字段进行分类，将同类别的数据放在一起，再进行求和、计数、求平均值等计算，并将结果进行分组显示出来。

1．创建分类汇总

【例4-28】对"加班工资.xls"工作表（见图4-75）按部门进行分类，汇总应发工资。

应 发 工 资						
姓名	部门	职务	基本工资	奖金	加班工资	应发工资
刘海鸣	办公室	职员	1800	1000	300	3100
马星勇	销售部	大区经理	3000	2500	275	5775
王小芬	办公室	职员	1800	1000	350	3150
蒋文	财务	职员	1800	3000	650	5450
郑惠	采购部	职员	1800	900	700	3400
陆红宇	销售部	大区经理	3000	1800	375	5175
韦天文	采购部	职员	1800	1800	325	3925
李浩	销售部	职员	1800	1650	200	3650
蔡放	办公室	科长	2200	1100	900	4200
陈一文	采购部	科长	2200	800	425	3425
潘斌	销售部	职员	1800	3600	175	5575
徐骏辉	销售部	经理	2200	1000	225	3425
刘振旺	财务	科长	2500	1600	375	4475

图4-75　加班工资.XLS

① 按"部门"字段进行排序，升序或降序均可。

② 单击数据区域内任意一个单元格，单击"数据"选项卡，在"分级显示"命令组单击"分类汇总"按钮，打开"分类汇总"对话框，如图4-76所示。

③ 在"分类字段"列表框中，选择"部门"字段；在"汇总方式"列表框中，选择"求和"；在"选定汇总项"列表框中，选择"应发工资"。

④ 指定汇总结果的显示位置，根据需要选择相应的复选框。我们可选择"替换当前分类汇总"。最后单击"确定"按钮得到汇总结果，如图4-77所示。

图4-76　"分类汇总"对话框

1 2 3		A	B	C	D	E	F	G
	1				加班工资			
	2	姓名	部门	职务	基本工资	奖金	加班工资	应发工资
	3		总计					54725
	4		办公室 汇总					10450
	5	刘海鸣	办公室	职员	1800	1000	300	3100
	6	王小芬	办公室	职员	1800	1000	350	3150
	7	蔡放	办公室	科长	2200	1100	900	4200
	8		财务 汇总					9925
	9	刘振旺	财务	科长	2500	1600	375	4475
	10	蒋文	财务	职员	1800	3000	650	5450
	11		采购部 汇总					10750
	12	韦天文	采购部	职员	1800	1800	325	3925
	13	陈一文	采购部	科长	2200	800	425	3425
	14	郑惠	采购部	职员	1800	900	700	3400
	15		销售部 汇总					23600
	16	潘斌	销售部	职员	1800	3600	175	5575
	17	李浩	销售部	职员	1800	1650	200	3650
	18	徐骏辉	销售部	经理	2200	1000	225	3425
	19	马星勇	销售部	大区经理	3000	2500	275	5775
	20	陆红宇	销售部	大区经理	3000	1800	375	5175

图4-77　分类汇总效果显示

2．嵌套分类汇总

对数据进行多次分类汇总，叫作嵌套汇总。

【例4-29】对"加班工资.xls"工作表按部门进行分类，汇总应发工资并统计各部门的人数。

① 按"部门"字段进行排序，升序或降序均可。

② 单击数据区域内任意一个单元格，单击"数据"选项卡，在"分级显示"命令组单击"分类汇总"按钮，打开"分类汇总"对话框。

③ 在"分类字段"列表框中，选择"部门"字段；在"汇总方式"列表框中，选择"求和"；在"选定汇总项"列表框中，选择"应发工资"。

④ 指定汇总结果的显示位置，根据需要选择相应的复选框。选中"每组数据分页"和"汇总结果显示在数据下方"两个复选框。最后单击"确定"按钮得到第一次汇总结果。

⑤ 在第一次汇总数据区域里，单击任意一个单元格，再单击"数据"选项卡，在"分级显示"命令组单击"分类汇总"按钮，第二次打开"分类汇总"对话框。

⑥ 在"分类字段"列表框中，选择"部门"字段；在"汇总方式"列表框中，选择"计数"；在"选定汇总项"列表框中，选择"应发工资"。

⑦ 指定汇总结果的显示位置，根据需要选择相应的复选框。选择"每组数据分页"和"汇总结果显示在数据下方"两个复选框，最后单击"确定"按钮得到第二次汇总结果，如图 4-78 所示。

	姓名	部门	职务	基本工资	奖金	加班工资	应发工资
1							
2	蔡放	办公室	科长	2200	1100	900	4200
3	刘海鸣	办公室	职员	1800	1000	300	3100
4	王小芬	办公室	职员	1800	1000	350	3150
5		办公室 计数					3
6		办公室 汇总					10450
7	刘振旺	财务	科长	2500	1600	375	4475
8	蒋文	财务	职员	1800	3000	650	5450
9		财务 计数					2
10		财务 汇总					9925
11	陈一文	采购部	科长	2200	800	425	3425
12	韦天文	采购部	职员	1800	1800	325	3925
13	郑惠	采购部	职员	1800	900	700	3400
14		采购部 计数					3
15		采购部 汇总					10750
16	马星勇	销售部	大区经理	3000	2500	275	5775
17	陆红宇	销售部	大区经理	3000	1800	375	5175
18	徐骏辉	销售部	经理	2200	1000	225	3425
19	潘斌	销售部	职员	1800	3600	175	5575
20	李浩	销售部	职员	1800	1650	200	3650
21		销售部 计数					5
22		销售部 汇总					23600
23		总计数					13
24		总计					54725

图 4-78　嵌套汇总效果图

3. 删除分类汇总

若要删除分类汇总，单击"数据"选项卡，在"分级显示"命令组中单击"分类汇总"按钮，打开"分类汇总"对话框，单击"全部删除"按钮，即可删除分类汇总。

本 章 小 结

本章介绍了电子表格的基本操作、数据的分析处理以及图表的制作。通过学习，能掌握电子表格的创建、表格的格式设置、掌握各种数据类型的输入及设置；数据的分析处理是电子表格的一项重要功能，本章介绍了常用的函数功能及数据的排序、筛选及分类汇总；最后，掌握基本的图表制作能使数据更加直观的展示出来。

课后习题

一、单选题

1. 关于公式=AVERAGE(A2:C2 B1:B10)和公式=AVERAGE(A2:C2,B1:B10)，下列说法正确的是

　　A. 计算结果一样的公式

　　B. 第一个公式写错了，没有这样的写法

　　C. 第二个公式写错了，没有这样的写法

　　D. 两个公式都对

2. Excel 2013 中，在对某个数据库进行分类汇总之前，必须（　　　　）。

　　A. 不应对数据排序　　　　　　　　B. 使用数据记录单

　　C. 应对数据库的分类字段进行排序　　D. 设置筛选条件

3. 如果公式中出现"#DIV/0!"，则表示（　　　　）。

　　A. 结果为0　　　　B. 列宽不足　　　　C. 无此函数　　　　D. 除数为0

4. Excel 2013 中，一个完整的函数包括（　　　　）。

　　A. "="和函数名　　　　　　　　　B. 函数名和变量

　　C. "="和变量　　　　　　　　　　D. "="、函数名和变量

5. Excel 2013 中分类汇总的默认汇总方式是（　　　　）。

　　A. 求和　　　　　B. 求平均　　　　　C. 求最大值　　　　D. 求最小值

6. Excel 2013 中取消工作表的自动筛选后（　　　　）。

　　A. 工作表的数据消失　　　　　　　B. 工作表恢复原样

　　C. 只剩下符合筛选条件的记录　　　　D. 不能取消自动筛选

7. 以下不属于 Excel 2013 中的算术运算符的是（　　　　）。

　　A. /　　　　　　　B. %　　　　　　　C. ^　　　　　　　D. <>

8. 在 Excel 2013 数据透视表的数据区域默认的字段汇总方式是（　　　　）。

　　A. 平均值　　　　　B. 乘积　　　　　C. 求和　　　　　D. 最大值

9. 在 Excel 2013 中函数 MIN(10,7,12,0)的返回值是（　　　　）。

　　A. 10　　　　　　　B. 7　　　　　　　C. 12　　　　　　　D. 0

10. 关于跨越合并的叙述，下列错误的是（　　　　）。

　　A. 选定的单元格区域则合并为一个单元格

　　B. 如果所选单元格每一行都有值，则分别合并，仅保留左上角单元格的值

　　C. 数据左对齐

　　D. 数据居中对齐

11. 如果某单元格显示为若干个"#"号（如"######"），这表示（　　　　）。

　　A. 公式错误　　　B. 数据错误　　　C. 行高不够　　　D. 列宽不够

12. 在 Excel 2013 中，单元格行高的调整可通过（　　　　）进行。

　　A. 拖拉行号上的边框线

B. "开始"选项卡"单元格"命令组"格式"的"行高"

C. 双击行号上的边框线

D. 以上都可以

13. 在 Excel 2013 中，如果在工作表中某个位置插入了一个单元格，则（　　　）。

A. 原有单元格根据选择或者右移，或者下移

B. 原有单元格必定右移

C. 原有单元格必定下移

D. 原有单元格删除

14. 在 Excel 2013 中，若希望确认工作表上输入数据的正确性，可以为单元格区域指定输入数据的（　　　）。

A. 有效性条件　　　B. 条件格式　　　　　C. 无效范围　　　　D. 正确格式

15. 以下关于"选择性粘贴"命令的使用，不正确的说法是（　　　）。

A. 用鼠标的拖动操作可以实现"复制""剪切"功能

B. "粘贴"命令和"选择性粘贴"命令之前的"复制"或"剪切"的操作方法完全相同

C. "粘贴"命令和"选择性粘贴"命令中的"数值"选项功能相同

D. 使用"选择性粘贴"命令可以将一个工作表中的选定区域进行行、列数据位置的转置

16. 在 Excel 2013 中，使用"开始"选项卡"单元格"命令组（　　　）命令中的菜单实现移动工作表的操作。

A. 插入　　　　　　B. 删除　　　　　　　C. 格式　　　　　　D. 条件格式

17. Excel 2013 工作簿是计算和存储数据的（　　　）。

A. 文件　　　　　　B. 表格　　　　　　　C. 图表　　　　　　D. 数据库

18. 为了输入一批有规律的递减数据，在使用填充柄实现时，应先选中（　　　）。

A. 有关系的相邻区域　　　　　　　　　B. 任意有值的一个单元格

C. 不相邻的区域　　　　　　　　　　　D. 不要选择任意区域

19. 在 Excel 2013 中，如果没有预先设定整个工作表对齐方式，则字符型数据自动以（　　　）方式对齐。

A. 左对齐　　　　　B. 右对齐　　　　　　C. 居中对齐　　　　D. 视具体情况而定

20. Excel 2013 只把选定区域左上角的数据放入合并后所得的单元格，要把区域中的所有数据都包括到合并后的单元格中，必须将它们复制到区域的（　　　）单元格中。

A. 第1列　　　　　B. 第1行　　　　　　C. 右上角　　　　　D. 左上角

21. 要在单元格中输入数字字符，例如学号"0210222"，下列输入正确的是（　　　）。

A. "0210222"　　　B. =0210222　　　　C. 0210222　　　　D. '0210222

22. 在 Excel 2013 中，工作簿一般是由（　　　）组成的。

A. 单元格　　　　　B. 文字　　　　　　　C. 工作表　　　　　D. 单元格区域

23. Excel 2013 除能处理"数字""文字"数据外，还能处理（　　　）数据。

A. 日期和时间　　　B. 公式　　　　　　　C. 函数　　　　　　D. 逻辑

24. 在 Excel 2013 中，所有对工作表的操作都是建立在对（　　）操作的基础上的。
    A. 工作簿　　　　B. 工作表　　　　C. 数据　　　　　　D. 单元格

25. 在 Excel 2013 工作表中，选择了一组单元格后，其中（　　）是活动单元格。
    A. 1 个　　　　　　　　　　　　B. 1 行
    C. 1 列　　　　　　　　　　　　D. 被选中的单元格全

26. 如果将 Excel 2013 工作簿设置为只读，对工作簿的更改（　　）在同一个工作簿文件中。
    A. 不能保存　　　B. 仍能保存　　　C. 部分保存　　　D. 以上都不对

27. 在 Excel 2013 中，选定第 4、5、6 三行，执行"插入工作表行"命令后，插入了（　　）。
    A. 3 行　　　　　　B. 1 行　　　　　　C. 4 行　　　　　　D. 6 行

28. 在 Excel 2013 中，当某一单元显示一排与单元格等宽的"#"时，（　　）的操作必能将其中的数据正确显示出来。
    A. 减少单元格的小数位数　　　　　　B. 改变单元格的显示格式
    C. 加宽所在列的显示宽度　　　　　　D. 取消单元的保护状态

29. 在 Excel 2013 工作界面中，（　　）将显示在名称框中。
    A. 工作表名称　　　B. 当前单元格地址　　　C. 行号　　　　　　D. 列标

30. 在 Excel 2013 中，选中单元格后，按【Delete】键，将（　　）。
    A. 删除选中单元格　　　　　　　　　B. 清除选中单元格中的内容
    C. 清除选中单元格中的格式　　　　　D. 删除选中单元格中的内容和形式

二、填空题

1. 在 Excel 2013 中输入数据时，如果输入数据具有某种规律，则可以利用_____功能来输入。

2. 若对工作表 Sheet1 进行复制，复制后的工作表自动取名为_____。

3. 在单元格输入数据时，默认情况下，数值数据_____对齐存放，字符数据_____对齐存放。

4. 在 Excel 2013 中输入日期后，默认的对齐方式为_____。

5. 在 Excel 2013 工作表中，要在屏幕内同时查看同一工作表中不同区域的内容，可以使用_____操作。

6. 在 Excel 2013 中，可以对单元格设置锁定状态，使得单元格内容不能被修改，但它只有在设置保护_____情况下，才能生效。

第 5 章

演示文稿制作软件 《《《

引言

PowerPoint 是微软公司的演示文稿软件,利用 PowerPoint 可以创建集文字、图像、音频和视频于一体的演示文稿。随着计算机的发展和多媒体信息技术的广泛应用,PowerPoint 的应用领域也越来越宽广,逐渐成为人们工作、生活的重要组成部分,在工作汇报、教育培训、企业宣传、产品推介、项目竞标、管理咨询等领域占有举足轻重的地位。通过本章的学习,要求掌握 PowerPoint 的基本操作和技能,为以后的学习和工作奠定一定的基础。

教学目标

(1)认识演示文稿的窗口界面。

(2)学会设计演示文稿,包括版式、大小,学会如何设置 PowerPoint 的背景、主题、母版等。

(3)掌握插入文本框、形状、图片、SmartArt 表格、图表、视频、音频等对象的操作,并熟练掌握对文本框、形状、图片、SmartArt、表格、图表、视频、音频等对象的编辑。

(4)熟悉幻灯片切换方式的操作,掌握动画效果的设置过程。

(5)学会设置幻灯片的放映方式和打印方式。

教学重点和难点

(1)幻灯片母版的设计和编辑。

(2)文本框、形状、图片、SmartArt、表格、图表、视频、音频等对象的插入和编辑。

(3)动画效果的设置。

5.1 演示文稿的窗口界面

启动 PowerPoint 2013 后,其打开的主界面如图 5-1 所示,主要包括快速访问工具栏、标题栏、功能选项卡及功能区、大纲/幻灯片区、幻灯片编辑区、状态栏、视图切换按钮等。

1. 快速访问工具栏

窗口左上角部分的按钮属于快速访问工具栏,包括保存、撤销等基本操作。如果要自定义快速访问工具栏,则点击快速访问工具栏最右边的下拉按钮,在弹出的列表当中选择相应的选项,例如,想添加"打开"或"新建"命令,则单击"打开"或"新建","打开"和"新建"按钮将添加在"快速访问工具栏"上。

图 5-1　PowerPoint 2013 界面

2．标题栏

在窗口中间的最上方，显示了该文稿的标题，这样，用户就可以知道该文稿是什么文档。当界面为小窗口时，拖动标题栏，可以移动窗口的位置。当界面为小窗口时，双击标题栏，界面将切换成大窗口。

3．功能选项卡及功能区

在 PowerPoint 2013 中，有十大功能选项卡：文件、开始、插入、设计、切换、动画、幻灯片放映、审阅、视图、加载项。单击某个功能选项卡，则在选项卡下会出现相应的功能区。PowerPoint 的所有操作功能，基本上都可以通过这些选项卡及功能区来进行设置。

4．幻灯片区

在窗口的左边，是该文稿的幻灯片区，右击某一张幻灯片，则可以对该幻灯片进行复制、粘贴或者新建幻灯片等。选择某一张幻灯片，然后往上、往下拖动鼠标，可以调整该幻灯片在整个文稿的位置。

5．幻灯片编辑区

幻灯片编辑区是编辑幻灯片的主要区域，可以在该区域进行输入本文，插入各种图形、图片、音频、视频等多媒体信息和编辑各种效果等操作。

6．状态栏

状态栏显示目前的幻灯片编辑状态信息，包括当前幻灯片的页码、幻灯片的总页数等。

7. 视图切换

单击相应的视图切换按扭，可以切换到普通视图、幻灯片浏览、阅读视图等模式。

8. 其他

视图切换按钮右边有个"幻灯片放映"的按钮，单击此按钮，可以从当前幻灯片开始放映文稿。"幻灯片放映"按钮右边有一个缩放条，通过拖拉此缩放条，可以放大或缩小幻灯片编辑区。

5.2 演示文稿的基本操作和设置

演示文稿的基本操作包括新建、打开、关闭、保存文档等，基本设置包括加密文档的设置、自动保存时间的设置、撤销次数的设置和查看视图的方式的设置等。

5.2.1 演示文稿的基本操作

1. 新建演示文稿的方法

（1）创建空演示文稿

用户如果想要自己创建、设计幻灯片，可以从空白演示文稿进行设计。当打开软件后，单击"空白演示文稿"，如图 5-2 所示，即可以创建一份空演示文稿。

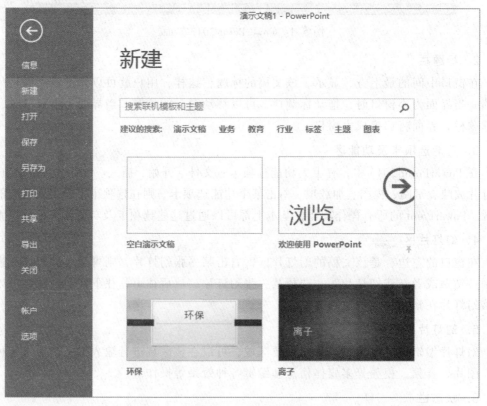

图 5-2　单击"空白演示文稿"

（2）根据模板创建

用户可以根据"模板"创建演示文稿，可以选择模板的样式、风格、类型，从而生成统一风格的一系列幻灯片。创建过程为：启动 PowerPoint 2013，在界面中会出现"环保""离子""积分"等模板，单击相应的模板，即可以创建想要的文稿类型。

2. 打开、关闭、保存演示文稿的操作

在 PowerPoint 2013 中，打开、关闭、保存演示文稿的方法与 Word、Excel 的方法类似，在此就不再一一介绍。

5.2.2 演示文稿的基本设置

1. 加密文档

如果用户想要将文档进行保护，不让他人进行编辑、查看等，可以通过单击"文件"选项卡，选择"信息"选项，在弹出的列表中选择"保护演示文稿"的下拉列表中的"用密码进行加密方式"来进行设置，如图 5-3 所示。选择这个选项，输入密码并确认密码（见图 5-4），则可以对文稿进行加密保护。其他用户需要知道密码才能打开这份演示文稿。

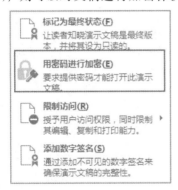

图 5-3　选择加密方式

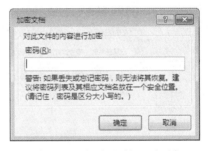

图 5-4　"加密文件"对话框

此外，保护演示文档的方式还有：

- "标记为最终状态"：让读者知晓演示文稿是最终版本，并将其设置为只读的，不可编辑。
- "限制访问"：授予用户访问权限，同时限制其编辑、复制、打印的能力。
- "添加数字签名"：通过添加不可见的数字签名来保护文稿的完整性。

2. 设置自动保存时间

编辑幻灯片时，有时会碰到特殊情况突然断电以导致刚编辑的文稿没有及时保存。所以，用户可以设置 PowerPoint 的自动保存时间，以便及时地保存演示文稿。

操作步骤：

① 在打开的 PowerPoint 文档窗口中，单击左上角的"文件"命令选项。

② 在打开的"文件"命令窗口中，单击"选项"命令选项，打开"PowerPoint 选项"对话框。

③ 在"PowerPoint 选项"对话框中，选择左侧的"保存"选项卡。

④ 在"保存"选项卡的右侧窗格中，找到"保存演示文稿"下的"保存自动恢复信息时间间隔"并修改为自己需要的时间，再单击"确定"按钮，如图 5-5 所示。

图 5-5　设置自动保存按钮

3．设置撤销的次数

有时在制作演示文稿的时候，不小心操作失误，想要将其撤销回到原来的位置，却发现，只撤销了几步便不能再撤销了。为了更好地对演示文稿进行操作，用户可以在 PowerPoint 中设置撤销的次数。

操作步骤：

① 在打开的 PowerPoint 文档窗口中，单击左上角的"文件"命令选项卡。

② 在打开的"文件"命令窗口中，单击"选项"命令选项，打开"PowerPoint 选项"对话框。

③ 在"PowerPoint 选项"对话框中，选择左侧的"高级"选项卡。在"高级"选项卡的右侧窗格中，找到"最多可取消操作数"，并修改为需要撤销的次数，再单击"确定"按钮，如图 5-6 所示。

图 5-6　设置撤销的次数

5.2.3　视图模式

PowerPoint 2013 提供了 5 种视图模式，普通视图、大纲视图、幻灯片浏览视图、备注页视图、阅读视图。这 5 种视图模式可以通过 "视图" 选项卡中的演示文稿功能区来进行设置。

1．普通视图

普通视图是编辑幻灯片是最常使用的视图，包括大纲预览窗口、主编辑窗口、备注编辑窗口，在大纲预览窗口可以看到整个 PPT 的页面，主编辑窗口可以输入文字、图片等内容，备注编辑窗口可以输入备注内容。

2．大纲视图

大纲视图可以将文档的标题分级显示，使文档结构层次分明，易于编辑。当然，还可以设置文档和显示标题的层级结构，可以折叠和展开各种层级的文档。

3．幻灯片浏览视图

在该视图中，可以看到整个演示文稿的内容，在该视图中，选定某张幻灯片拖拉到某个位置，可以调整该张幻灯片幻灯片在整个 PPT 的顺序。

4．备注页视图

在该视图中，有主编辑窗口、备注编辑窗口，可以对这两个窗口进行编辑。

5．阅读视图

在此视图下，不能进行编辑，只能对幻灯片进行阅读。

5.2.4 幻灯片的基本操作

幻灯片的基本操作包括对幻灯片进行新建、复制、移动、删除等。

1．新建幻灯片

如果要新建一张幻灯片，可以用以下的方法：

- 在"开始"选项卡中，单击"新建幻灯片"。
- 在幻灯片区的空白位置，右击，在弹出的快捷菜单中选择"新建幻灯片"。
- 单击幻灯片区的空白位置，按【Ctrl+M】组合键。

2．复制幻灯片

选择想要复制的幻灯片，右击，在弹出快捷菜单中选择"复制幻灯片"，则在原幻灯片下复制了一张幻灯片。

3．移动幻灯片

想要移动某张幻灯片的位置，则可以在幻灯片区中选中该幻灯片，把该幻灯片拖动到需要移动的位置。

4．删除幻灯片

如果不想要某张或某些幻灯片，可以将其删除。选择想要删除的幻灯片，右击，在弹出的快捷菜单中选择"删除幻灯片"。当然，也可以选中想要删除的幻灯片，然后按【Delete】键将幻灯片删除。

【例 5-1】打开"例 5-1.pptx"，在第一张幻灯片后新建一张幻灯片，复制第三张幻灯片，然后把第五张幻灯片移动到第二张，最后删除第三、第五张幻灯片。

操作步骤：

① 打开"例 5-1.pptx"，把鼠标指针放在第一张和第二张幻灯片之间的空白处，右击，在弹出快捷菜单中选择"新建幻灯片"，如图 5-7 所示。

② 选中第三张幻灯片，右击，在弹出的快捷菜单中选择"复制幻灯片"，如图 5-8 所示。

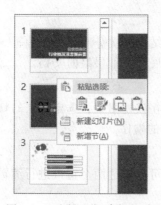

图 5-7　选择"新建幻灯片"

图 5-8　选择"复制幻灯片"

③ 选中第五张幻灯片，按住鼠标左键把第五张幻灯片拖动到第一张幻灯片的后面。

④ 选中第三张幻灯片，按住【Ctrl】键再选中第五张，按【Delete】键将所选的两张幻灯片删除。

5.3 演示文稿的设计

演示文稿是由一张张幻灯片组合而成的，每一张幻灯片都需要进行设计并编辑。其中，演示文稿的设计包括版式、大小的设计；背景、主题或母版的设计等。

5.3.1 设置幻灯片的大小

幻灯片页面大小基本上分为两种类型：标准型和宽屏型。其中，标准型的 PPT 页面大小的宽度和高度的大小比例为 4∶3，宽屏型的 PPT 页面大小的宽度和高度的大小比例为 16∶9。有时候，用户幻需要对灯片页面的大小进行转换或者需要自定义 PPT 尺寸大小，那么，可以选择"设计"选项卡中的"幻灯片大小"功能来设置比例。

5.3.2 设置幻灯片的版式

在创建空白演示文稿后，可以通过设置"幻灯片的版式"来布局每张幻灯片的框架。单击"开始"选项卡，在"幻灯片"命令组中单击"新建幻灯片"下拉按钮，则弹出多种不同的幻灯片版式，如图 5-9 所示。如果想要呈现标题和内容的布局，则可以选择"标题和内容"版式，如果想自己设计幻灯片的版式，则可以选择"空白"版式，然后自由设计幻灯片的版式。

设置幻灯片的版式后，在编辑区的占位符（虚线框）内就可以添加文字、图片、表格等内容。

【例 5-2】打开"例 5-2.pptx"，把整个演示文稿的大小设置成 4∶3，在第二张幻灯片后添加版式为"仅标题"的新幻灯片，给新幻灯片添加标题为"公安信息化行业的行业概况"，并把整个演示文稿的大小设置成 4∶3。

操作步骤：

① 打开"例 5-2.pptx"，在第二、第三张幻灯片之间的空白处单击，单击"开始"选项卡，在"幻灯片"命令组单击"新建幻灯片"的下拉按钮后，在弹出的幻灯片版式中选择"仅标题"，则添加了版式为"仅标题"的新幻灯片。

② 在编辑区"单击此处添加标题"内单击后，在虚线框内输入文字"公安信息化行业的行业概况"，如图 5-10 所示。

图 5-9 不同的幻灯片版式

图 5-10 输入标题

③ 选择"设计"选项卡，单击"自定义"命令组的"幻灯片大小"的下拉按钮，选择"（标准）4：3"，如图 5-11 所示。

图 5-11 选择"标准（4：3）"

5.4 美化演示文稿

在创建空白演示文稿后，用户可以设置幻灯片背景、设置幻灯片的主题或者给幻灯片设置母版对演示文稿进行美化，设计统一的风格，使幻灯片美观、具有艺术性。

5.4.1 设置幻灯片背景

在使用 PPT 文档的时候，有时候经常会为了让文档看起来更加美观个性，就会给 PPT 设置独特的背景。背景可以是纹理的，也可以是图片形式的。

【例 5-3】打开"例 5-3.pptx"，给所有幻灯片添加"底图.jpg"作为背景图片，并设计图片透明度为 20%。

操作步骤：

① 单击"设计"选项卡，选择"设置背景格式"，则在幻灯片编辑区的右边出现了"设置背景格式"窗口，选中"图片或纹理填充"单选按钮，然后单击"文件"按钮，如图 5-12 所示，在弹出的对话框中找到"底图.jpg"，单击"插入"按钮。

② 在"设置背景格式"窗口，设置图片"透明度"为 20%。

图 5-12 设置背景格式为"图片或纹理填充"

③ 单击"设置背景格式"窗口左下角的"全部应用"按钮，将该图片作为整个演示文稿的背景。

如果想要重新设置背景，则单击"重置背景"按钮。

5.4.2 设置演示文稿主题

1. 设置幻灯片的主题

要设置演示文稿的背景、风格，还可以通过幻灯片的主题来进行。通过单击"设计"选项卡，可以选择不同的主题风格，如图 5-13 所示。单击"主题"命令组右下角的下拉按钮，还可以选择更多的主题风格。

图 5-13 "主题"命令组

2. 修改主题

另外，还可以通过"设计"选项卡里的"变体"命令组右下角的下拉列表对主题的颜色、字体、效果、背景样式进行设置，如图 5-14 所示。

图 5-14 "变体"命令组

【例 5-4】打开"例 5-4.pptx",给其设置"凤舞九天"的主题,并利用"变体"命令组将背景样式设置为"沉稳"。

操作步骤:

① 打开"例 5-4.pptx",单击"设计"选项卡,单击"主题"命令组下角的下拉按钮,选择"凤舞九天"的主题。

② 单击"变体"命令组的下拉按钮,选择"颜色"选项,在颜色模块中选择"沉稳",如图 5-15 所示。

5.4.3 幻灯片母版的应用

在幻灯片母版中,可以设计不同版式的幻灯片的布局、设计进行设置,包括标题、正文和页脚、文本的字形、文本和对象的位置、项目符号样式、背景设计和配色方案等。这样,当设置好某个版式的幻灯片的母版后,该版式的幻灯片的设计则预设好了。

【例 5-5】打开"例 5-5.pptx",在第 2 张幻灯片后添加一张"两栏内容"版式的幻灯片,利用母版将这种版式幻灯片的背景设置为"公安.jpg"图片,并标题字体设置为"华文行楷",字号设置为"60"号。关闭母版后,在新增的幻灯片标题栏中输入"公安精神"。

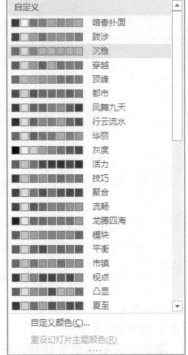

图 5-15 选择"沉稳"颜色模块

操作步骤:

① 打开"例 5-5.pptx",选中第 2 张幻灯片,单击"开始"选项卡"幻灯片"命令组的"新建幻灯片"的下拉按钮,在弹出的菜单中选中"两栏内容",则新建了一张"两栏内容"版式的幻灯片。

② 单击"视图"选项卡"母版视屏"命令组中的"幻灯片母版",则界面转到了幻灯片母版的编辑界面,选中左边"两栏内容"版式的幻灯片,在该幻灯片编辑区的空白处右击,在弹出的快捷菜单中选择"设置背景格式",则在编辑区的右边会显示"设置背景格式"的窗格,选中"图片或纹理填充"单选按钮,单击"文件"按钮,在弹出的对话框中选中"公安.jpg"图片,单击"插入"按钮,则背景图片插入成功。在"设置背景格式"的窗格中的"向左偏移"设置为"-50%",如图 5-16 所示,可以将图片放置在幻灯片中间。

③ 选中编辑区中的"单击此处编辑母版标题样式"输入框,单击"开始"选项卡,将其字体设置为"华文行楷",字号设置为"60"号。

④ 单击"幻灯片母版"选项卡,单击"关闭母版视图"按钮退出母版的编辑。则可以看到该文稿中第 3 张幻灯片的背景、标题已按母版的预设格式设计完毕,如图 5-17 所示。

图 5-16 设置背景格式

图 5-17 母版预设格式完毕

5.4.4 幻灯片的设计原则

要制作美观的幻灯片，需要遵循以下的几个原则：

1. 结构清晰原则

要分析、提炼需要演示的内容，做到幻灯片内容简洁明了，做到"文不如表，表不如图"，尽量用图表来代替文字。

2. 界面设计和谐原则

幻灯片色彩设计的一般原则是总体协调，局部对比。幻灯片的内容（图、文、声、像等）多种多样，但无论如何，都要使它们之间的颜色、色调等看起来协调统一，尽量使整体的效果搭配合理。

3. 内容设计适宜原则

在同一张幻灯片里，最好不超过 3 种字体、3 种色系；注意行距的设置，不能太窄也不能太宽；尽量不要显示整版的文字，可将文字进行分段或用图表来表示；尽量不要将内容充满整个界面，需适当留白，效果更好。

5.5 各类对象的插入及编辑

利用幻灯片不仅可以插入文本框、艺术字、图片、自绘图形、表格、图表、音频、视频等对象，还可以对这些对象进行修改、编辑，形成一份美观的 PPT。

5.5.1 文本框的插入及编辑

1. 文本框的插入

在"插入"选项卡中的"文本"命令组中，单击"文本框"的下拉按钮，则出现"横排文本框"和"垂直文本框"选项，单击选择相应的文本框类型，再在幻灯片编辑区单击，则文本框就会插入到幻灯片中。

2. 文本框的编辑

选定相应的文本框，右击，在弹出的快捷菜单中选择"设置形状格式"选项，则在编辑区的右边出现"设置形状格式"窗格，可以单击"形状选项"（见图 5–18）或"文本选项"（见图 5–19），对文本框进行编辑、设置。

图 5–18　单击"形状选项"

图 5–19　单击"文本选项"

【例5-6】打开"例5-6.pptx",给第二张幻灯片添加文本框,并对文本框进行编辑,效果如图5-20所示。

图 5-20　添加文本框

操作步骤:

① 打开"例5-6.pptx",单击"插入"选项卡,在"文本"命令组中单击"文本框"命名,在编辑区相应位置单击,则添加了一个文本框,然后在文本框中输入"公安信息化行业的行业概括"。

② 选中此文本框,单击"绘图工具"|"格式"选项卡,单击"形状样式"命令组的下拉列表,选择"细微效果-水绿色,强调演示 1",如图5-21所示。

图 5-21　选择形状样式

③ 选中文本框,单击"绘图工具"|"格式"选项卡,单击"形状样式"功能区的"形状效果"命令,选择"映像",设置"半映像,接触"效果,如图5-22所示。

④ 单击"绘图工具"|"格式"选项卡,单击"艺术字样式"的下拉列表,在艺术字样式中选择"图案填充-深青,文本 2,深色上对角线,清晰阴影-文本 2"效果,如图5-23所示。

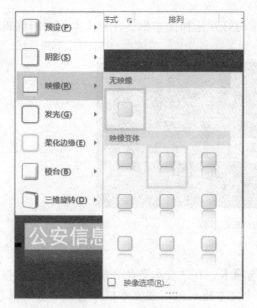

图 5-22　设置映像效果

图 5-23　选择艺术字样式

5.5.2　艺术字的插入及编辑

1. 插入艺术字

在 PPT 里，插入艺术字能让文字更加美观、艺术。在"插入"选项卡中的"文本"命令组中，单击"艺术字"的下拉按钮，则出现不同类型艺术字。单击选择相应的艺术字类型，则在幻灯片编辑区中添加了此艺术字。

2. 编辑艺术字

当插入艺术字之后，在选项卡中就会自动添加"格式"选项卡，通过此选项卡，可以对艺术字的形状样式、艺术字样式等进行设置。

① 形状样式：包括形状填充、形状轮廓、形状效果的设置，即对艺术字的底纹、边框、效果进行设置。

* 形状填充：可以给艺术字的形状添加纯色、图片、纹理、渐变颜色的底纹。
* 形状轮廓：可以给艺术字的形状添加边框，设置边框的颜色、线型、粗细等。
* 形状效果：可以为艺术字的形状添加阴影、发光、柔化边缘、三维旋转等艺术效果。

② 艺术字样式：包括艺术字填充、艺术字轮廓、艺术字效果的设置，即对艺术字的填充、边框、效果进行设置。

* 艺术字填充：可以给艺术字填充纯色、图片、纹理、渐变颜色。
* 艺术字轮廓：可以给艺术字添加边框，设置边框的颜色、线型、粗细等。
* 艺术字效果：可以给艺术字添加阴影、发光、柔化边缘、三维旋转等艺术效果。

【例 5-7】打开"例 5-7.pptx"，在第 4 页幻灯片中添加艺术字"公安信息化"，效果如图 5-24 所示。

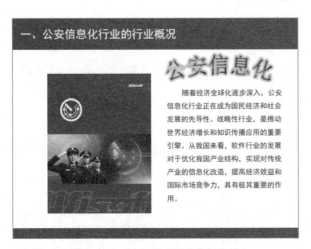

图 5-24　添加艺术字后的效果

操作步骤：

① 打开"例 5-7.pptx"，选中第四页幻灯片，单击"插入"选项卡，在"文本"命令组中单击"艺术字"按钮，在弹出的艺术字样式中选择"填充-白色，轮廓-着色 1，发光-着色 1"样式，如图 5-25 所示。此时，在编辑区会添加艺术字的输入框。单击输入框，在输入框中输入"公安信息化"，结果如图 5-26 所示。

② 选中输入框，在"绘图工具"|"格式"选项卡的"艺术字样式"命令组中单击"文本填充"下拉按钮，在列表中选择"图片"，如图 5-27 所示，然后在弹出的"插入图片"对话框中单击"来自文件"选项，选择"图片 1.jpg"。

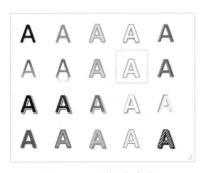

图 5-25　选择艺术字

图 5-26　输入艺术字内容

③ 单击"文字效果"下拉按钮，在列表中选择"转换"命令（见图 5-28）后，再单击列表中"跟随路径"中的"上弯弧"效果，如图 5-29 所示。

④ 单击"文字效果"下拉按钮，在列表中选择"发光"命令（见图 5-30）后，再单击列表中"蓝-灰，8pt 发光，着色 4"效果，如图 5-31 所示。

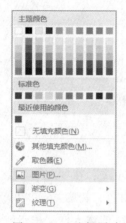

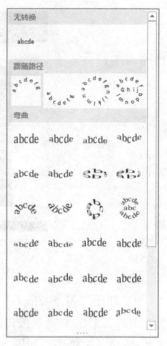

图 5-27 "选择图片"　　图 5-28 选择"转换"命令　　图 5-29 选择"上弯弧"效果

图 5-30 选择"发光"命令　　　　图 5-31 选择发光效果

5.5.3 图片的插入及编辑

1. 图片的插入

一般地，用户会经常将图片插入到幻灯片中，操作方法为：单击"插入"选项卡"图像"命令组中的"图片"按钮，在弹出的对话框中找到图片所在的位置后，单击"确定"按钮。

2. 图片的编辑

当图片插入文稿后，在选项卡中就会自动添加图片工具"格式"命令组，通过此命令组可以对图片进行编辑、调整。

① "调整"功能区：可以删除图片的背景，并对图片的颜色、亮度、艺术效果进行调整。

- 删除背景：可以对图片进行抠图。
- 更正：可以设置图片的柔化、亮度、对比度、饱和度、色调等。
- 颜色：可以给艺术字添加阴影、发光、柔化边缘、三维旋转等艺术效果。
- 艺术效果：可以给图片添加阴影、映像、发光、柔化边缘、三维格式、三维旋转等。

此外，还也可以压缩图片、更改图片、重设图片。

② "图片样式"功能区：可以对图片的样式进行设置，并编辑图片的边框、效果、版式。

③ "排列"功能区：可以对图片的叠放次序进行调整。

④ "大小"功能区：可以对图片进行裁剪，并设置裁剪图片的宽和高。

【例 5-8】打开"例 5-8.pptx"，在第四张幻灯片插入"图片 1.pjg"图片，删除图片的背景，调整图片的亮度为-20%、对比度为+20%，调整艺术效果为"纹理化"，并裁剪图片的大小，最后设置图片的样式为"映像棱台，黑色"样式。

操作步骤：

① 打开"例 5-8.pptx"，单击"插入"选项卡"图像"命令组中的"图片"按钮，插入"图片 1.jpg"。

② 选中图片，单击"图片工具"|"格式"选项卡"调整"命令组中的"删除背景"命令，则自动出现"背景消除"选项卡，且图片变成图 5-32 所示效果，其中紫色部分是被系统认为删除的部分。为了调整删除的区域，可拖动图片中横线上的小方框来调整应删除的区域，调整后如图 5-33 所示。

图 5-32 选择"删除"命令效果 　　　图 5-33 调整应删除的区域

③ 单击"背景消除"选项卡中的"标记要保留的区域"，鼠标指针移动到图片上时会自动变成一支笔，单击图片中要保留的地方，则被单击的地方被标记为⊕，如图 5-34 所示。单击"背景消除"选项卡中的"标记要删除的区域"，鼠标指针移动到图片上时会

自动变成一支笔，单击图片中要删除的地方，则被单击的地方被标记为⊙，且被删除的部分变成紫色，如图 5-35 所示。当想要删除的背景部分都变成紫色时，如图 5-36 所示，单击图片工具"格式"选项卡中的"保留更改"选项，则图片的背景都被删除了。

 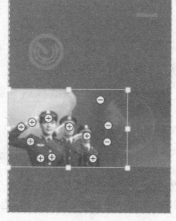 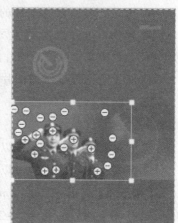

图 5-34　选择要保留的地方　　　图 5-35　选择要删除的地方　　　图 5-36　要删除的背景部分
都变成紫色

④ 选中图片，选择"调整"命令组中的"更正"命令，在"亮度/对比度"中选择"亮度为-20%、对比度为+20%"的效果，如图 5-37 所示。选择"艺术效果"命令，设置为"纹理化"效果，如图 5-38 所示。

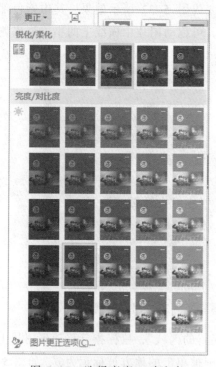 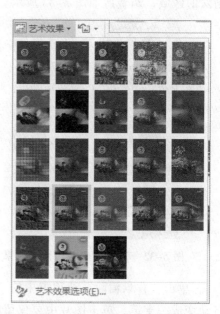

图 5-37　选择亮度、对比度　　　　　　　　　图 5-38　设置艺术字效果

⑤ 选中图片，单击"图片工具"|"格式"选项卡中的"裁剪"选项，则图片变成图 5-39 所示。把鼠标指针放在黑色短线上，则鼠标指针也变成黑色，此时拖动鼠标，则可以调整裁剪的范围，如图 5-40 所示。最后，单击"图片工具"|"格式"选项卡中的"裁剪"选项，则裁剪成功，如图 5-41 所示。

图 5-39 选择"裁剪"选项

图 5-40 调整裁剪范围

图 5-41 剪裁成功

⑥ 选中图片，单击"图片工具"|"格式"选项卡中"图片样式"下拉按钮，设置图片的样式为"映像棱台，黑色"样式。

5.5.4 形状的插入和编辑

1．形状的插入

单击"插入"选项卡，再单击"插入"命令组中的"形状"下拉按钮，选择想要插入的形状后，鼠标指针在编辑区会变成"+"，在编辑区中的任何位置单击，则可以插入所选的形状。

2．形状的编辑

当形状插入文稿后，在选项卡中就会自动添加"绘图工具"|"格式"选项卡，通过此选项卡，可以对形状进行编辑、调整。

- "插入形状"选项卡：可以插入形状，对形状的顶点进行编辑，给形状添加文本。如果同时选中两个连接在一起的形状，还可以对这两个图形进行联合、组合、拆分、相交、剪除。
- "形状样式"选项卡：可以对形状的样式进行设置，并编辑形状的填充、轮廓、效果。
- "艺术字样式"选项卡：可以对形状里添加的文字进行设置艺术字，并修改字体的填充、轮廓、效果。
- "排列"选项卡：可以设置形状的对齐方式、可以将多个形状进行组合，设置形状的旋转。
- "大小"选项卡：设置形状的高和宽的大小。

【例 5-9】打开"例 5-9.pptx"，在第三张幻灯片中添加图 5-42 所示的形状效果。

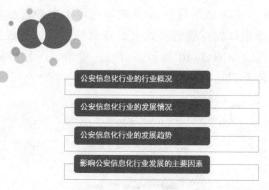

图 5-42　添加形状

操作步骤：

① 打开"例 5-9.pptx"，选中第三张幻灯片，单击"插入"选项卡"图像"命令组中的"形状"下拉功能，在显示的形状类型中选择"基本形状"中的"椭圆"。按住【Shift】键，在编辑区中画出一个圆形，并复制出一个圆形，使两个圆形相交。

② 选中一个圆形，按住【Ctrl】键再选中另一个圆形，则此时同时选中里面两个圆形。单击"绘图工具"|"格式"选项卡中的"插入形状"命令组中的"合并形状"按钮，选中"组合"选项，则两个圆组成的图形如图 5-43 所示。

③ 插入一个小圆形，单击"形状填充"功能，选择"渐变"，然后单击"其他渐变"，则在编辑区的右边会弹出"设置形状格式"窗格。在窗格中选择"渐变填充"，将"预设渐变"设置为"顶部聚光灯-着色 1"。选中第三个渐变光圈，将其透明度设置为 80%（见图 5-44），则可以将此圆形的第三个渐变填充设置为 80%透明。按照同样的方法，设置多个不同透明度的小圆形，如图 5-45 所示。

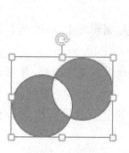

图 5-43　组合形状　　　　图 5-44　设置渐变填充　　　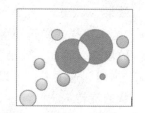

图 5-45　设置完成后的效果

④ 选中所有图形，单击"绘图工具"|"格式"中的"形状样式"命令组的"形状轮廓"，将其设置为"无轮廓"。

5.5.5 SmartArt 的插入和编辑

SmartArt 图形是信息和观点的视觉表示形式，使用 SmartArt 图形可以使内容更具有结构性，在 SmartArt 中，一般有 8 种类型，包括"列表""流程""循环""层次结构""关系""矩阵""棱锥图""图片"类型。

1. SmartArt 的插入

单击"插入"选项卡，再单击"插图"命令组中的"SmartArt"，在弹出的对话框中，单击左边的"全部""列表""流程""循环""层次结构""关系""矩阵""棱锥图"或"图片"，则在右边会出现相应的类型，单击选择想要的类型，则相应的 SmartArt 就添加到演示文稿中。

2. SmartArt 的编辑

添加 SmartArt 到演示文稿中后，选项卡中便会添加了"SmartArt 工具""设计"和"格式"命令组。

① "设计"命令组：可以对 SmartArt 进行创建、布局、更改颜色、设置 SmartArt 的样式等。

② "格式"命令组：可以设置 SmartArt 的形状，对 SmartArt 的填充、轮廓、效果进行设置，对 SmartArt 所添加的文本设置艺术字效果和文本效果，还可以设置 SmartArt 的排列和大小。

【例 5-10】打开"例 5-10.pptx"，为第 5 张幻灯片插入、编辑 SmartArt，效果如图 5-46 所示。

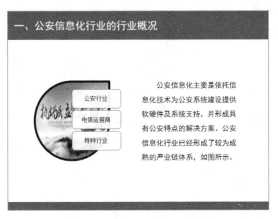

图 5-46　设置 SmartArt 结果

操作步骤：

① 选中第 5 张幻灯片，单击"插入"选项卡"插图"命令组中的"SmartArt"选项，在弹出的"选择 SmartArt 图形"对话框中选择"棱锥图"类型，然后选择"棱锥型列表"，单击"确定"按钮，如图 5-47 所示。

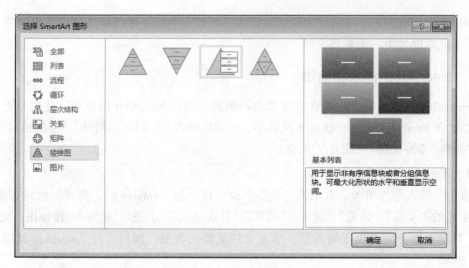

图 5-47 选择棱锥型列表

② 单击第一个文本输入框，输入文字"公安行业"，第二、第三个分别输入"电信运营商""特种行业"。选中第一个文本输入框，按住【Ctrl】键，同时选中第二、第三个文本输入框，单击"SmartArt 工具"|"格式"选项卡，设置"形状轮廓"主题颜色为"黑色，文字 1，淡色 35%"。

③ 选中编辑区中插入的 SmartArt 中三角形图形，单击"SmartArt 工具"|"格式"选项卡，在"形状"命令组中选择"更改形状"命令，在形状列表中选择"基本形状"中的"泪滴形"，则三角形就被换成了泪滴形的形状，如图 5-48 所示。单击"SmartArt工具"|"格式"选项卡，选择"形状填充"命令组中的"图片"填充，为泪滴形形状填充"1.jpg"图片，如图 5-49 所示。单击"SmartArt 工具"|"格式"选项卡中的"形状轮廓"命令，设置"粗细"为 6 磅，如图 5-50 所示。

图 5-48 设置背景图形

图 5-49 填充图片

图 5-50 设置形状轮廓

5.5.6 表格的插入和编辑

在演示文稿中，可以插入表格，以使数据具有可视化。

1. 表格的插入

表格的插入可通过"插入"选项卡中的"表格"命令组进行，有插入表格、绘制表格、Excel 电子表格三种插入方式。其中，添加"Excel 电子表格"可实现 Excel 表格中的部分功能，如对数据进行筛选、排序等，具体添加"Excel 电子表格"后的界面如图 5-51 所示。

图 5-51　添加 Excel 电子表格

2．表格的编辑

插入表格后，可通过"表格工具"的"设计""布局"选项卡来编辑表格。

【例 5-11】打开"例 5-11.pptx"，为第 6 张幻灯片插入表格，并编辑表格。

操作步骤：

① 选中第 6 张幻灯片，单击"插入"选项卡"表格"命令组中的"表格"，插入 4×8 的表格。在"表格工具"|"设计"选项卡中选择"表格样式"，设置为"中度样式 2-强调 4"样式。在表格中输入文字，效果如图 5-52 所示。

一、公安信息化行业的行业概况

　　根据工信部资料，按市场收入计，2014年我国软件和信息技术服务业实现软件业务收入3.70万亿元，同比增长20.20%。2009-2014年的复合年增长率达30.80%。对比强劲的历史增长情况，2014年的增长率略有回落，但未来有望维持稳健增长的态势。

2014年1-12月全国软件和信息技术服务业主要指标

指标名称	单位	2014年1月-12月完成	增速
企业个数	个	38695	——
软件业务收入	亿元	37235	20.20%
1.软件产品收入	亿元	11324	17.60%
2.信息系统集成政务收入	亿元	7679	18.20%
3.信息技术咨询服务收入	亿元	3841	22.50%
4.数据处理和存储服务收入	亿元	6834	22.10%
5.嵌入式系统软件收入	亿元	6457	24.30%
6.集成电路设计收入	亿元	1099	18.60%

图 5-52　设置表格样式并输入文字

② 选中表格，单击"表格工具"|"布局"选项卡，选择"对齐方式"为"居中"。把鼠标指针放在表格的列线上，使鼠标指针变成左右双向箭头，调整每列的列宽，使文字一行显示，效果如图 5-53 所示。

一、公安信息化行业的行业概况

根据工信部资料，按市场收入计，2014年我国软件和信息技术服务业实现软件业务收入3.70万亿元，同比增长20.20%。2009~2014年的复合年增长率达30.80%。对比强劲的历史增长情况，2014年的增长率略有回落，但未来有望维持稳健增长的态势。

2014年1-12月全国软件和信息技术服务业主要指标

指标名称	单位	2014年1月-12月完成	增速
企业个数	个	38695	——
软件业务收入	亿元	37235	20.20%
1.软件产品收入	亿元	11324	17.60%
2.信息系统集成政务收入	亿元	7679	18.20%
3.信息技术咨询服务收入	亿元	3841	22.50%
4.数据处理和存储服务收入	亿元	6834	22.10%
5.嵌入式系统软件收入	亿元	6457	24.30%
6.集成电路设计收入	亿元	1099	18.60%

图 5-53 调整每列的列宽

5.5.7 图表的插入和编辑

图表能将数据直观、形象地表现出来，表达准确，通俗易懂，而且设计比文字更具有艺术性。

1. 图表的插入

单击"插入"选项卡，在"插图"命令组中单击"图表"，在弹出的对话框中，单击左边的"最近""模板""柱形图""折线图""饼图""条形图"等，则在右边会出现相应的类型，单击选择想要的类型，则相应的图表就添加到演示文稿中。

2. 图表的编辑

图表插入后，演示文稿会嵌入一个表格，通过修改表格里的"类别"和"系列"，则可以修改图表的内容和数据。

另外，在选项卡中也会自动添加"图表工具"的"设计""格式"功能区，通过这两个功能区，可以设置、编辑图表。

【例 5-12】打开"例 5-12.pptx"，给第 7 张幻灯片插入图表，如图 5-54 所示。

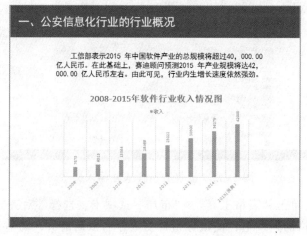

图 5-54 为幻灯片插入图表

操作步骤：

① 选中第 7 张幻灯片，单击"插入"选项卡"插图"命令组中的"图表"，在弹出的"插入图表"对话框中选择"柱形图"的"簇状柱形图"，单击"确定"按钮。则编辑区添加了"簇状柱形图"图表，且嵌套了 Excel 表格，如图 5-55 所示。

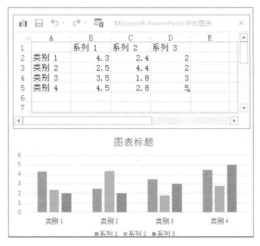

图 5-55 添加图表并镶嵌了 Excel 表格

② 选中 Excel 表格，在"类别"列单元格中输入图 5-56 所示的年份数据，在"系列 1"中输入图 5-56 所示的收入数据，选中"系列 2""系列 3"的内容，右击，在弹出的快捷菜单中选择"删除"，当 Excel 表格的数据处理完毕，编辑区中图表的数据也会相应改变，如图 5-57 所示。

③ 选中图表中上方部分的"收入"标题，单击文字"收入"，将标题改成"2008—2015 年软件行业收入情况图"。

④ 单击"图表工具""设计"选项卡中的"图表样式"，将图表设置成"样式 2"，如图 5-58 所示。

图 5-56 需要的数据

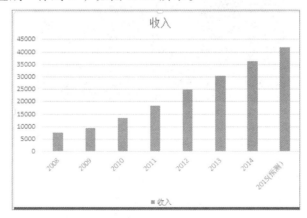

图 5-57 编辑区的图表

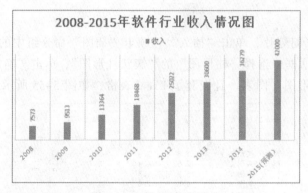

图 5-58　设置图片样式

5.5.8　视频的插入及编辑

1．视频的插入

单击"插入"选项卡，在"媒体"命令组中单击"视频"，在下拉列表中单击"PC上的视频"，在弹出的窗口中选择需要插入的视频，单击"插入"按钮，则可以插入视频。

2．视频的编辑

视频插入后，在选项卡中会添加"视频工具"的"格式""播放"命令组。通过设置这两个命令组，则可以对视频进行编辑。

【例 5-13】打开"例 5-13.pptx"，在第 8 张幻灯片插入视频，设置样式为"监视器，灰色"，并剪裁视频，设置播放时为全屏播放。

操作步骤：

① 选中第 8 张幻灯片，单击"插入"选项卡"媒体"命令组中的"视频"选项，在下拉列表中选择"PC 上的视频"，在弹出的窗口中选择需要插入的视频，单击"插入"，则可以在幻灯片中插入视频，如图 5-59 所示。

图 5-59　插入视频

② 选中编辑区中的视频窗口，单击"视频工具"｜"格式"选项卡中的"视频样式"下拉按钮，选择"监视器，灰色"样式，效果如图 5-60 所示。

图 5-60 设置视屏样式

③ 单击"视频工具"|"播放"选项卡中的"剪裁视频",在弹出的"剪裁视频"对话框中,把绿色的播放条移动到 00:09:755(或者在"开始时间"处设置为 00:09:755),把红色的播放条移动到 01:34:188(或者在"结束时间"处设置为 01:34:188),如图 5-61 所示,单击"确定"按钮,则可以裁剪视频播放的时间长度。

图 5-61 "剪裁视屏"对话框

④ 单击"视频工具"|"播放"选项卡,选中"全屏播放"复选框,则可以实现视频在播放时可以全屏播放。最后的效果如图 5-62 所示。

图 5-62　最终结果

5.5.9　音频的插入及编辑

1. 音频的插入

单击"插入"选项卡，在"媒体"命令组中单击"音频"，在下拉列表中选择"PC上的音频"或"录制音频"，在弹出的对话框中选择需要插入的音频，单击"插入"按钮，则可以插入音频。

2. 音频的编辑

音频插入后，在选项卡中会添加"音频工具"的"格式""播放"功能区。通过设置这两个功能区，则可以对音频进行编辑。

【例 5-14】打开"例 5-14.pptx"，给演示文稿添加音乐。

操作步骤：

① 选中第 1 张幻灯片，单击"插入"选项卡"媒体"命令组中的"音频"，在下拉列表中单击"PC上的音频"。在弹出的对话框中选择需要插入的音频，单击"插入"，则在幻灯片中显示了音频图标，如图 5-63 所示。

图 5-63　插图音频

② 选中音频图标，单击"音频工具"|"格式"选项卡中的"图片效果"功能，将音频图标设置为"发光"中的"蓝-灰，11pt 发光，着色 4"效果，效果如图 5-64 所示。

③ 单击"音频工具"|"播放"选项卡，将音频的播放时间设置为"自动"播放（即播放演示文稿后自动播放音乐），勾选"循环播放，直到停止""放映时隐藏"复选框，

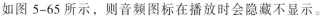

如图 5-65 所示，则音频图标在播放时会隐藏不显示。

图 5-64　设置音频图标

图 5-65　设置播放参数

5.5.10　添加超链接、页眉页脚、时间等辅助信息

1．给图片、形状等设置超链接

在演示文稿中，可以通过为图片、形状等设置超链接进行内容的跳转。

【例 5-15】打开"例 5-15.pptx"，给第 4 张幻灯片的图片设置超链接为"www.baidu.com"，给第 3 张幻灯片中的第 2 个输入框添加超链接到第 8 张幻灯片。

操作步骤：

① 选中第 4 张幻灯片，单击"插入"选项卡中的"超链接"功能，在弹出的"插入超链接"对话框里的"现有文件或网页"中的"地址"中输入"http://www.baidu.com"，单击"确定"按钮，如图 5-66 所示。

② 播放该幻灯片，把鼠标指针放在图片上，鼠标指针则变成手形，单点击该图片，则会自动链接到百度页面。

③ 选中第 3 张幻灯片的第 2 个文本框，右击，在弹出的快捷菜单中选择"超链接"命令，在弹出的"插入超链接"对话框中，单击"本文档中的位置"，在左边的幻灯片列表中选中"幻灯片 8"，则在幻灯片预览中显示链接的幻灯片，单击"确定"按钮，如图 5-67 所示。

当播放该幻灯片时，把鼠标指针放在该输入框上，鼠标指针则变成手形，单击该文本框，则会自动链接到相应的幻灯片。

另外，也可以按照此方法给按钮、形状设等置超链接，实现按钮、交互等跳转或超链接。

图 5-66　"插入超链接"对话框 1

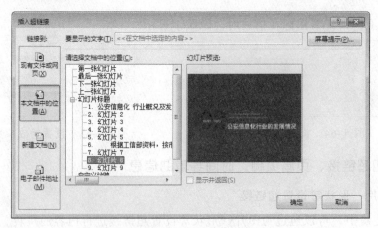

图 5-67 "插入超链接"对话框 2

2．添加页眉页脚

如果要给演示文稿添加页码，则可以选择"插入"选项卡"文本"组中的"页眉页脚"选项，在对话框中勾选"幻灯片编号"。

【例 5-16】 打开"例 5-16.pptx"，为演示文稿设置页码，首页幻灯片不显示页码。

操作步骤：

在"插入"选项卡中，单击"文本"命令组中的"页眉页脚"或"幻灯片编号"选项，在对话框中勾选"幻灯片编号"复选框，并勾选"标题幻灯片不显示"复选框，单击"全部应用"按钮，如图 5-68 所示，则在演示文稿中添加了页码。单击"设计"选项卡，选择"幻灯片大小"中的"自定义大小"，在弹出的"幻灯片大小"对话框中设置幻灯片编号起始值为"0"，单击"确定"按钮。

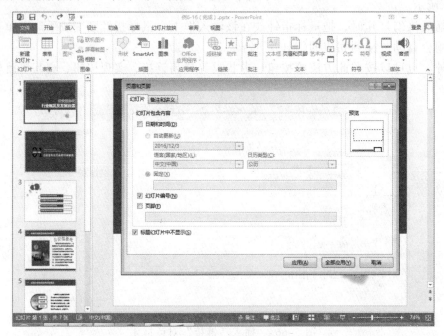

图 5-68 在演示文稿中添加页码

5.6 设置幻灯片的动画效果

设计动画效果包括两部分：一是设置幻灯片的切换效果，二是给幻灯片中的某个对象设置动画效果。

5.6.1 设置幻灯片的切换效果

切换效果是幻灯片的动画效果，决定了放映时新幻灯片的进入方式，即在放映时，从幻灯片 A 到幻灯片 B，幻灯片 B 以何种方式显示。演示文稿中的"切换"选项卡可以为幻灯片添加切换效果，并对切换效果（声音、时间、方式等）进行设置。

【例 5-17】打开"例 5-17.pptx"，给整个演示文稿设置幻灯片的切换方式为"闪耀"，效果为"从右侧闪耀的六边形"，且切换时的声音为"风铃"，切换过程的持续时间为 1 秒，且设置前后两张幻灯片的自动换片时间为 6 秒。

操作过程：

① 打开"例 5-17.pptx"，选中"切换"选项卡，单击"切换到此幻灯片"中的下拉按钮，在显示出来的方式中选择"闪耀"方式（见图 5-69），单击"效果选项"功能，设置切换效果为"从右侧闪耀的六边形"（见图 5-70）。

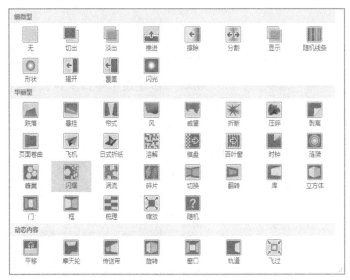

图 5-69 选择"闪耀"切换方式

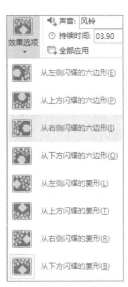

图 5-70 设置切换效果

② 单击"切换"选项卡"计时"命令组中的"声音"选项，设置切换声音为"风铃"，设置切换过程的持续时间为 01.00 秒，并勾选"设置自动换片时间"复选框，设置为 00:05.00 秒，如图 5-71 所示。单击"全部应用"按钮，将刚才的切换、效果、计时设置应用于整个文稿。

图 5-71 设置切换声音

5.6.2 给幻灯片中的对象设置动画效果

1．给幻灯片中的某个对象添加动画

演示文稿提供"进入""强调""退出""动作路径"四种动画效果，可以给文本框、形状、图片、SmartArt 表格、图表等对象添加一种或多种动画效果。

2．设置动画效果

在为对象添加动画后，按照默认参数运行的动画效果往往无法使用户满意，此时可以对动画进行设置，如设置动画开始播放的时间、调整动画速度以及更改动画效果等。

【例 5-18】打开"例 5-18.pptx"，给第 4 张幻灯片添加动画效果。

操作步骤：

① 选中第四张幻灯片中要添加动画的对象"公安信息化"艺术字，单击"动画"选项卡，在"动画"命令组单击下拉按钮，在列表中选择"进入"类型的"擦除"效果。单击"效果选项"，设置为"自左侧"擦除。在计时功能区中设置"开始"时间为"单击时"，该动画的"持续时间"设置为 02:00 秒，如图 5-72 所示。

图 5-72 设置动画进入效果

② 选中钢笔图片，单击"动画"选项卡，在"动画"命令组中单击下拉按钮，在列表中选择"其他动作路径"，在弹出的对话框中选择"弯弯曲曲"效果，单击"确定"按钮。

③ 选中钢笔图片，单击"动画"选项卡中的"开始"选项，设置为"与上一动画同时"（即此动画开始时间与"公安信息化"艺术字动画开始的时间同时），"持续时间"设置为 02:00 秒，如图 5-73 所示，则就实现了用钢笔书写"公安信息化"艺术字的动画效果。

图 5-73 实现用钢笔书写艺术字的动画效果

④ 选中第 4 张幻灯片的文本框，单击"动画"选项卡，在"动画"命令组中单击下拉按钮，在列表中选择"进入"类型的"淡出"效果。在"计时"命令组中设置"开始"为"上一动画之后"，持续时间为 00.50 秒。单击"高级动画"命令组的"动画窗格"，则在编辑区右侧会出现"动画窗格"窗格，选择该窗格动画效果列表中的"随着经济全球…"动画，右击，在弹出快捷菜单中选择"效果选项"后，在"淡出"对话框中的效果选项卡单击"动画文本"，选择"按字母"，单击"确定"按钮，如图 5-74 所示，则使该文本框实现字幕呈现的动画效果。

图 5-74　"淡出"对话框

⑤　给文本框设置了一个动画效果后，单击"添加动画"选项，则可以实现对这个文本框再添加动画效果。选中文本框，单击"添加动画"选项，在列表中选择"退出"类型后，在"动画"命令组中单击下拉按钮，在列表中选择"退出"类型的"收缩并旋转"效果。在"计时"功能区设置开始时间为"上一动画之后"，持续时间为 01.00 秒，并设置该动画效果的开始时间距离上一动画效果（即文本呈字幕显示效果）结束后延迟 02.00 秒进行，如图 5-75 所示。

图 5-75　设置持续和延迟时间

5.7　幻灯片的放映、打印

制作好 PPT 后，就可以通过放映功能来播放演示文稿的内容，播放演示文稿时，可以设置幻灯片的放映方式，来达到用户想要的效果。

在"幻灯片放映"选项卡中，有"开始放映幻灯片""设置""监听器"三个命令组。

①　"开始放映幻灯片"命令组："从头开始"是指从第一张幻灯片开始播放，快捷键是【F5】；"从当前幻灯片开始"是指从当前选中的幻灯片开始进行播放，快捷键是【Shift+F5】；"自定义幻灯片放映"是指按照自定义放映幻灯片的顺序来进行播放。

②　"设置"命令组：

- 设置幻灯片放映：单击此选项，则弹出对话框，放映类型包括三种：由演讲者一边讲解一边放映幻灯片，称为"演讲者放映"；由观众自己动手使用计算机观看幻灯片，称为"观众自行浏览"；让多媒体报告自动放映，不需要演讲者操作，称为"在展台浏览"。
- 隐藏幻灯片：如果不想要播放某张幻灯片，可单击此功能将其隐藏。
- 排练计时：利用 PowerPoint 2013 的排练计时功能，演示者可在准备演示文稿的同时，通过排练来确定适当的放映时间。
- 录制幻灯片演示：可将演示文稿的播放过程进行录制，录制完毕后，可以将其创建为视频格式。选择"文件"→"另存为"命令，选择存储位置，这里可以选择"计算机"，然后单击"浏览"选择某位置，会打开"另存为"对话框，文件类型选择视频格式，如 mp4 格式。最后单击"保存"来生成视频。

③"监听器"命令组：用于双屏播放，可以采用 PPT 的"演示者视图"功能，实现分屏显示，如：自己的计算机屏幕显示备注栏信息，而投影仪则显示正常的 PPT 页面（没有备注）。

5.7.1 自定义幻灯片放映

用户可以从头到尾按顺序播放幻灯片，也可以通过设置自定义幻灯片放映来调整每张幻灯片的播放顺序。

【例 5-19】将演示文稿的放映顺序自定义为幻灯片 1，3，2，6，7，5，4；幻灯片放映名称为"观众演示"。

操作步骤：

打开"例 5-19.pptx"，选择"幻灯片放映"选项卡"开始放映幻灯片命令组中"的"自定义幻灯片放映"选项，在弹出的"自定义放映"对话框中单击"新建（"按钮，则弹出"定义自定义放映"对话框。在此对话框里的"幻灯片放映名称"的文本框中输入名称"观众演示"，然后在左边的"在演示文稿中的幻灯片："列表中勾选第一张幻灯片"1.公安信息化行业概况及发展前景"，单击"添加"按钮，则右边的列表中则添加了一张自定义放映的幻灯片。用同样的操作依次把左边的第 3，2，6，7，5，4 张幻灯片添加到右边的列表中，如图 5-76 所示。单击"确定"按钮，则生成了"观众演示"自定义放映。

当设置好自定义放映后，单击"幻灯片放映"选项卡的"自定义幻灯片放映"，选择"观众演示"命令，则可以实现此文稿的自定义放映。

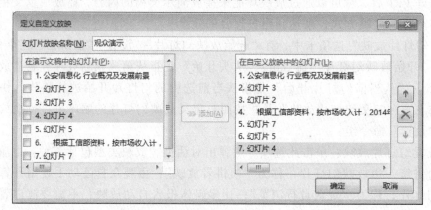

图 5-76 "定义自定义放映"对话框

5.7.2 演示文稿打印

制作好演示文稿后，我们可将其打印出来，将多张幻灯片打印在一张纸上。

【例 5-20】打开"例 5-20.pptx"，将第 5～8 页的幻灯片打印在一张纸上。

操作步骤：

打开"例 5-20.pptx"，单击"文件"选项卡，选择"打印"命令，在"设置"中把幻灯片的打印范围设置为"自定义范围"，在"幻灯片："文本框中输入"5-8"，并设置为"4 张水平放置的幻灯片"，把打印方向设置为"纵向"，如图 5-77 所示。如果计算机与打印机已连接，则单击"打印"按钮就可以将文稿打印出来。

图 5-77　进行打印设置

📚 本 章 小 结

一套完整的 PPT 文件一般包含：片头动画、PPT 封面、前言、目录、过渡页、图表页、图片页、文字页、封底、片尾动画等。所采用的素材有：文字、图片、图表、动画、声音、影片等。当然，每个人设计的要求和演示的环境不同，PPT 的设计也会有所不同，利用 PowerPoint 可以创建集文字、图像、音频和视频于一体的演示文稿，让演示具有可视化。一个 PPT 作品包括设计和制作。设计包括演示内容的设计；版面、布局的设计；色彩的搭配；背景、主题、母版的设计等。而制作包括对文本框、形状、图片、SmartArt 表格、图表、视频、音频的制作，也包括幻灯片切换方式、动画效果的设置、幻灯片的放映方式等制作。

课后习题

选择题

1. 在幻灯片中，针对不同类型多个对象间相互位置的设计称为（　　）。
   A. 模板设计　　　　B. 版式设计　　　　C. 配色方案　　　　D. 动画方案

2. 直接启动 PowerPoint 新制作一个演示文稿，标题栏默认显示文件名称为"演示文稿 1"，当执行"文件"菜单的"保存"命令后，会（　　）。
   A. 直接保存"演示文稿 1"并退出 PowerPoint
   B. 弹出"另存为"对话框，供进一步操作
   C. 自动以"演示文稿 1"为名存盘，继续编辑
   D. 弹出"保存"对话框，供进一步操作

3. 要对幻灯片母版进行设计和修改时，应在（　　）选项卡中操作。
   A. 设计　　　　　　B. 审阅　　　　　　C. 插入　　　　　　D. 视图

4. 要对幻灯片进行保存、打开、新建、打印等操作时，应在（　　）选项卡中操作。
   A. 文件　　　　　　B. 开始　　　　　　C. 设计　　　　　　D. 审阅

5. 要在幻灯片中插入表格、图片、艺术字、视频、音频等元素时，（　　）选项卡中操作。
   A. 文件　　　　　　B. 开始　　　　　　C. 插入　　　　　　D. 设计

6. 按住（　　）键可以选择多张不连续的幻灯片。
   A. Shift　　　　　　B. Ctrl　　　　　　C. Alt　　　　　　D. Ctrl+Shift

7. 光标位于幻灯片窗格中时，单击"开始"选项卡的"幻灯片"组中的"新建幻灯片"按钮，插入的新幻灯片位于（　　）。
   A. 当前幻灯片之前　　　　　　　　　B. 当前幻灯片之后
   C. 文档的最前面　　　　　　　　　　D. 文档的最后面

8. 幻灯片的版式是由（　　）组成的。
   A. 文本框　　　　　B. 表格　　　　　　C. 图标　　　　　　D. 占位符

9. 单击"表格工具"|"布局"选项卡"合并"命令组中的（　　）按钮，可以将一个单元格变为两个。
   A. 绘制表格　　　　B. 框线　　　　　　C. 合并单元格　　　D. 拆分单元格

10. PowerPoint 中，主要的编辑视图是（　　）。
    A. 幻灯片浏览视图　　　　　　　　　B. 普通视图
    C. 幻灯片放映视图　　　　　　　　　D. 备注视图

11. 在 PowerPoint 中插入的页眉和页脚，下列说法中正确的是（　　）。
    A. 不能插入时间　　　　　　　　　　B. 每一页幻灯片上都必须显示
    C. 其中的内容不能是日期　　　　　　D. 插入的日期和时间可以更新

12. 在 PowerPoint 编辑中，想要在每张幻灯片相同的位置插入某个学校的校标，最好的设置方法是在幻灯片的（　　）中进行。
    A. 普通视图　　　　B. 浏览视图　　　　C. 母版视图　　　　D. 备注视图

13. PowerPoint 关于超链接的说法错误的是（   ）。

    A. 可以在文本上建立超链接

    B. 可以在图片上建立超链接

    C. 当单击超链接时，它就可以转向这个地址所指向的位置

    D. 增删、调换幻灯片页面后，不需要修正相关的超链接

14. PowerPoint 中，如果想要把文字插入到某个位置，正确的操作是（   ）。

    A. 单击"插入"，选择"文本框"，"确定"幻灯片工作区域内位置，"单击"，"呈现"文本框，再"录入"文字

    B. 单击菜单栏中插入按扭

    C. 单击菜单栏中粘贴按钮

    D. 单击菜单栏中新建按钮

15. 在删除图片背景，进行哪一项操作？（   ）

    A. 图片工具的"格式"—调整—删除背景

    B. 图片工具的"格式"—调整—颜色

    C. 图片工具的"格式"—调整—艺术效果

    D. 图片工具的"格式"—调整—更正

16. 图片、文字的动画从（   ）改变动画先后出现的顺序。

    A. 添加动画   B. 动画窗格   C. 动画效果   D. 持续时间

17. 幻灯片之间的切换从（   ）改变运动方向。

    A. 换片方式   B. 全部应用   C. 效果选项   D. 持续时间。

18. 在幻灯片中插入视频的操作是（   ）。

    A. 插入—图像   B. 插入—插图

    C. 插入—媒体—视频—PC上的视频   D. 插入—文本

19. 不属于演示文稿的放映方式的是（   ）。

    A. 演讲者放映   B. 观众自行浏览

    C. 在展台浏览   D. 定时浏览

20. 从头播放幻灯片文稿时，需要跳过第5～9张幻灯片接续播放，可以设置（   ）。

    A. 隐藏幻灯片   B. 设置幻灯片版式

    C. 幻灯片切换方式   D. 删除5～9张幻灯片

第6章

数据库基础及应用 ‹‹‹

引言

数据库指的是以一定方式储存在一起、能为多个用户共享、具有尽可能小的冗余度、与应用程序彼此独立的数据集合。数据库系统是带有数据库的计算机应用系统。数据库系统在社会各个领域得到了广泛的应用。

教学目标

通过对本章内容的学习，学生应该能够做到：

（1）了解：数据库的基本概念。

（2）理解：关系数据库及数据组成。

（3）应用：掌握 SQL Sever 数据库的基本操作，并能够在实践中灵活运用。

教学重点和难点

（1）关系数据库及数据组织。

（2）关系数据库的规范化。

（3）数据库查询基础应用。

6.1 数据库基础知识

6.1.1 数据库基本概念

在学习数据库知识之前，应先了解数据库领域中的一些最基本的概念，它们是掌握数据库知识的基础。这些基本概念有数据（Data）、数据库（DataBase）、数据库管理系统（DBMS）和数据库系统（DataBase System）。

1. 数据

数据（Data）是数据库中存储的基本对象，也是最终用户操作的基本对象。数据是对现实世界事物的一种描述；在计算机领域中数据是一个广义的概念，如文字、图形、图像及声音等都属于数据范畴，它们都是经过数字化处理后存入计算机的。

2. 数据库

数据库（DataBase，DB）可以简单地理解为"存放数据的仓库"，这个仓库存放的数据是有联系的，且是按照规定数据结构来组织的，并且有特定的人来管理。

3. 数据库管理系统

数据库管理系统（DataBase Management System，DBMS）是位于用户与操作系统之间的一个数据管理软件。它的主要功能包括以下几个方面。

（1）语言处理功能

DBMS 给用户提供数据描述语言（Data Description Language，DDL）和数据操纵语言（Data Manipulation Language，DML），前者是支持用户对数据库、数据表、视图和索引等的定义，后者是提供对数据库的基本操作。

（2）系统运行控制功能

这是数据库的核心功能，包括系统总控制程序，并发、数据安全性及数据完整性等控制程序，数据访问程序，数据通信程序。所有数据库的操作都要在这些控制程序的统一管理下进行，以保证数据的安全性、完整性及多个用户对数据库的并发使用。

（3）系统维护功能

这一部分功能包括数据装入程序、性能监督程序、系统恢复程序、重新组织程序及系统工作日志等。

用户一般不能直接加工或使用数据库中的数据，而必须通过数据库管理系统。通过使用 DBMS，用户可以逻辑地、抽象地处理数据，不必关心这些数据在计算机中的存放方式以及计算机处理数据的过程细节，可以把一切处理数据的具体而繁杂的工作交给 DBMS 去完成。

（4）数据库系统

数据库系统（DataBase System，DBS）通常是指带有数据库的计算机应用系统。数据库系统一般由数据库，计算机软、硬件以及系统人员和用户等组成：

① 数据库（DataBase，DB）是指长期存储在计算机内的，为满足某部门各种用户的多种应用需要，在计算机系统中按照一定数据模型组织、存储和使用的互相关联的数据集合。

② 硬件：构成计算机系统的各种物理设备，包括存储所需的外围设备。硬件的配置应满足整个数据库系统的需要。

③ 软件：包括操作系统、数据库管理系统及应用程序。

④ 人员：主要有 4 类。第一类为系统分析员和数据库设计人员：系统分析员负责应用系统的需求分析和规范说明，他们和用户及数据库管理员一起确定系统的硬件配置，并参与数据库系统的概要设计。数据库设计人员负责数据库中数据的确定、数据库各级模式的设计。第二类为应用程序员，负责编写使用数据库的应用程序。这些应用程序可对数据进行检索、建立、删除或修改。第三类为最终用户，他们利用系统的接口或查询语言访问数据库。第四类用户是数据库管理员（DataBase Administrator，DBA），负责数据库的总体信息控制。DBA 的具体职责包括：具体数据库中的信息内容和结构，决定数据库的存储结构和存取策略，定义数据库的安全性要求和完整性约束条件，监控数据库的使用和运行，负责数据库的性能改进、数据库的重组和重构，以提高系统的性能。

6.1.2 关系数据库及数据组织

1. 数据模型

人们常以模型来刻画现实世界中的实际事物，如地图、沙盘与航模等就是描述具体实物的模型，它会使人们联想到真实生活中的事物。同样，人们也可以用抽象的模型来描述事物及事物运动的规律。数据模型是对客观事物及其联系的数据描述，是实体联系模型的数据化。数据库设计的核心问题之一就是要设计一个好的数据模型。

数据库领域中，最常见的数据模型主要有如下 3 种。

- 层次模型（Hierachical Model）。
- 网状模型（Network Model）。
- 关系模型（Relationship Model）。

层次模型和网状模型统称为非关系模型，它是按照图论中图的观点来研究和表示的数据模型。其中用有根定向有序树来描述记录间的逻辑关系的模型，称为层次模型；用有向图来表示的，称为网状数据模型。

（1）层次模型

层次模型是数据库系统中最常用的数据模型之一，它属于格式化数据模型。若用图来表示，层次模型是一棵倒立的树。在数据库中，满足以下两个条件的数据模型称为层次模型。

① 有且仅有一个结点无双亲，这个结点称为根结点。

② 其他结点有且仅有一个双亲。

在层次模型中，结点的层次从根开始定义，根为第一层，根的子结点为第二层，结点相对的被称为其子结点的是双亲结点，同一双亲的子结点互称为兄弟结点，没有子结点的称叶结点。图 6-1 所示为层次模型的示意图。R_1 是根，R_2 和 R_3 是 R_1 的子结点，因此是兄弟结点，R_2、R_4 和 R_5 是叶结点。

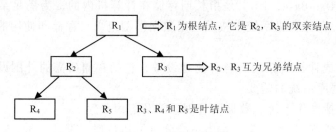

图 6-1　层次模型

美国 IBM 公司 1969 年研制成功的 IMS 数据库管理系统，就是这种模型的典型代表。

（2）网状模型

若用图来表示，网状模型是一个网络模型。在数据库中，将满足下列两个条件的数据模型称为网状模型。

① 允许有一个以上的子结点或双亲结点。

② 一个结点可以有一个或多个双亲结点。

在网状模型中，由于子结点与双亲结点的联系不是唯一的，因此，网络中的每个联系都要命名以示区别，并指出与该联系有关的双亲结点和子结点。图 6-2 给出了一个抽象的网状模型。

在图 6-2 中，R_1 和 R_4 之间有两种联系，分别命名为 L_1、L_4；R_1、R_2 无双亲结点，而 R_3 和 R_5 有两个

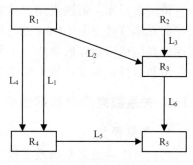

图 6-2　网状模型

双亲结点。

DBTG 系统是网状模型的代表，这种模型能够表示实体间的多种复杂联系，因此能取代任何层次结构的系统。这种取代并非总是有利的，要视具体情况而定。

网状数据库采用网状模型作为数据的组织方式，它的典型代表是 CODASYL 系统。这是 20 世纪 70 年代，美国的数据系统语言研究会（CODASYL）下属的数据库任务组（DataBase Task Group，DBTG）提出的一个系统方案报告，又称为 DBTG 报告。很多的网状数据库管理系统的设计是遵守 DBTG 报告的。

数据库技术的发展历程说明，层次数据库是数据库应用的先驱，而网状数据库则对数据库的概念、方法和技术进行了较全面的发展。它们是数据库技术中研究最早的两种类型的数据库。但随着数据库的应用需求日益广泛，基于层次模型、网状模型的 DBMS 存在着各自的缺点：

① 随着应用规模的扩大，数据库的结构变得越来越复杂，不利于最终用户的掌握。

② 操作复杂。用户在编写应用程序时要给数据选择适当的存取路径，为此还需了解系统的结构，使应用程序的编写增加了复杂度。

（3）关系模型

关系模型中数据的逻辑结构是二维表，如表 6-1 所示。

表 6-1　商品销售表（关系）

商品代码	商品名	产地	价格（元）	数量
sp1001	钢琴	德国	12 000	3
sp1002	小提琴	法国	680	10
sp2001	大提琴	意大利	500	6
sp2002	古筝	中国	1 500	2
sp3001	二胡	中国	380	20

关系模型的主要术语如下：

- 关系：实际上就是一张二维表，是元组的集合（一个表由若干个记录组成），如表 6-1 所示。
- 关系模式：是对关系结构的描述，一般表示为：

关系名（属性 1，属性 2，属性 3，…，属性 n）

表 6-1 的关系模式表示为商品销售表（商品代码，商品名，产地，价格，数量）

- 元组（记录）：表格中每一行称作一个元组，也称为记录。
- 属性：二维表中的列，也称为字段。
- 域：属性的取值范围。
- 候选键：若关系中某一属性组的值能唯一地标识一个元组，则这个属性组为候选键。
- 主键：若一个关系中有多个候选键（码），则选其中一个为关系的主键（码）。
- 外键：若一个关系 R 中包含有另一个关系 S 的主键所对应的属性组 F，则称 F 为 R 的外键。并称关系 S 为参照关系，关系 R 为依赖关系。

关系模型的主要特点为：

- 同一列中的分量的类型相同，且分量是不可再分的。
- 列的顺序可以是任意的。
- 表的每一行是一个记录，表中的任意两行不能完全相同。
- 行的顺序可以是任意的。
- 二维表是数据库的基本组织单位。

2．关系数据库

关系数据库系统是支持关系模型的数据库系统。它是以二维表形式组织数据，应用数学方法处理数据库组织的方法。自 1970 年美国 IBM 公司的 E.F.Codd 提出后，以其简明的结构和严密的理论基础，吸引了大批计算机专家投身于关系理论的研究。20 世纪 70 年代以及 80 年代前期，关系数据库的研究得到了突飞猛进的发展。关系数据库是目前应用最广泛，也是最重要、最流行的数据库。

（1）关系模型的组成

关系模型是关系数据库的基础。关系数据库中全部数据及其相互联系都被组织成关系（即二维表格）的形式。关系模型由关系数据结构、关系操作集合和关系完整性约束三部分组成。

① 关系数据结构。关系模型的基本的数据结构是关系。关系模型的数据结构非常简单，只包含单一的数据结构——关系。关系有三种类型：

- 基本关系（基本表或者基表）：是实际存在的表，是实际储存数据的逻辑表示。
- 查询表：是查询结果对应的表。
- 视图表：是由基本表或者其他视图表导出的表，是虚表。

② 关系操作集合。关系模型中常用的关系操作包括查询操作和插入、删除、修改操作两大部分。关系的查询表达能力很强，是关系操作中最主要的部分。查询操作可以分为：选择、投影、连接、除、并、差、交、笛卡儿积等。其中，选择、投影、并、差、笛卡儿积是五种基本操作。

关系数据库中的核心内容是关系，即二维表。而对这样一张表的使用主要包括按照某些条件获取相应行、列的内容，或者通过表之间的联系获取两张表或多张表相应的行、列内容。概括起来关系操作包括选择、投影、连接操作。关系操作其操作对象是关系，操作结果亦为关系。

- 选择（Selection）操作是指在关系中选择满足某些条件的元组（行）。
- 投影（Projection）操作是在关系中选择若干属性列组成新的关系。投影之后不仅取消了原关系中的某些列，而且还可能取消某些元组，这是因为取消了某些属性列后，可能出现重复的行，应该取消这些完全相同的行。
- 连接（Join）操作是将不同的两个关系连接成为一个关系。对两个关系的连接其结果是一个包含原关系所有列的新关系。新关系中属性的名字是原有关系属性名加上原有关系名作为前缀。这种命名方法保证了新关系中属性名的唯一性，尽管原有不同关系中的属性可能是同名的。新关系中的元组是通过连接原有关系的元组而得到的。

其他操作是可以用基本操作来定义和导出的。

③ 关系完整性约束。关系完整性是为保证数据库中数据的正确性和相容性，对关系模型提出的某种约束条件或规则。完整性通常包括域完整性、实体完整性、参照完整性和用户定义完整性。其中域完整性、实体完整性和参照完整性，是关系模型必须满足的完整性约束条件。

- 域完整性是保证数据库字段取值的合理性。属性值应是域中的值，这是关系模式规定的。除此之外，一个属性能否为 NULL，这是由语义决定的，也是域完整性约束的主要内容。域完整性约束（Integrity Constrains）是最简单、最基本的约束。在当今的关系 DBMS 中，一般都有域完整性约束检查功能。包括检查（CHECK）、默认值（DEFAULT）、不为空（NOT NULL）、外键（FOREIGN KEY）等约束。

- 实体完整性（Entity integrity）是指关系的主关键字不能重复也不能取"空值"。一个关系对应现实世界中一个实体集。现实世界中的实体是可以相互区分、识别的，也即它们应具有某种唯一性标识。在关系模式中，以主关键字作为唯一性标识，而主关键字中的属性（称为主属性）不能取空值，否则，表明关系模式中存在着不可标识的实体（因空值是"不确定"的），这与现实世界的实际情况相矛盾，这样的实体就不是一个完整实体。按实体完整性规则要求，主属性不得取空值，如主关键字是多个属性的组合，则所有主属性均不得取空值。如表 6-1 将商品代码作为主关键字，那么，该列不得有空值，否则无法对应某个具体的商品，这样的表格不完整，对应关系不符合实体完整性规则的约束条件。

- 参照完整性（Referential Integrity）是定义建立关系之间联系的主关键字与外部关键字引用的约束条件。关系数据库中通常都包含多个存在相互联系的关系，关系与关系之间的联系是通过公共属性来实现的。所谓公共属性，它是一个关系 R（称为被参照关系或目标关系）的主关键字，同时又是另一关系 K（称为参照关系）的外部关键字。如果参照关系 K 中外部关键字的取值，要么与被参照关系 R 中某元组主关键字的值相同，要么取空值，那么，在这两个关系间建立关联的主关键字和外部关键字引用，符合参照完整性规则要求。如果参照关系 K 的外部关键字也是其主关键字，根据实体完整性要求，主关键字不得取空值，因此，参照关系 K 外部关键字的取值实际上只能取相应被参照关系 R 中已经存在的主关键字值。在关系数据库系统中，用户只要给出一对参照关系和被参照关系，并给出参照关系中的外码，则 DBMS 会自动进行参照完整性规则的检查。当发现违反该规则的外码数据时将显示错误信息，要求用户予以纠正。

【例 6-1】设有图书销售的 5 个关系：

操作员信息（操作员账号，姓名，密码，注销）

图书销售（流水号，操作员账号，总金额，销售日期）

图书入库（流水号，操作员账号，书号，书名，入库时间，入库价，单价，数量）

图书库存（书号，书名，出版社，作者，单价，数量，折扣）

其中操作员账号是操作员信息关系的主键，是图书销售关系及图书入库关系的外键。书号是图书库存关系的主键，是图书入库关系和图书销售明细关系的外键。

- 用户定义的完整性（User-defined Integrity）就是针对某一具体关系数据库的约束条件，它反映某一具体应用所涉及的数据必须满足的语义要求，包括对每个关系每个属性的取值限制的具体定义。例如学生成绩应该大于或等于 0，职工工龄应小于年龄等。关系模型应提供定义和检验这类完整性的机制，以便用统一的、系统的方法处理它们，而不要由应用程序承担这一功能。

（2）关系数据库的特点

关系型数据库通过提供良好性能和灵活的存储功能，将平面文件型数据库和层次型数据库的优点结合起来。由于不同的表能用唯一的值联系起来，因此在开发新数据库时，关系模型变得越来越流行。关系数据库系统有如下特点：

- 数据库中的全部数据及其相互联系都被组织成关系，即二维表的形式。关系模型中单一的数据结构类型——关系，具有简明性和精确性的特点。各类用户都能很容易地掌握和应用基于关系模型的数据库系统，使数据库应用开发的生产率显著提高。
- 关系数据库系统提供一种完备的高级关系运算，支持对数据库的各种操作。关系模型的逻辑结构和相应的操作完全独立于数据存储方式，具有高度的数据独立性，应用程序完全不必关心物理存储细节。
- 关系模型有严格的数学理论，使数据库的研究建立在比较坚实的数学基础上。关系设计规范化等理论为数据库技术的成熟奠定了基础。

6.1.3　关系数据库的规范化

关系数据库由相互联系的一组关系组成。每个关系包括关系模式和关系值两个方面。一个关系包括很多元组，每个元组是符合关系模式结构的一个具体值，并且都分属于相应的属性。关系必须规范化，即关系模型中的每一个关系模式都必须满足一定的要求，从而使之达到一定的规范化程度，提高数据的结构化、共享性、一致性和可操作性。

关系数据库的规范化设计理论主要包括 3 方面的内容：函数依赖，范式（Normal Form）和模式设计方法。函数依赖在此起着核心的作用。本部分重点讨论函数依赖的概念，再介绍规范化和范式的概念，最后介绍关系模式的分解，为数据库的设计准备一定的基本理论基础。

1. 函数依赖

函数依赖是从数学角度来定义的，在关系中用来刻画关系各属性之间相互制约而又相互依赖的情况。在一个关系中，属性相当于数学上的变量，属性的域相当于变量的取值范围，属性在一个元组上的取值相当于属性变量的当前值。元组中一个属性或一些属性值对另一个属性值的影响相当于自变量值对函数值的影响。

关系理论中函数依赖是指关系中属性间的对应关系。如关系中对于属性（组）X 的每一个值，属性（组）Y 只有唯一的值与之对应，则称 Y 函数依赖于 X，或称 X 函数决定 Y，记为 $X \to Y$。其中，X 称为决定因素。$X \to Y$ 为模式 R 的一个函数依赖。

【例 6-2】设有一个职工关系（职工编号，姓名，性别，所在部门），职工编号是关系的主键。对于该关系中的每一个职工的职工编号，都对应着姓名属性中的唯一值，即该职工的姓名。也就是说，一个职工的姓名由他的职工编号唯一确定，所以称职工编号函数决定姓名，或者称姓名函数依赖于职工编号，记作：职工编号→姓名，职工编号为该函数依赖的决定因素。同理，职工编号决定性别、所在部门等属性，分别记作：职工编号→性别，职工编号→所在部门。

在一个关系中，可分析出许多依赖关系，但存在依赖程度的不同。函数依赖可区分为完全依赖、部分依赖和传递依赖 3 类。

（1）完全函数依赖

若 X，Y 是关系 R 中属性（组），Y 函数依赖 X（$X \to Y$）但 Y 函数不依赖 X 的任一真子集，则称 Y 完全函数依赖于 X，记作 $X \xrightarrow{F} Y$。

【例6-3】在职工关系（职工编号，姓名，性别，所在部门）中，职工编号同其他每个属性之间的函数依赖都是完全函数依赖，即：

职工编号 $\xrightarrow{F}$ 姓名，职工编号 $\xrightarrow{F}$ 性别，职工编号 $\xrightarrow{F}$ 所在部门。

因为职工编号不可能再包含其他的任何属性，也不可能存在真子集函数决定其他每一个属性的情况。

（2）部分函数依赖

若 X，Y 为关系 R 中的属性（组），如 Y 函数依赖 X（$X \to Y$），且 X 中存在真子集 X'（$X' \neq X$，且 $X' \subset X$），满足 Y 函数依赖 X'（$X' \to Y$），则称 Y 部分函数依赖于 X，记作 $X \xrightarrow{P} Y$。

【例6-4】职工关系（职工编号，姓名，性别，所在部门）中，属性组（职工编号，性别）的值能够决定相应职工所在的部门，但其真子集中的职工编号也能函数决定所在部门，所以所在部门部分函数依赖于（职工编号，性别）。

（3）传递函数依赖

设 X，Y，Z 是关系 R（U）的属性集上的子集，其中 Y 函数依赖 X（$X \to Y$），Z 函数依赖 Y（$Y \to Z$），但 X 不函数依赖于 Y，则称 Z 传递函数依赖于 X，记作 $X \xrightarrow{t} Z$。

注意，这里必须强调 X 不函数依赖于 Y，因为如果 $X \to Y$ 同时 $Y \to X$，则为 $X \leftrightarrow Y$，这样 X 和 Y 是等价的，在函数依赖中是可以互换的；$X \to Z$ 就是直接函数依赖，而不是传递函数依赖。

【例6-5】设车间考核职工完成生产定额关系为 w。

w（日期，工号，姓名，工种，定额，超额，车间，车间主任）

请画出该关系中存在的所有类型的函数依赖。

因每个职工每个月超额情况不同，而定额一般很少变动，因此为了识别不同职工以及同一职工不同月份超额情况，选定"日期"与"工号"两者组合作为主键。为了直观醒目，可以在关系框架中的主关键字下方画一横线。

用箭头标出各属性的依赖情况，如图 6-3 所示。

图中表明："超额"完全函数依赖于主键；"姓名""工种"和"车间"仅部分依赖于主键中的"工号"；因"定额"依赖于"工种"，故"定额"传递函数依赖于"工号"；因"车间主任"函数依赖于"车间"，因而"车间主任"传递函数依赖于"工号"。

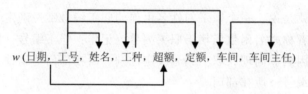

w(日期，工号，姓名，工种，超额，定额，车间，车间主任)

图 6-3 关系中各属性的依赖情况

2. 规范化和范式

规范化理论是 E.F.Codd 首先提出来的。他认为，一个关系数据库的关系都应满足一定的规范，才能构造好的数据模式。

规范化表示了从数据存储中移去数据冗余的过程。如果数据库设计达到了完全的规范化，则把所有的表通过关键字连接在一起时，不会出现任何数据的副本。由此可见，规范化避免了数据冗余，节省了空间，对数据的一致性提供了根本的保障，杜绝了数据不一致的现象，在一定范围内提高了效率。

规范化有许多层次，对关系最基本的要求是每个属性值必须是不可分割的数据单元，即表中不能再包含表。

满足一定条件的关系模式，称为范式（Normal Form）。范式就是某一种级别的关系模式的集合，称某一关系模式 R 为第 n 范式，就表示该关系的级别。一个低级范式的关系模式，通过分解（投影）方法可转换成多个高一级范式的关系模式的集合，这种过程称为规范化。

（1）第一范式 1NF

定义：如果一个关系 R 的每一个属性都是不可分的数据项，则称 R 是符合第一范式的，记做作 $R \in 1NF$。

这一限制是在关系的基本性质中提出来的，任何关系都必须遵守。若一个关系数据库中所有的关系都满足第一范式要求，则称为满足第一范式的数据库。

【例 6-6】设某单位的职工评价信息关系：评价（职工编号，姓名，工作表现（工作态度，业绩），综合评价，评价日期），对应元组如表 6-2 所示。

表 6-2 职工评价信息关系

职工编号	姓名	工作表现		综合评价	评价日期
		工作态度	业绩		
1001	张力	热情耐心	十分突出	能力强	2016 年 8 月 16 日
1002	胡爱军	热情细致	突出	能力较强	2016 年 8 月 16 日
1003	李明	不够热情	一般	能力一般	2016 年 8 月 16 日
1004	曾玲	热情	良好	能力较强	2016 年 8 月 16 日
1005	刘逸飞	不够耐心	差	能力差	2016 年 8 月 16 日

表 6-2 所示的不是一个规范化的关系，因为工作表现属性不是原子属性，包含了 3 个属性，因此必须把每个属性提升为一般属性，得到规范化的关系，如表 6-3 所示。

表 6-3 规范化的职工评价信息关系

职工编号	姓名	工作态度	业绩	综合评价	评价日期
1001	张力	热情耐心	十分突出	能力强	2016 年 8 月 16 日
1002	胡爱军	热情细致	突出	能力较强	2016 年 8 月 16 日
1003	李明	不够热情	一般	能力一般	2016 年 8 月 16 日
1004	曾玲	热情	良好	能力较强	2016 年 8 月 16 日
1005	刘逸飞	不够耐心	差	能力差	2016 年 8 月 16 日

（2）第二范式 2NF

定义：设关系 $R \in 1NF$，且它的每一非主属性完全依赖于主键，则称 R 是符合第二范式的，记作 $R \in 2NF$。

如果一个关系只满足第一范式，那么可能会带来数据冗余和操作异常，即插入异常、删除异常和修改异常。

【例 6-7】设一个图书销售关系（书号，书名，出版社，作者，单价，数量，折扣，日期，操作员账号，姓名，密码）中，每位操作员可以销售多种书，每种书可由多个操作员销售。图书销售关系的具体实例如表 6-4 所示。

表 6-4 图书销售关系

书号	书名	出版社	单价	数量	折扣	操作员账号	姓名	密码
7-301-05464	计算机基础	清华	25	500	8 折	0001	王玥	12345
7-201-99999	数据结构	水利	42	200	8.5 折	0002	刘海燕	25467
7-101-47999	组装与维护	海洋	23	100	8 折	0002	刘海燕	55888
7-878-47585	计算机网络	地质	15	300	8.3 折	0003	张平	14785

在该关系中，由于书号和操作员账号属性没有决定因素，所以它们包含在候选键中，而由这两个属性构成属性组则能够函数决定所有属性，因此（书号，操作员账号）是关系的主键。

在该关系中存在着非主属性对主键的部分依赖，其中书名、出版社、作者、单价、库存数量和折扣依赖于书号；姓名、密码依赖于操作员账号，所以该关系中必然存在数据冗余，在对该关系进行插入、删除和修改时，也会带来意外的麻烦。

可以通过关系分解的方法来消除部分依赖，对应的图书销售关系可分解成以下几个关系。

图书（书号，书名，出版社，单价，折扣）

操作员（操作员账号，姓名，密码）

销售（书号，操作员账号，数量）

【说明】不符合 2NF 的关系 R 规范化为第二范式的方法。

对于一个关系 $R(U)$，假定 W，X，Y，Z 是 U 的互不相交的属性子集，其中（W，X）是主键，X 完全函数决定 Y，（W，X）函数决定 Z，但 Z 中不含依赖于 X 的属性，则把 $R(U)$ 分解为两个关系 $R1$（X，Y）和 $R2$（W，X，Z）后就取消了 Y 对（W，X）的

部分依赖。其中 X 是 $R1$ 的主键和 $R2$ 的外键，通过 X 使 $R1$ 和 $R2$ 自然连接仍然可得到原来的 $R(U)$。同理，若 $R2(W, X, Z)$ 中仍存在着部分依赖，仍可以按此方法继续分解，直到消除全部部分依赖为止。

（3）第三范式 3NF

定义：设关系 $R \in 2NF$，且它的每一非主属性不传递依赖于主键，则该关系是符合第三范式的，记作 $R \in 3NF$。

若关系 R 中不存在非主属性对主键的函数依赖，就包括不存在部分函数依赖，因此，一个关系若达到了第三范式，自然也就包括达到了第二范式。

一个符合第三范式的关系必须具有以下 3 个条件：①每个属性的值唯一，不具有多义性；②每个非主属性必须完全依赖于整个主键，而非主键的一部分。③每个非主属性不能依赖于其他关系中的属性。

从以上可知，2NF 可从 1NF 关系消除非主属性对主键的部分函数依赖后获得，3NF 关系可从 2NF 关系消除非主属性对主键的传递函数依赖后获得。

【例 6-8】图书销售关系（流水号，书号，书名，数量，入库价，销售价，入库时间，操作员账户，姓名，密码，销售日期，总金额），一个流水号只由一个操作员账号处理，一个操作员账号可以处理多个流水号，而操作员账号决定操作员姓名、密码，所以图书销售关系中函数依赖关系如下。

流水号→书号，流水号→操作员账号，书号→书名，书号→数量，书号→入库价，书号→销售价，书号→入库时间，操作员账号→姓名，操作员账号→密码，流水号→销售日期，流水号→总金额。

在图书销售关系中，只有流水号没有决定因素，所以流水号属性必然包含在候选键中。由流水号可以直接决定书号、操作员账号、销售日期和总金额等属性，同时流水号传递决定书名、数量、入库价、销售价、入库时间、姓名和密码等属性，所以流水号能函数决定所有属性，流水号用作该关系的主键。由于该关系是单属性候选键，所以不会存在部分函数依赖，它自然满足第二范式。

由于该关系中存在着书的各属性对流水号的传递依赖，存在着操作员各属性对流水号的传递依赖，所以必然会产生数据冗余和操作异常。

消除关系中的传递依赖也是通过关系分解的方法来实现的。设一个关系为 $R(U)$，X，Y，Z 和 W 是 U 的互不相交的属性子集，其中 X 为主键，$Y \to Z$ 是直接函数依赖（也可能包含部分函数依赖），$X \to Z$ 是传递函数依赖。则把 $R(U)$ 分解成两个关系 $R1(Y, Z)$ 和 $R2(X, Y, W)$，其中 Y 是 $R1$ 的主键，$R2$ 是外键，这样就消除了 Z 对 X 的传递依赖，通过 Y 对 $R1$ 和 $R2$ 自然连接仍可得到原来的 R。同样，若 $R1$ 和 $R2$ 中仍存在着传递依赖，则继续按此方法分解下去，直到消除全部传递依赖为止。

对图书销售关系进行分解，分解得到 3 个关系。

销售（流水号，书号，操作员账户，销售日期，总金额）

图书（书号，书名，数量，入库价，销售价，入库时间）

操作员（操作员账户，姓名，密码）

从分解后的 3 个关系可以看出，每个关系都没有传递依赖，所以都是第三范式。

规范化的过程就是通过关系的投影分解逐步提高关系范式等级的过程。从第一范式到第三范式，其过程可以表示为：

$$1NF \xrightarrow[\text{部分函数依赖}]{\text{消除非主属性对主键的}} 2NF \xrightarrow[\text{部分函数依赖}]{\text{消除非主属性对主键的}} 3NF$$

一般情况下，3NF 关系排除了非主属性对于主键的部分函数依赖和传递函数依赖，把能够分离的属性尽可能分解为单独的关系。满足 3NF 的关系已能够清除数据冗余和各种异常，因此规范化到 3NF 就满足需要了。规范化程度更高的还有 BCNF，4NF，5NF，但不常用。

3．关系模式的分解

分解是提高关系范式等级的重要方法。当对关系模式 R 进行分解时，R 的元组将分别在相应属性集进行投影而产生新的关系。关系分解的方案是多样的，要注意如何保证分解的正确性，要保证分解后所形成的关系与原关系等价。

"等价"的概念存在 3 条不同的含义。一是分解具有"无损连接性"；二是分解要"保持函数依赖"；三是分解既要"保持函数依赖"，又要具有"无损连接性"。这 3 个含义也是实现分解的 3 条不同的准则。

如果对新的关系进行自然连接得到的元组的集合与原关系完全一致，则称为无损连接，即不会在分解中丢失信息。此外，分解后的新关系应该相互独立，对一个关系的更改，不会影响另一个关系。

【例 6-9】 设有关系 R（职工号，部门，部门领导）$\in$2NF，如表 6-5 所示。

表 6-5　关系 R

职工号	部门	部门领导
0 1	人力资源	彭力
0 2	人力资源	彭力
3 1	企划部	张清林
4 2	市场营销	李江海

显然，R 上的函数依赖如下：职工号→部门，部门→部门领导。R 上存在传递函数依赖：职工号→部门领导。

将 R 进行 3 种形式的分解。

方案 1：将单位职工关系分解为图 6-4 所示的两个关系 $R1$ 和 $R2$。

$R1$

职 工 号	部　　门
0 1	人力资源
0 2	人力资源
3 1	企划部
4 2	市场营销

$R2$

部　　门	部 门 领 导
人力资源	彭力
企划部	张清林
市场营销	李江海

图 6-4　关系 $R1$ 和 $R2$

方案 2：将 R 分解为图 6-5 所示的两个关系 $R3$ 和 $R4$。

R3

职 工 号	部 门
0 1	彭力
0 2	彭力
3 1	张清林
4 2	李江海

R4

部 门	部 门 领 导
人力资源	彭力
企划部	张清林
市场营销	李江海

图 6-5　关系 $R3$ 和 $R4$

方案 3：将 R 分解为图 6-6 所示的两个关系 $R5$ 和 $R6$。

R5

职 工 号	部 门
0 1	人力资源
0 2	人力资源
3 1	企划部
4 2	市场营销

R6

职 工 号	部 门 领 导
0 1	彭力
0 2	彭力
3 1	张清林
4 2	李江海

图 6-6　关系 $R5$ 和 $R6$

以上 3 种分解，全是 3NF，且分解都是无损的，但分解的质量有差异。对于方案 2 和方案 3，前者当部门领导职务变动，后者当职工工作调动，转换部门时，$R3$ 和 $R4$，$R5$ 和 $R6$ 都必须同时修改。而方案 1 对于这两种情况只需修改其中的一个关系即可。此外，方案 1 建立的两个新关系分别使用了原有的完全依赖关系，方案 2 和方案 3 都只有一个新关系使用完全依赖，另一个新关系使用传递依赖。所以方案 1 优于其他方案。

所以，对关系模式的分解，不能仅着眼于提高它的范式等级，还应遵守无损分解、分解后的新关系相互独立以及保持函数依赖等原则。只有这样，才能保证分解的质量。

关系规范化是一个关系按一定原则分解为多个关系的过程。任何一个非规范的关系都可以经过分解达到 3NF。随着关系规范化程度的提高，数据冗余会得到有效控制，操作异常问题不再存在，但是关系模式的数量也会增多。原本可在一个关系模式上执行或在较少关系模式上执行的操作应用，现在可能在多个关系模式上进行。此时在检索数据时常采用两种方法。第一种是先在第一个表中查，再到别的表中查相关数据，又回到第一个表中查相关数据或查新的数据，这实际上是仿照人工的方法操作，程序编制较复杂，执行效率低。另一种方法是设法把两个表再连起来生成一个临时性的表或非正式的表，也就是还原成原来那个表，然后再检索，这个表只供检索使用，不影响在单个表中的检索，也不必担心操作异常问题。但连接过程耗费时间，而且中间文件往往极大，使检索速度大大变慢。从前面分析体会到，在实际应用中，设计人员应根据具体应用需求灵活掌握，切记不要盲目追求规范化的程度。

6.2 数据库查询基础应用

在如今数据泛滥的时代，面对大量的关联数据，如何快速从中提炼出有价值的线索和情报是每个公安民警面临的问题。在下基层调研的时候，很多基层科所队的领导对学院培养的公安人才提出了"会简单的SQL查询语句"的要求。通过两个信息化作战的经典案例，我们可以看到为什么基层领导对普通民警掌握数据库查询技能的要求是那么的迫切。

案例一：

基本案情：20××年6月下旬，马鞍山市珍珠园、碧溪花园、贵都花园及当涂县的姑苏新城、天井街小区等10多个小区的100多部住宅电话，被人采用技术手段非法盗接，反复拨打168声讯电话获取唐人游戏充值代码，并在网络上进行游戏"银两"充值，每户产生100元至3 500元不等的高额花费，累计造成话费损失25万多元。

在案件办理过程中，专案组对唐人游戏平台及游戏"银两"（游戏中使用的虚拟货币）的充值方法做了详细的了解。唐人游戏平台是苏州市唐人游戏有限公司开发的休闲娱乐游戏平台（类似联众），在平台上可进行棋牌、麻将、休闲类等60余种游戏，游戏平台覆盖江苏、安徽、上海、浙江等省市，注册用户600万人。唐人游戏用户无需真实身份，只需要注册虚拟身份，并购买唐人游戏的游戏"银两"即可进行游戏，在游戏中，唐人游戏平台扣除一定的"银两"作为游戏费用。购买"银两"的途径有三种：①到唐人公司授权的游戏卡销售点购买；②拨打168声讯电话购买，每次拨打168声讯电话可产生50～100元的唐人游戏充值代码（一组12位的数字），将数字输入事先注册的唐人账号，即完成"银两"充值；③从非唐人公司授权的"地下银商"处购买银两。"地下银商"从玩家手中低价收购"银两"，高价卖出，赚取差价。正是由于"地下银商"的存在，使得虚拟货币"银两"变成了可流通的商品，产生了价值。

侦破过程：

首先专案组请安徽省电信公司、苏州唐人游戏有限公司配合，调取马鞍山市被盗打电话产生的唐人游戏充值代码、对应的电话号码，充值使用的计算机IP地址，充值时间，充值使用的唐人网游账号情况。对调取的资料进行分析后，发现被盗打的电话号码分布在全市十多个小区，涉及100多不同的居民住宅电话，作案地点散乱，充值计算机地址为马鞍山市或芜湖市的多个网吧，经调取网吧上网记录，没有发现可疑人员，分析犯罪嫌疑人使用假身份证上网或上网不登记的可能性较大，专案组调查发现，犯罪嫌疑人分别于20××年6月19日、22日在马鞍山市欧亚网吧和热点网吧新注册了4个唐人网游账户，用户ID分别是9534056、9534110、9575800、9575796，这4个账户专门用来存放盗打电话充值得来的"银两"，并通过网络将"银两"销赃到芜湖市的"地下银商"手中，犯罪嫌疑人注册的4个唐人游戏账号信息如表6-6所示。

由表6-6可知身份证、昵称信息皆为乱填，侦查陷入困境。

表 6-6　犯罪嫌疑人注册的唐人游戏账号信息

用户 ID	登录名	昵称	身份证号	IP	注册地点
9534056	Bb19891022	Jksasa6223	45646546533	218.22.168.182	热点网吧
9534110	820811	1718fhg	36574837488	218.22.168.182	热点网吧
9575800	Xx19891022	神通 0364	56464646464	218.22.174.226	欧亚网吧
9575796	198926cj	无业者	47656	218.22.174.226	欧亚网吧

在马鞍山市积极开展侦查工作的同时，专案组决定到周边省市开展串并案工作。力争通过串并案发现新的案件线索。

20××年 10 月 10 日，专案组获知合肥市也有类似案件发生，立即派员前往合肥市开展工作。合肥市发生盗打电话事件是 20××年 9 月 11 日至 16 日，9 月 29 日至 10 月 1 日期间，犯罪嫌疑人也是用了唐人网游账号 9534110 来存放"银两"，且销赃地也在芜湖。专案组判定，犯罪嫌疑人可能来自芜湖，且在合肥应该住宿。

专案组果断决定，将合肥、马鞍山市盗打电话案件并案侦查。按照这一思路，专案组决定以合肥、马鞍山两地的旅馆业系统作为参照物去发现线索。专案组大胆假设唐人注册信息中的 820811、bb19891022、xx19891022 中涉及的数字为出生日期，调取了合肥、马鞍山两地案发期间所有的旅馆业信息，进行碰撞、分析、比对，终于发现郑某、金某二人有重大嫌疑，特别是 20××年 9 月 11 日，郑某（男，1982 年 8 月 11 日出生，安徽舒城县人），金某（男，1989 年 10 月 22 日出生，安徽芜湖人）二人同住合肥市新金山招待所 311 房，该二人住宿轨迹与犯罪嫌疑人使用唐人网游账户的计算机 IP 轨迹从时间、空间上都完全吻合，成功锁定两名犯罪嫌疑人。

在本案例中，案件的最终破获关键在于串并案的做法和对唐人注册信息的大胆猜测。但发现嫌疑人的过程是应用数据库查询语句进行数据碰撞、分析、比对的过程（即对合肥、鞍山两地案发期间所有的旅馆业信息进行碰撞、分析、比对），这一工作利用本书讲授的知识是可以轻松解决的。

案例二：

基本案情：20××年以来，三江县盗窃耕牛案件频发，引起了县局领导的高度重视。县局刑侦大队于 20××年底召开案件研讨会，县局决定成立专案组，采取几个所联手、晚上伏击守候和便车移动巡逻相结合的方法，打击防范盗窃耕牛案件。

次年 3 月 7 日，通过伏击守候，抓获犯罪嫌疑人张某、谢某，追回被盗耕牛 1 头，但经审讯，两人均不承认做有其他案件。

次年 4 月 18 日，原先布置在村中治安力量反馈发现有人盗窃耕牛。狡猾的嫌疑人在专案组成员未赶到之前逃脱，但 4 头被盗的耕牛被追回，民警到达后将货车扣押，司机扣留。刑侦大队组织警力对该车司机进行审讯，但司机称自己只是被雇请，对其他情况不懂，不过可以提供雇车男子的手机号码。

侦破经过：

1. 分析话单，确定重点嫌疑对象

侦查员以此为突破口，通过查询该号码，得到机主的姓名为谢某，再用之前抓获的嫌疑人张某手机拨打谢某的号码，显示储存名字为"牛哥"，在确定两人之间有联系后，侦查员把两人手机的通话清单分析，发现两人平常也有联系。

侦查员特地圈定了辖区内耕牛被盗案发当晚及第二天这一时间段，对两人的通话情况进行研究，发现两人的通话较频繁，凌晨两三点还有联系，不符合两人的年龄身份及生活习惯。同时又把两人通话中共有的号码进行碰撞，发现了另三个重点号码，在辖区内每起耕牛被盗案发当晚，这几个号码联系尤为频繁。侦查员对这三个号码进行查询，得到两个机主姓名为何某、龚某，另一个号码无登记资料。

2．前科高危查询，进一步明确团伙成员

侦查员把谢某、何某、龚某姓名输入违法人员信息系统进行查询，发现这三人均有前科，而且罪名都是盗窃耕牛，这一下侦查员更加坚信，有一个盗牛团伙，谢某、何某、龚某、张某就是该团伙成员，在充分地外围调查之后，侦查员对张某进行了提审。

在强大的审讯之下，张某供认了多次伙同牛哥（谢某）、高佬（龚某）、十二（何某）、阿其盗窃耕牛的犯罪事实。但张某只知道这些人的外号和电话号码，不知道姓名。阿其的姓名，还是不得而知。但张某反映，阿其是柳州市三江县人，有一辆华普汽车，尾数为 1558，侦查员根据这个线索，决定以车找人，进入公安交通管理信息系统和全国综查，通过模糊查询，查询到有一辆车牌号码为桂 BW1558 的华普汽车，车主为黄某。

3．旅栈业布控，成功抓获团伙首犯

在摸清姓名后，侦查员将谢某、龚某、何某、黄某上网追逃。次年 5 月 16 日，当何某入住县某宾馆时，旅栈业管理系统自动报警，侦查员出警，将何某抓获。

在审讯突破何某之后，通过伏击守候先后抓获龚某、黄某、谢某。至此，该团伙成员六人全部落网，共追回被盗耕牛 5 头，破获案件 11 起，涉及耕牛 21 头。

在本案例中，侦查员通过分析被抓获的犯罪嫌疑人的大量手机通话清单，从而找出未知的犯罪嫌疑人，其中的话单数据分析工作就是使用 SQL 查询语句来完成的。

从以上两个案例可以发现，如果一线侦查员能掌握基本的数据库查询技能，可以更精准地发现嫌疑人，从而极大地提高办案效率。

本书使用的数据库管理系统是 Microsoft SQL Server 2008。SQL Server 是 Microsoft 公司推出的关系型数据库管理系统，具有使用方便、可伸缩性好、与相关软件集成程度高等优点。Microsoft SQL Server 是一个全面的数据库平台，使用集成的商业智能工具提供了企业级的数据管理。Microsoft SQL Server 数据库引擎为关系型数据和结构化数据提供了更安全可靠的存储功能，可以用于构建和管理高可用、高性能的数据应用程序。SQL Server 的功能十分强大，对于非计算机专业的公安专业的学生，只需学习其中一部分的基础知识就可以满足工作的要求。我们将从 Microsoft SQL Server 2008 的安装开始，逐步介绍 Microsoft SQL Server 2008 的基础知识。

6.2.1 Microsoft SQL Server 2008 的安装

初次安装 Microsoft SQL Server 2008 前，需要了解安装的要求和步骤。

1. 安装要求

Microsoft SQL Server 2008 的对计算机的处理器、内存和操作系统要求要求：
SQL Server 2008 Enterprise（32 位）的系统要求如表 6-7 所示。

表 6-7　SQL Server 2008 Enterprise（32 位）的系统要求

组件	要求
处理器	处理器类型： 　Pentium III 兼容处理器或速度更快的处理器 处理器速度： 　最低：1.0 GHz 　建议：2.0 GHz 或更快
操作系统	Windows Server 2003 SP2 Small Business Server R2 Standard Windows Server 2003 SP2 Small Business Server R2 Premium Windows Server 2003 SP2 Standard Windows Server 2003 SP2 Enterprise Windows Server 2003 SP2 Datacenter Windows Server 2003 Small Business Server SP2 Standard Windows Server 2003 Small Business Server SP2 Premium Windows Server 2003 SP2 64 位 x64 Standard1 Windows Server 2003 SP2 64 位 x64 Datacenter1 Windows Server 2003 SP2 64 位 x64 Enterprise1 Windows Server 2008 Standard（带和不带 Hyper-V） Windows Server 2008 Web Windows Server 2008 Datacenter Windows Server 2008 Datacenter（不带 Hyper-V） Windows Server 2008 Enterprise Windows Server 2008 Enterprise（不带 Hyper-V） Windows Server 2008 x64 Standard Windows Server 2008 x64 Standard（不带 Hyper-V）1 Windows Server 2008 x64 Datacenter Windows Server 2008 x64 Datacenter（不带 Hyper-V）1 Windows Server 2008 x64 Enterprise Windows Server 2008 x64 Enterprise（不带 Hyper-V）1 Windows Server 2008 R2 64 位 x64 Web1,2 Windows Server 2008 R2 64 位 x64 Standard1,2 Windows Server 2008 R2 64 位 x64 Enterprise1,2 Windows Server 2008 R2 64 位 x64 Datacenter1,2
内存	RAM： 　最小：512 MB 　建议：2GB 或更大 　最大：操作系统最大内存

注：本书关于 SQL Server 2008 的安装和使用都是在 Windows Server 2003 SP2 Enterprise 操作系统当中进行的。

2．Microsoft SQL Server 2008 的安装

打开 Microsoft SQL Server 2008 的安装光盘或者压缩包，双击"setup.exe"，进入 SQL Server 安装中心，如图 6-7 所示。

选择左侧标签列表中的"安装"选项，如图 6-8 所示。

图 6-7 "SQL Server 安装中心"窗口

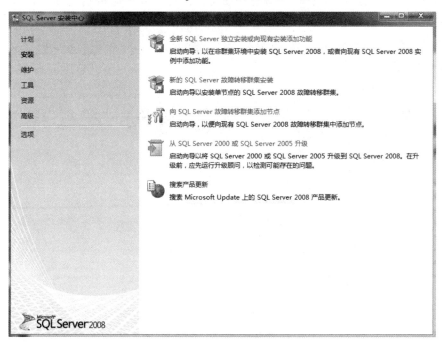

图 6-8 选择"安装"选项

选择"全新 SQL Server 独立安装或向现有安装添加功能",进入"SQL Server 2008 安装程序"窗口,首先,安装程序会自动检测当前操作系统的各项软硬件、开启服务、注册表项等是否符合安装 SQL Server 2008 的要求,如图 6-9 所示。

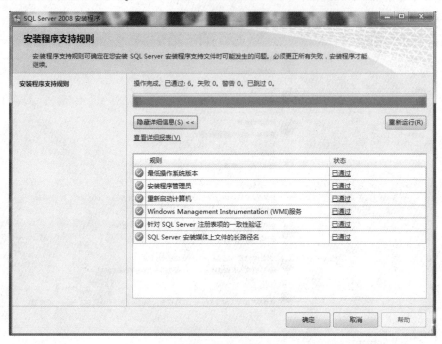

图 6-9 "安装程序支持规则"页面

检测项目全部通过后,单击"确定"按钮,出现输入产品密钥的提示,如图 6-10 所示,输入后,单击"下一步"按钮继续安装。

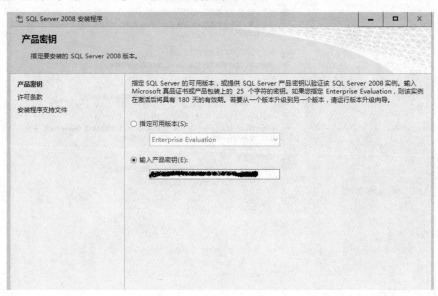

图 6-10 输入产品按钮

在接下来的许可条款页面中选择"我接受许可条款"复选框,单击"下一步"按钮继续安装，如图 6-11 所示。

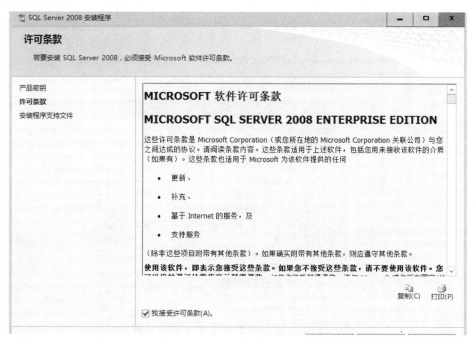

图 6-11 接受许可条款

在弹出的"安装程序支持文件"页面中，单击"安装"按钮继续，如图 6-12 所示。

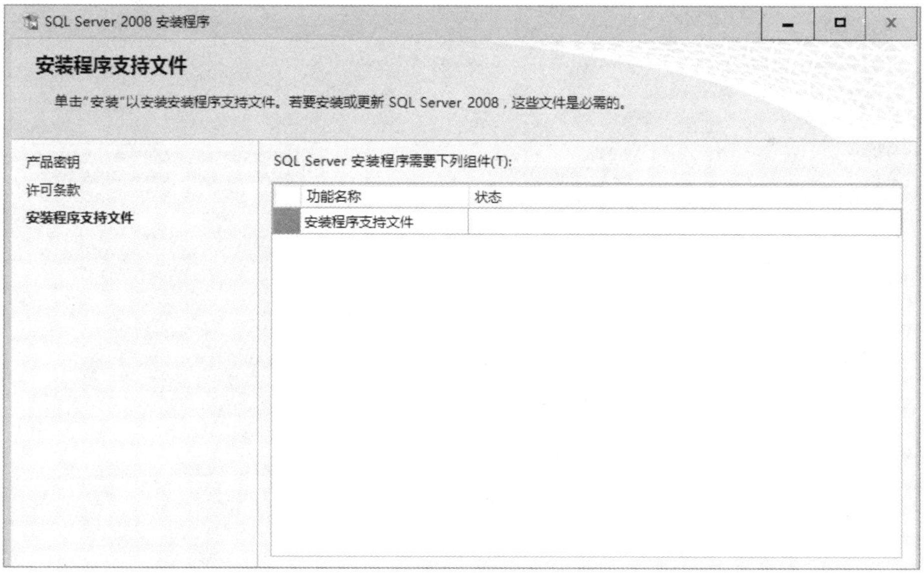

图 6-12 安装程序支持文件

弹出"安装程序支持规则"页面，只有符合规则才能继续安装，如图 6-13 所示。单击"下一步"按钮继续安装。

在弹出的"功能选择"页面中，单击需要的功能（就本书中所讲授的知识，选择"SQL Server 复制""客户端工具连接""管理工具-完整"这几个选项即可），如图 6-14 所示，单击"下一步"继续。

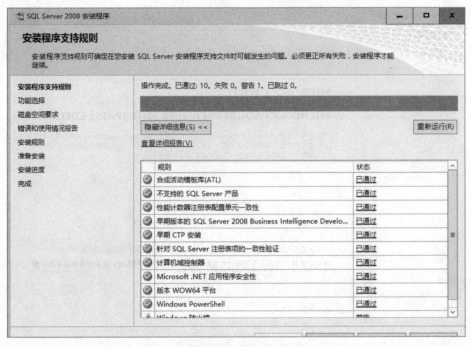

图 6-13 "安装程序支持规则"页面

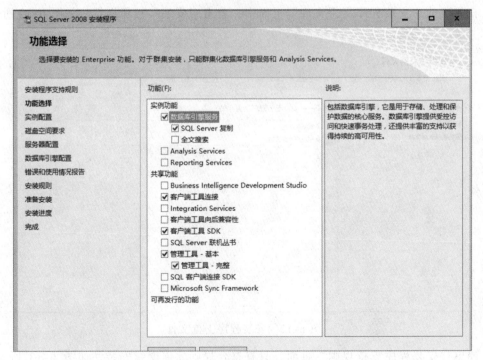

图 6-14 "功能选择"页面

在弹出的"实例配置"页面中，选择默认实例，并设置实例的根目录，如图 6-15
所示。单击"下一步"按钮继续。

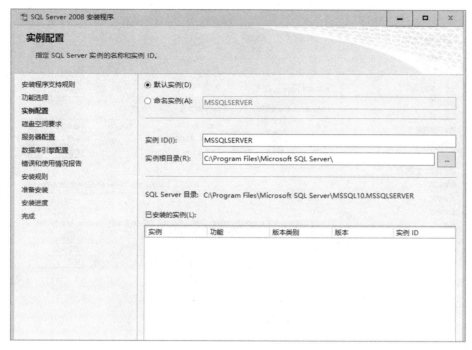

图 6-15　"实例配置"页面

在弹出的"磁盘空间要求"页面中，显示了安装软件所需的空间，如图 6-16 所示，单击"下一步"继续。

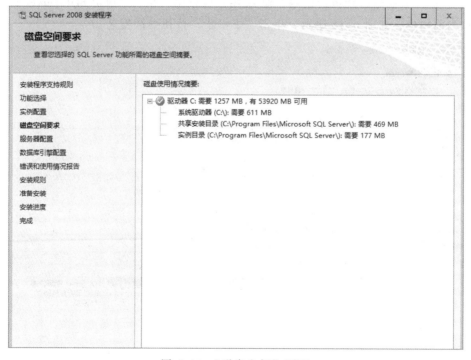

图 6-16　"磁盘空间"页面

弹出"服务器配置"页面，如图 6-17 所示，单击"下一步"按钮继续安装。

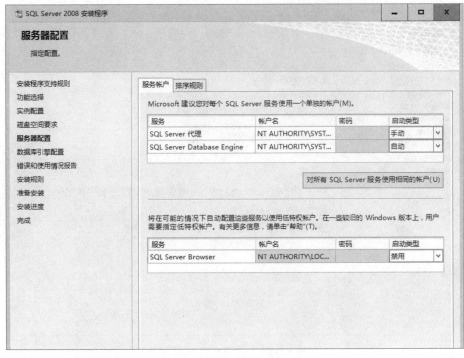

图 6-17　"服务器配置"页面

在弹出的"数据库引擎配置"页面的"账户设置"标签中，设置身份验证模式为"混合模式"，输入数据库管理员的密码，即 sa 用户的密码，并在"指定 SQL Server 管理员"中添加当前用户，如图 6-18 所示，单击"下一步"按钮继续安装。

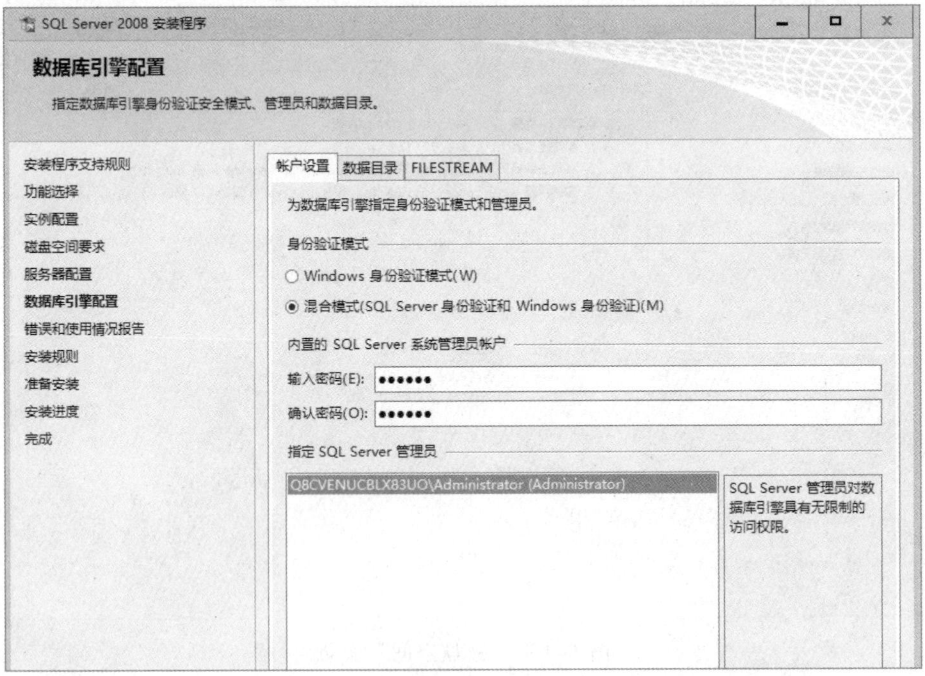

图 6-18　设置数据库管理员的密码

也可以选择"数据目录"标签，修改数据库文件存放目录，如图 6-19 所示，单击"下一步"按钮继续安装。

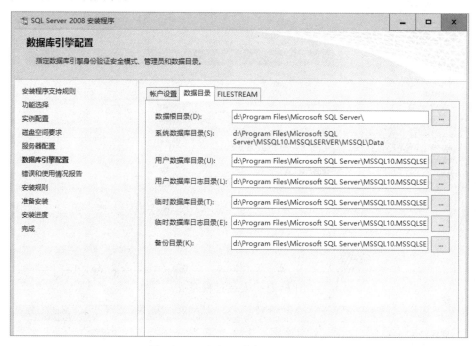

图 6-19 选择"数据目录"标签

SQL Server 安装程序开始安装，如图 6-20 所示。

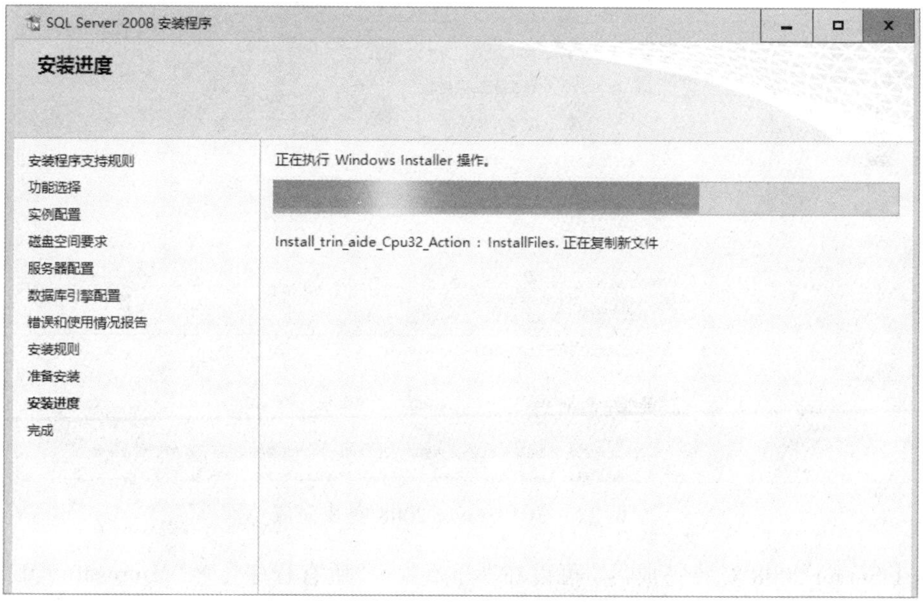

图 6-20 SQL Server 安装程序开始安装

安装过程完成，如图 6-21 所示。

最后，SQl Server 安装程序提示"SQL Server2008 安装已成功完成"，如图 6-22 所示。

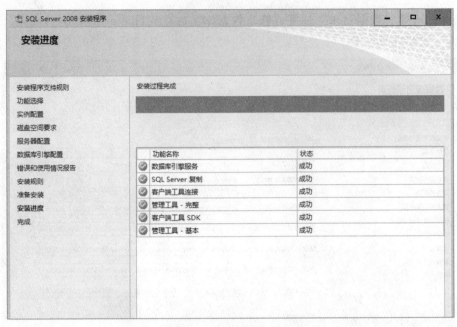

图 6-21　安装过程完成

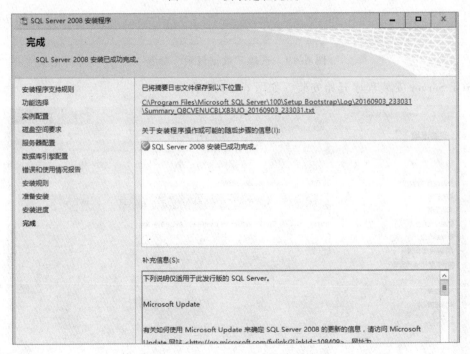

图 6-22　SQL Server 2008 安装完成

　　SQL Server 2008 安装完成后，可以在"开始"→"所有程序"→"Microsoft SQL Server 2008"→"SQL Server Management Studio"（简称 SSMS）打开"连接到服务器"对话框，设置好对话框内的参数：服务器类型（默认），服务器名称（默认），身份验证（SQL Server 身份验证），登录名（sa），密码（在图 6-18 中设置的 SQL Server 系统管理员的密码），单击"连接"按钮，如图 6-23 所示。

图 6-23 "连接到服务器"对话框

连接成功后，可以在"SSMS"中看到当前的 SQL Server 的对象和组件情况，如图 6-24 所示。

图 6-24 链接成功

3．范例数据库安装

为了便于举例，本书统一使用 NORTHWIND 数据库作为 5.2.2 节（T -SQL Select 查询语句基础）的范例数据库。NORTHWIND 数据库没有包含在 SQL Server 2008 的安装文件中，需要单独安装。

通过 https://www.microsoft.com/en-us/download/details.aspx?id=23654 链接进入 NORTHWIND 数据库下载页面，单击"download"，开始下载"SQL2000SampleDb.msi"。运行这个 MSI 文件将把 NORTHWIND 数据库（其实还有 PUB 数据库，但本书不需要 PUB 数据库）的数据文件（NORTHWND.MDF）和日志文件（NORTHWND.LDF）解压到"C:\SQL Server 2000 Sample Databases"文件夹下。

打开"SSMS"，在"对象资源管理器"中，右击"数据库"，在弹出的快捷菜单中选择"附加"命令，在弹出的"附加数据库"对话框中单击"添加"按钮，在弹出的"定位数据库文件"对话框中选择"C:\SQL Server 2000 Sample Databases\ NORTHWND.MDF"，单击"确定"按钮完成数据库添加，如图 6-25 所示。

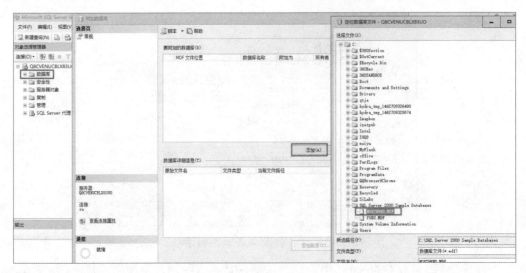

图 6-25 添加数据库

数据库添加完毕后，可以在"对象资源管理器"中看到新添加的 NORTHWIND 数据库，如图 6-26 所示。

图 6-26 NORTHWIND 数据库

至此，本书授课内容涉及的 SQL Server 2008 和范例数据库的安装完成。

6.2.2 T-SQL Server 查询语句基础

SQL 即 Structured Query Language，结构化查询语言，是一种特殊目的的编程语言，是一种数据库查询和程序设计语言，用于存取数据以及查询、更新和管理关系数据库系统。T-SQL 即 Transact-SQL，是 SQL 在 Microsoft SQL Server 上的增强版，它是应用程序与 SQL Server 沟通的主要语言。T-SQL 语言的功能十分强大，对于本书而言，仅要求同学掌握 Select 语句的基础知识。

SQL Server 2008 中的 Select 语句语法如下：

```
SELECT [ ALL | DISTINCT ]
    [TOP expression [PERCENT] [ WITH TIES ] ]
    < select_list >
```

```
    [ INTO new_table ]
    [ FROM { <table_source> } [ ,...n ] ]
    [ WHERE <search_condition> ]
    [ GROUP BY [ ALL ] group_by_expression [ ,...n ]
    [ WITH { CUBE | ROLLUP } ]
    ]
[ HAVING < search_condition > ]
```
完整的 Select 语句的语法是很复杂的，但我们可以从最简单的 Select 语句开始学习。

1. 单表查询

本节以 dbo.Customers 表为例，示例 Select 语句。

dbo.Customers 表（客户表）字段说明如表 6-8 所示。

表 6-8 dbo.Customers 表（客户表）字段说明

字段	字段说明
CustomerID	客户 ID
CompanyName	所在公司名称
ContactName	客户姓名
ContactTitle	客户头衔
Address	联系地址
City	所在城市
Region	所在地区
PostalCode	邮编
Country	国家
Phone	电话
Fax	传真

【例 6-10】在 SSMS 的对象资源管理器中，可以看到 NORTHWIND 数据库的数据表。单击对象资源管理器上方的"新建查询"，打开"查询编辑器"，如图 6-27 所示。

图 6-27 打开"查询编辑器"

在查询编辑器中输入：

`Select * from NORTHWIND.dbo.customers`

（注：SQL 语句里的关键字、标点符号都是半角的，不区分大小写。）

单击"执行"按钮，可以看到查询结果，共查询到 91 条记录，如图 6-28 所示。

图 6-28　查询结果 1

该 Select 语句的意思是：查询 NORTHWIND 数据库的 dbo.customers 表中所有的记录。其中"*"代表查询所有的字段。

当然也可以查询其中某些字段：

【例 6-11】在查询编辑器中输入：

`Select CustomerID,CompanyName from NORTHWIND.dbo.customers`

查询到 91 条记录，但只包含"CustomerID"和"CompanyName"两个字段，如图 6-29 所示。

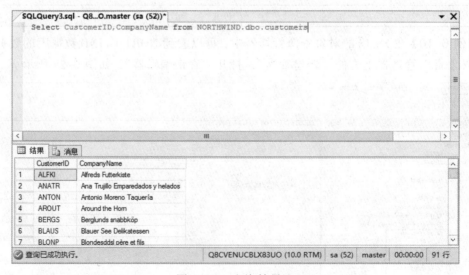

图 6-29　查询结果 2

注：SQL Server 2008 的查询编辑器具有智能提示功能，会减少错误输入的概率，如图 6-30 和图 6-31 所示。

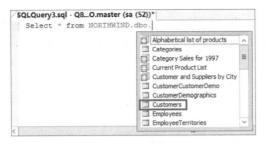

图 6-30　智能提示功能 1　　　　　　　　图 6-31　智能提示功能 2

2. 带有条件的 Select 语句

【例 6-12】在查询编辑器中输入：

```
Select * from NORTHWIND.dbo.customers where country='germany'
```

其中 where 关键字的后面是条件，即查询 dbo.Customers 表中所有的 country 字段的值是 "Germany" 的记录。

查询结果是 11 条记录，其中所有记录的 country 字段的值都是 "Germany"，如图 6-32 所示。

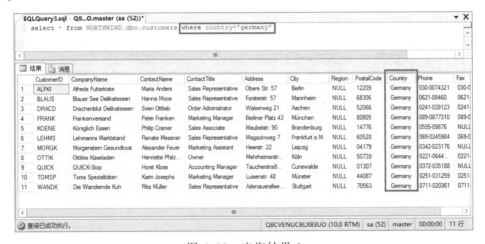

图 6-32　查询结果 3

【例 6-13】在查询编辑器中输入：

```
Select  *  from  NORTHWIND.dbo.customers  where  ContactTitle  like
'%manager'
```

查询 dbo.Customers 表中 ContactTitle 字段的值以 "manager" 字符串结尾的全部记录。其中 "like" 关键字代表包含关系，如图 6-33 所示。

【例 6-14】在查询编辑器中输入：

```
Select * from NORTHWIND.dbo.customers where CustomerID='FRANK' or
CustomerID='MORGK'
```

查询 dbo.Customers 表中所有的 CustomerID 字段的值是 "FRANK" 或者 "MORGK" 记录；其中 "or" 关键字代表 "或" 关系，如图 6-34 所示。

【例 6-15】在查询编辑器中输入：

```
Select * from NORTHWIND.dbo.customers where city='México D.F.' and
ContactTitle='Owner'
```

查询 dbo.Customers 表中 city 字段的值是"México D.F.", 并且 ContactTitle 字段的值是"Owner"的全部记录；其中"and"关键字代表"并"关系, 如图 6-35 所示。

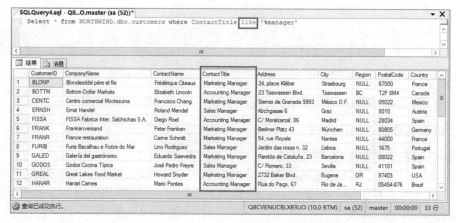

图 6-33   查询结果 4

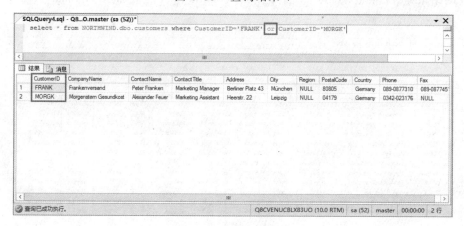

图 6-34   查询结果 5

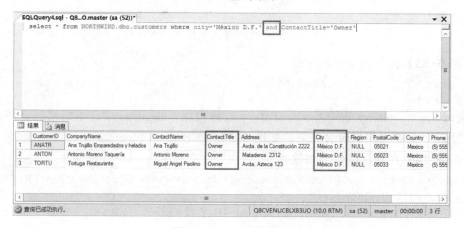

图 6-35   查询结果 6

3. 跨表查询

本节以 dbo.Order Details、dbo.orders、dbo.Products 三个表为例。

dbo. Order Details 表（订单明细表）字段说明如表 6-9 所示。

表 6-9　dbo.Order Details 表（订单明细表）

字段	字段说明
OrderID	订单编号
ProductID	产品编号
UnitPrice	单价
Quantity	订购数量
Discount	折扣

dbo.Orders 表（订单表）字段说明如表 6-10 所示。

表 6-10　dbo.Orders 表（订单表）字段说明

字段	字段说明
OrderID	订单编号
CustomerID	客户编号
EmployeeID	员工编号
OrderDate	订购日期
RequiredDate	预计到达日期
ShippedDate	发货日期
ShipVia	运货商
Freight	运费
ShipName	货主姓名
ShipAddress	货主地址
ShipCity	货主所在城市
ShipRegion	货主所在地区
ShipPostalCode	货主邮编
ShipCountry	货主所在国家

dbo.Products 表（产品表）字段说明如表 6-11 所示。

表 6-11　dbo.Products 表（产品表）字段说明

字　段	字段说明
ProductID	产品 ID
ProductName	产品名称
SupplierID	供应商 ID
CategoryID	类型 ID
QuantityPerUnit	数量
UnitPrice	单价
UnitsInStock	库存数量

续表

字　段	字段说明
UnitsOnOrder	订购量
ReorderLevel	再次订购量
Discontinued	中止

由于数据库设计考虑降低冗余，提高存储效率的因素，所以很多关联的数据往往分布在许多不同的数据表中。因此很多时候我们要得到一个完整的数据记录时，往往需要连接两个或两个以上的数据表以获得所需要的全部字段。

【例 6-16】以上面 3 个数据表为例，当需要一份详细的数据时，假设需要查询折扣率为 0.15 的所有订单记录，我们将需要进行跨表查询。数据要求包含以下字段：

OrderID	ProductName	CategoryID	Quantity	Discount	ShipName

```
Select OD.OrderID,P.ProductName,P.CategoryID,
OD.Quantity,OD.Discount,O.ShipName
from Northwind.dbo.[Order Details] as OD,Northwind.dbo.Orders as
O,Northwind.dbo.Products as P
where OD.OrderID=O.OrderID and OD.ProductID=P.ProductID and
OD.Discount='0.15'
```

查询结果如图 6-36 所示。

SQLQuery1.sql - Q8...O.master (sa (52))*

```
Select OD.OrderID,P.ProductName,P.CategoryID,
OD.Quantity,OD.Discount,O.ShipName
from Northwind.dbo.[Order Details] as OD,Northwind.dbo.Orders as O,Northwind.dbo.Products as P
where OD.OrderID=O.OrderID and OD.ProductID=P.ProductID and OD.Discount='0.15'
```

结果　消息

	OrderID	ProductName	CategoryID	Quantity	Discount	ShipName
1	10250	Manjimup Dried Apples	7	35	0.15	Hanari Carnes
2	10250	Louisiana Fiery Hot Pepper Sauce	2	15	0.15	Hanari Carnes
3	10254	Guaraná Fantástica	1	15	0.15	Chop-suey Chinese
4	10254	Pâté chinois	6	21	0.15	Chop-suey Chinese
5	10264	Jack's New England Clam Chowder	8	25	0.15	Folk och fä HB
6	10267	Raclette Courdavault	4	70	0.15	Frankenversand
7	10267	Lakkalikööri	1	15	0.15	Frankenversand
8	10287	Pavlova	3	40	0.15	Ricardo Adocica...
9	10287	Spegesild	8	15	0.15	Ricardo Adocica...
10	10324	Pavlova	3	21	0.15	Save-a-lot Markets
11	10324	Steeleye Stout	1	70	0.15	Save-a-lot Markets

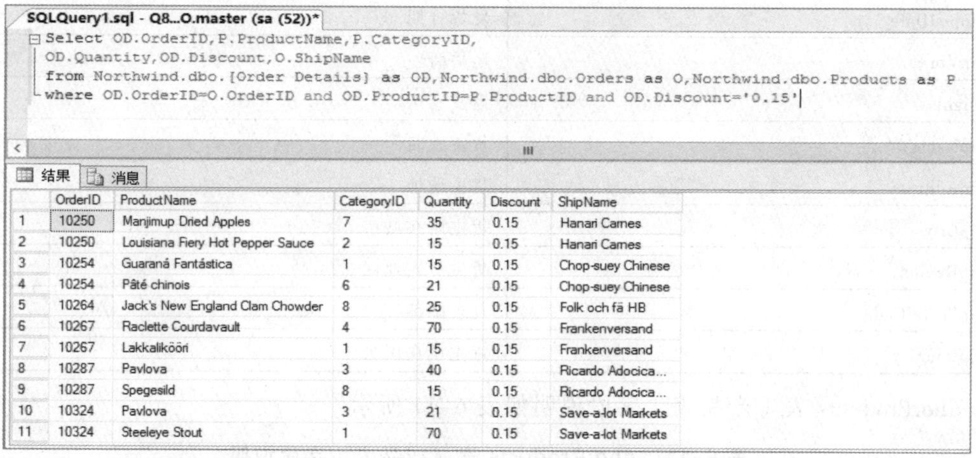

图 6-36　查询结果 7

其中 as 关键字的作用是定义别名（别名的功能一般有两个：一是缩短对象的长度，方便书写，使名称语句简洁；二是区别同名对象）。

4．实战应用

以上就是本书讲述的 SQL 语言中最基本的查询语句。下面将以本章开始部分两个信息化作战中的实例来复习以上学习的知识。

在案例 1 中，侦查员已从旅栈业管理系统中导出案发期间，合肥、马鞍山两地的所有住宿信息数据，并导入到 SQL Server 数据库中，如图 6-37 所示。

其中表“dbo.hf”是案发期间合肥市的所有住宿数据，表“dbo.mas”是案发期间马鞍山市的所有住宿数据。

表"dbo.hf"中各字段如图 6-38 所示。

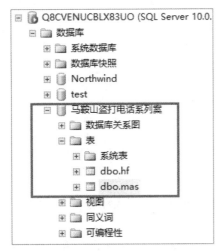

图 6-37 将数据导入到数据库

图 6-38 表"dbo.hf"中各字段

表"dbo.mas"中各字段如图 6-39 所示。

图 6-39 表"dbo.mas"中各字段

通过前面学习的 SQL 语句，可以找出在案发期间：①出生日期与嫌疑人唐人账号信息里的数字相符的；②在当地都有住宿记录的人，将这些人作为犯罪嫌疑人进行排查。

SQL 语句如下：

① 查询案发期间，在马鞍山有住宿记录，出生日期与嫌疑人唐人账号信息里的数字相符的人：

```
select * from 马鞍山盗打电话系列案.dbo.mas as mas where mas.身份证号码 like
'%198202I1%' or mas.身份证号码 like '%820211%' or mas.身份证号码 like
'%19891022%'
```

查询结果如图 6-40 所示。

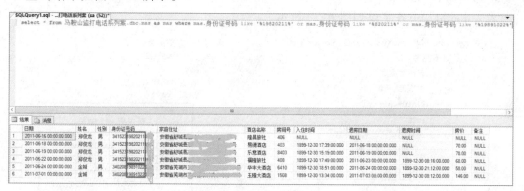

图 6-40　查询结果 8

查询案发期间，在合肥有住宿记录，出生日期与嫌疑人唐人账号信息里的数字相符的人：

select * from 马鞍山盗打电话系列案.dbo.hf as hf where hf.身份证号码 like '%198202111%' or hf.身份证号码 like '%8202111%' or hf.身份证号码 like '%19891022%'

查询结果如图 6-41 所示。

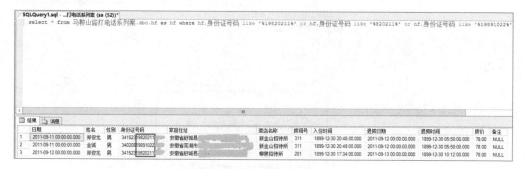

图 6-41　查询结果 9

② 查询案发期间，在马鞍山、合肥都有住宿记录的人：

select * from 马鞍山盗打电话系列案.dbo.mas as mas where mas.身份证号码 in (select 身份证号码 from 马鞍山盗打电话系列案.dbo.hf)

查询结果如图 6-42 所示。

图 6-42　查询结果 10

在案例 2 中，侦查员已调取犯罪嫌疑人谢某、张某的手机通话详单，并将该详单数据导入到 SQL Server 数据库中，如图 6-43 所示：

图 6-43　将数据导入到数据库中

表 "dbo.xyl" 是犯罪嫌疑人谢某的手机通话详单，表 "dbo.zq" 是犯罪嫌疑人张某的手机通话详单。犯罪嫌疑人谢某的手机号码是 1507728×××，犯罪嫌疑人张强的手机号码是 1517724×××。

表 "dbo.xyl" 的字段如图 6-44 所示。表 "dbo.zq" 的字段如图 6-45 所示。

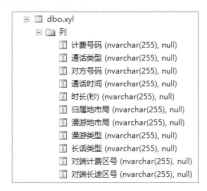

图 6-44　表 "dbo.xyl" 中各字段

图 6-45　表 "dbo.zq" 中各字段

① 查看两人的通话记录是否频繁：

`Select * 三江系列盗牛案.dbo.zq where 对方号码='1507728××××'`

查询结果如图 6-46 所示。

	计费号码	通话类型	对方号码	通话时间	时长(秒)	归属地市局	漫游地市局	漫游类型	长话类型	对端计费区号	对端长途区号
2	1517724	被叫	1507728	2013-04-07 18:25:28	00:17	柳州市	柳州市	本地	本地	柳州市	柳州市
3	1517724	主叫	1507728	2013-04-07 22:15:24	02:16	柳州市	柳州市	本地	本地	柳州市	柳州市
4	1517724	主叫	1507728	2013-04-11 19:32:10	00:48	柳州市	柳州市	本地	本地	柳州市	柳州市
5	1517724	被叫	1507728	2013-04-12 12:49:54	00:57	柳州市	柳州市	本地	本地	柳州市	柳州市
6	1517724	主叫	1507728	2013-04-16 17:53:39	00:33	柳州市	柳州市	本地	本地	柳州市	柳州市
7	1517724	主叫	1507728	2013-04-16 19:28:36	01:14	柳州市	柳州市	本地	本地	柳州市	柳州市
8	1517724	主叫	1507728	2013-04-18 14:50:28	00:31	柳州市	柳州市	本地	本地	柳州市	柳州市
9	1517724	被叫	1507728	2013-04-18 14:55:17	00:07	柳州市	柳州市	本地	本地	柳州市	柳州市
10	1517724	主叫	1507728	2013-04-19 15:54:33	01:25	柳州市	柳州市	本地	本地	柳州市	柳州市
11	1517724	主叫	1507728	2013-04-22 09:40:31	02:12	柳州市	柳州市	本地	本地	柳州市	柳州市
12	1517724	主叫	1507728	2013-04-25 21:11:47	03:02	柳州市	柳州市	本地	本地	柳州市	柳州市
13	1517724	被叫	1507728	2013-04-26 04:14:47	00:23	柳州市	柳州市	本地	本地	柳州市	柳州市
14	1517724	主叫	1507728	2013-04-26 04:40:55	00:15	柳州市	柳州市	本地	本地	柳州市	柳州市
15	1517724	被叫	1507728	2013-04-27 12:53:56	00:34	柳州市	黔东南州	省际漫出	省际长途	柳州市	柳州市
16	1517724	主叫	1507728	2013-04-27 17:21:51	00:27	柳州市	柳州市	本地	本地	柳州市	柳州市
17	1517724	主叫	1507728	2013-04-30 18:15:57	00:25	柳州市	柳州市	本地	本地	柳州市	柳州市
18	1517724	被叫	1507728	2013-05-02 04:17:39	00:14	柳州市	柳州市	本地	本地	柳州市	柳州市
19	1517724	被叫	1507728	2013-05-02 04:18:05	00:24	柳州市	柳州市	本地	本地	柳州市	柳州市
20	1517724	被叫	1507728	2013-05-02 04:17:39	00:16	柳州市	柳州市	本地	本地	柳州市	柳州市
21	1517724	被叫	1507728	2013-05-02 04:19:23	00:16	柳州市	柳州市	本地	本地	柳州市	柳州市
22	1517724	被叫	1507728	2013-05-02 04:28:35	00:29	柳州市	柳州市	本地	本地	柳州市	柳州市
23	1517724	主叫	1507728	2013-05-02 04:58:13	00:52	柳州市	柳州市	本地	本地	柳州市	柳州市

图 6-46　查询结果 11

② 查看两人共有的联系人的手机号码：

select * from 三江系列盗牛案.dbo.xyl where 对方号码 in (select 对方号码 from 三江系列盗牛案.dbo.zq) order by 通话时间

查询结果如图 6-47 所示。

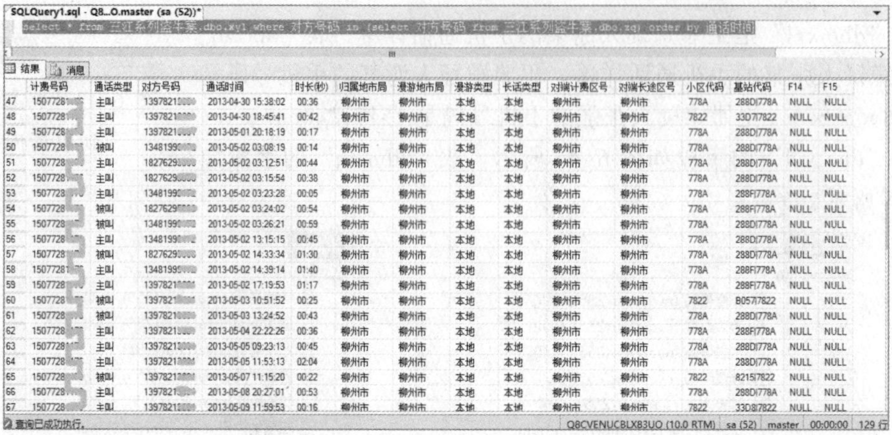

图 6-47　查询结果 12

得到 3 个共有联系人号码，分别是 1397821×××，1348199××× 和 1827629 ××××。后来证实，这三个手机号码分别是犯罪嫌疑人何某、龚沃某和黄某使用。

本章小结

本章主要介绍了数据、数据库、数据库管理系统、关系模型、关系完整性约束、关系数据库的规范化等基本概念，介绍了 SQL Server 2008 数据库管理系统的安装流程和常用的 SQL 查询语句的使用。

- 数据（Data）：是数据库中存储的基本对象，是最终用户操作的基本对象。
- 数据库（Data Base，DB）：是存放在一起的、有联系的数据，且按照规定数据结构来组织的，并且有特定的人来管理。
- 数据库管理系统：是位于用户与操作系统之间的一个数据管理软件。
- 数据库系统：是带有数据库的计算机应用系统。数据库系统一般由数据库、计算机软硬件及系统人员和用户等组成。
- 关系模型：由关系数据结构、关系操作集合和关系完整性约束三部分组成。
- 关系完整性约束：通常包括域完整性，实体完整性、参照完整性和用户定义完整性。
- 关系数据库的规范化：包括函数依赖，范式（NormalForm）和模式设计方法。

课后练习

选择题

1. 数据库管理系统的功能包括（　　　）。

　A. 数据定义　　　　　　　　　　　B. 数据操纵

　C. 数据库运行管理、维护　　　　　D. 以上都是

2. 下列说法不正确的是（　　　）。

    A. 数据库避免了一切数据重复

    B. 数据库减少了数据冗余

    C. 数据库数据可以为 DBA 认可的用户共享

    D. 控制冗余可确保数据的一致性

3. 数据库的特点是（　　　）、数据独立、减少数据冗余度、避免数据不一致和加强数据保护。

    A. 数据共享　　　　B. 数据存储　　　　C. 数据应用　　　　D. 数据保密

4. 以下关于数据库管理系统的说法不正确的是（　　　）。

    A. 数据库管理系统是一种系统软件

    B. 数据库管理系统是数据库系统的核心

    C. 数据库管理系统是包括系统管理员、用户在内的人机系统

    D. 数据库管理系统的简称是 DBMS

5. 关系数据库中的"关系"是指（　　　）。

    A. 数据模型是一个满足一定条件的二维表格

    B. 各字段数据彼此都有一定关系

    C. 各条记录彼此都有一定关系

    D. 表文件之间存在一定关系

6. 以下列出的（　　　）不是常用的数据模型。

    A. 链状模型　　　　B. 网状模型　　　　C. 关系模型　　　　D. 层次模型

7. 下面关于数据库概念的叙述中，（　　　）是正确的。

    A. 由于共享数据不必重复存储，可以减少数据的冗余度

    B. 数据库中数据不可被共享

    C. 利用数据库存储数据，可以避免所有的数据重复

    D. 计算机关机后，数据库存储在 RAM 存储器中

8. 一个仓库可以存放多种零件，每种零件可以存放在不同的仓库中，仓库和零件之间为（　　　）关系。

    A. 一对一　　　　B. 一对多　　　　C. 多对多　　　　D. 多对一

9. 关系模型中，关系的完整性约束包括（　　　）。

    A. 域完整性　　　　B. 实体完整性　　　　C. 参照完整性

    D. 用户定义完整性　　　　E. 以上全部

10. 在关系模型中，能唯一确定关系中一个元组的属性称为（　　　）。

    A. 主键　　　　B. 候选键　　　　D. 域　　　　C. 元组

11. 专门的关系运算有（　　　）。

    A. 选择　　　　B. 投影　　　　C. 连接

    D. 除　　　　E. 以上都是

第7章
计算机网络基础及信息安全 《《《

引言

伴随着飞速发展的网络，人们的工作和生活方式发生了翻天覆地的变化，网络就如同空气般，时时刻刻围绕在我们的身边不可或缺，信息全球化的时代已经到来。与此同时，与之相对应的网络与信息的安全问题也日趋严峻。

教学目标

了解计算机网络的基本概念和相关内容，理解什么是 IP 地址、域名系统和计算机病毒的特性和防治方法，了解信息安全的定义及相关的信息安全技术。

教学重点和难点

（1）计算机网络的功能和分类。

（2）计算机网络的拓扑结构。

（3）IP 地址和域名的工作原理。

（4）计算机病毒的防范。

（5）信息安全技术。

7.1　计算机网络基本概念

信息科技飞速发展的今天，计算机网络已经渗透到人们的生活的各个角落，也改变了人们的学习和工作方式，计算机网络成为人们日常生活和工作的一个不可或缺的重要工具。下面来了解一下，到底什么是计算机网络，计算机网络是怎么发展而来的，计算机网络由哪些部分组成。

7.1.1　计算机网络的定义

计算机网络就是将分散在不同位置、功能各异的多个计算机连接在一起的网络系统。在通信线路、网络通信协议以及网络操作系统的支持下实现信息资源共享和信息传递的目的。计算机网络包括以下三个方面的内容：

① 处于不同地理位置的两台或两台以上的计算机互联。

② 通信介质（双绞线、同轴电缆、光纤等有线传输介质）和网络连接设备（交换机、路由器、网关等互连设备）。

③ 网络通信协议和网络操作系统；不同的计算机和不同的网络设备之间要相互通信，必须遵守一系列规则和约定，这些约定就是协议。

1．计算机网络的主要功能

随着计算机网络技术的飞速发展，计算机网络的功能也不断地向各个领域扩展，目前，计算机网络的功能主要有以下几个方面：

（1）资源共享

资源共享是计算机网络最主要的功能。在计算机网络中，资源共享包括硬件资源共享和软件资源共享，即网络中的用户可以使用计算机网络中的全部资源，包括程序和各种信息（数字、声音、图像等）、各种设备（打印机、传真机、扫描仪等）。

（2）数据通信

数据通信是计算机网络最基本的功能。计算机网络能为用户提供最经济快捷的数据传输和数据交换。作为一种通信业务，数据通信为实现广义的远程信息处理提供服务。随着计算机与各种具有处理功能的智能设备在各领域的日益广泛使用，数据通信的应用范围也日益扩大。其典型应用有：文件传输、电子信箱、话音信箱、可视图文、目录查询、智能用户电报及遥测遥控等。对于每种具体应用，在远程信息处理系统或计算机网内部均须相应地实现与该应用相关的通信功能，这些功能也都通过分层协议的形式来加以规定。

（3）分布式处理协同工作

分布式处理是将不同地点的，或具有不同功能的，或拥有不同数据的多台计算机通过通信网络连接起来，在控制系统的统一管理控制下，协调地完成大规模信息处理任务的计算机系统。分布式处理的主要作用是，可以将一些大型的、复杂的处理任务分散到不同的计算机上，起到均衡负载的作用。

2．计算机网络的发展阶段

计算机网络的发展分为以下几个阶段。

第一阶段 诞生阶段（计算机终端网络）

20世纪60年代中期之前的第一代计算机网络是以单个计算机为中心的远程联机系统。典型应用是由一台计算机和全美范围内2 000多个终端组成的飞机订票系统。终端是一台计算机的外围设备，包括显示器和键盘，无CPU和内存。随着远程终端的增多，在主机前增加了前端机（FEP）。当时，人们把计算机网络定义为"以传输信息为目的而连接起来，实现远程信息处理或进一步达到资源共享的系统"，但这样的通信系统已具备网络的雏形。早期的计算机为了提高资源利用率，采用批处理的工作方式。为适应终端与计算机的连接，出现了多重线路控制器。

第二阶段 形成阶段（计算机通信网络）

20世纪60年代中期至70年代的第二代计算机网络是以多个主机通过通信线路互联起来，为用户提供服务，兴起于60年代后期，典型代表是美国国防部高级研究计划局协助开发的军用计算机网 ARPANET。这个时期，网络概念为"以能够相互共享资源为目的互联起来的具有独立功能的计算机之集合体"，形成了计算机网络的基本概念。

第三阶段 互联互通阶段（开放式的标准化计算机网络）

20世纪70年代末至90年代的第三代计算机网络是具有统一的网络体系结构并遵守

国际标准的开放式和标准化的网络。ARPANET 兴起后，计算机网络发展迅猛，各大计算机公司相继推出自己的网络体系结构及实现这些结构的软硬件产品。由于没有统一的标准，不同厂商的产品之间互联很困难，人们迫切需要一种开放性的标准化实用网络环境，这样应运而生了两种国际通用的最重要的体系结构，即 TCP/IP 体系结构和国际标准化组织的 OSI 体系结构。

第四阶段　高速网络技术阶段（新一代计算机网络）

20 世纪 90 年代至今的第四代计算机网络，由于局域网技术发展成熟，出现光纤及高速网络技术、多媒体网络、智能网络，整个网络就像一个对用户透明的大的计算机系统，发展为以 Internet 为代表的互联网。

7.1.2　计算机网络的分类

计算机网络可以按不同角度进行分类，按网络覆盖地理范围分类、按网络的拓扑结构分类、按网络组件关系分类、按传输介质分类等。

1. 按网络覆盖地理范围分类

根据网络的覆盖范围进行划分，可以将计算机网络分为三类：局域网（Local Area Network，LAN）、城域网（Metropolitan Area Network，MAN）和广域网（Wide Area Network，WAN）。

（1）局域网 LAN

局域网用于将有限范围内（如一个实验室、一幢大楼、一个校园）的各种计算机、终端与外围设备互连成网。局域网按照采用的技术、应用范围和协议标准的不同可以分为共享局域网与交换局域网。局域网技术发展迅速，应用日益广泛，是计算机网络中最活跃的领域之一。局域网一般限于较小的地理区域内，一般不超过 2 km，通常是由一个单位组建拥有的。如一个建筑物内、一个学校内或一个工厂的厂区内等。

（2）城域网 MAN

城市地区网络常简称为城域网。目标是要满足几十千米范围内的大量企业、机关、公司的多个局域网互连的需求，以实现大量用户之间的数据、语音、图形与视频等多种信息的传输功能。其实城域网基本上是一种大型的局域网，通常使用与局域网相似的技术，把它单列为一类主要原因是它有单独的一个标准而且被应用了。城域网地理范围可从几十千米到上百千米，可覆盖一个城市或地区，分布在一个城市内，是一种中等形式的网络。

（3）广域网 WAN

广域网也称为远程网。它所覆盖的地理范围从几十千米到几千千米。广域网覆盖一个国家、地区，或横跨几个洲，形成国际性的远程网络。广域网的通信子网主要使用分组交换技术。广域网的通信子网可以利用公用分组交换网、卫星通信网和无线分组交换网，它将分布在不同地区的计算机系统互连起来，达到资源共享的目的。

2. 按网络拓扑结构分类

计算机网络的物理连接形式叫作网络的物理拓扑结构。连接在网络上的计算机、大容量的外存、高速打印机等设备均可看作是网络上的一个结点，也称为工作站。根据网络的拓扑结构划分，将计算机网络分为四类：星形、总线型、环形、网状。

（1）星形拓扑结构

星形布局是以中央结点为中心与各结点连接而组成的，各个结点间不能直接通信，而是经过中央结点控制进行通信。这种结构适用于局域网，近年来连接的局域网大都采用这种连接方式。这种连接方式以双绞线或同轴电缆作连接线路。

星形拓扑结构的优点是：安装容易，结构简单，费用低，通常以集线器（Hub）作为中央结点，便于维护和管理。中央结点的正常运行对网络系统来说是至关重要的，便于管理、组网容易、网络延迟时间短、误码率低。

星形拓扑结构的缺点是：共享能力较差、通信线路利用率不高、中央结点负担过重。

（2）环形拓扑结构

环形网中各结点通过环路接口连在一条首尾相连的闭合环形通信线路中，环路上任何结点均可以请求发送信息。请求一旦被批准，便可以向环路发送信息。一个结点发出的信息必须穿越环中所有的环路接口，信息流中目的地址与环上某结点地址相符时，即被该结点的环路接口所接收，而后信息继续流向下一环路接口，一直流回到发送该信息的环路接口结点为止。这种结构特别适用于实时控制的局域网系统。

环形拓扑结构的优点是：安装容易，费用较低，电缆故障容易查找和排除。有些网络系统为了提高通信效率和可靠性，采用了双环结构，即在原有的单环上再套一个环，使每个结点都具有两个接收通道，简化了路径选择的控制，可靠性较高，实时性强。

环形拓扑结构的缺点是：结点过多时传输效率低、故扩充不方便。

（3）总线型拓扑结构

用一条称为总线的中央主电缆，将相互之间以线性方式连接的工作站连接起来的布局方式称为总线型拓扑。总线型拓扑结构是一种共享通路的物理结构。这种结构中总线具有信息的双向传输功能，普遍用于局域网的连接，总线一般采用同轴电缆或双绞线。

总线型拓扑结构的优点是：安装容易，扩充或删除一个结点很容易，不需停止网络的正常工作，结点的故障不会殃及系统。由于各个结点共用一个总线作为数据通路，信道的利用率高。结构简单灵活、便于扩充、可靠性高、响应速度快；设备量少、价格低、安装使用方便、共享资源能力强、便于广播式工作。

总线型拓扑结构也有其缺点：由于信道共享，连接的结点不宜过多，并且总线自身的故障可以导致系统的崩溃。总线长度有一定限制，一条总线也只能连接一定数量的结点。

（4）网状拓扑结构

将多个子网或多个网络连接起来构成网状拓扑结构。在一个子网中，集线器、中继器将多个设备连接起来，而桥接器、路由器及网关则将子网连接起来。

网状拓扑结构的优点：可靠性高、资源共享方便、有好的通信软件支持下通信效率高。

网状拓扑结构的缺点：贵、结构复杂、软件控制麻烦。

3．按网络组件关系分类

按网络组件关系进行划分，计算机网络可以分为客户机/服务器、对等网络两类。

（1）客户机/服务器网络

服务器是指专门提供服务的高性能计算机或专用设备，客户机是用户计算机。这是客户机向服务器发出请求并获得服务的一种网络形式，多台客户机可以共享服务器提供的各种资源。这是最常用、最重要的一种网络类型。不仅适合于同类计算机联网，也适合于不同类型的计算机联网，如 PC、MAC 机的混合联网。这种网络安全性容易得到保证，计算机的权限、优先级易于控制，监控容易实现，网络管理能够规范化。网络性能在很大程度上取决于服务器的性能和客户机的数量。目前，针对这类网络有很多优化性能的服务器，称为专用服务器。银行、证券公司都采用这种类型的网络。

（2）对等网络

对等网络不要求文件服务器，每台客户机都可以与其他客户机对话，共享彼此的信息资源和硬件资源，组网的计算机一般类型相同。这种网络方式灵活方便，但是较难实现集中管理与监控，安全性也低，较适合于部门内部协同工作的小型网络。

4．按传输介质分类

按网络的传输介质进行划分，分有线网和无线网两种。有线网采用同轴电缆和双绞线来连接计算机网络。同轴电缆网是常见的一种连网方式；它比较经济，安装较为便利，传输率和抗干扰能力一般，传输距离较短；双绞线网是目前最常见的连网方式。它价格便宜，安装方便，但易受干扰，传输率较低，传输距离比同轴电缆要短；光纤网也是有线网的一种，但由于其特殊性而单独列出，光纤网采用光导纤维作传输介质。光纤传输距离长，传输率高，可达数千兆 bit/s，抗干扰性强，不会受到电子监听设备的监听，是高安全性网络的理想选择。不过由于其价格较高，且需要高水平的安装技术，所以现在尚未普及。无线网则是采用空气作传输介质，用电磁波作为载体来传输数据。

7.1.3　网络硬件和软件

一个完整的计算机网络系统是由网络硬件和网络软件所组成的。网络硬件是计算机网络系统的物理实现，网络软件是网络系统中的技术支持。两者相互作用，共同完成网络功能。

● 网络硬件：一般指网络的计算机、传输介质和网络连接设备等。

● 网络软件：一般指网络操作系统、网络通信协议等。

1．网络硬件的组成

计算机网络硬件系统是由计算机（主机、客户机、终端）、通信处理机（集线器、交换机、路由器）、通信线路（同轴电缆、双绞线、光纤）、信息变换设备（Modem，编码解码器）等构成。

（1）主计算机

在一般的局域网中，主机通常被称为服务器，是为客户提供各种服务的计算机，因此对其有一定的技术指标要求，特别是主、辅存储容量及其处理速度要求较高。根据服务器在网络中所提供的服务不同，可将其划分为文件服务器、打印服务器、通信服务器、域名服务器、数据库服务器等。

（2）网络工作站

除服务器外，网络上的其余计算机主要是通过执行应用程序来完成工作任务的，我们把这种计算机称为网络工作站或网络客户机，它是网络数据主要的发生场所和使用场所，用户主要是通过使用工作站来利用网络资源并完成自己作业的。

（3）网络终端

网络终端是用户访问网络的界面，它可以通过主机联入网内，也可以通过通信控制处理机联入网内。

（4）通信处理机

通信处理机一方面作为资源子网的主机、终端连接的接口，将主机和终端连入网内；另一方面它又作为通信子网中分组存储转发结点，完成分组的接收、校验、存储和转发等功能。

（5）通信线路

通信线路（链路）是为通信处理机与通信处理机、通信处理机与主机之间提供通信信道。

（6）信息变换设备

信息变换设备主要是对信号进行变换，包括：调制解调器、无线通信接收和发送器、用于光纤通信的编码解码器等。

2．网络软件的组成

在计算机网络系统中，除了各种网络硬件设备外，还必须具有网络软件。

（1）网络操作系统

网络操作系统是网络软件中最主要的软件，用于实现不同主机之间的用户通信，以及全网硬件和软件资源的共享，并向用户提供统一的、方便的网络接口，便于用户使用网络。目前网络操作系统有三大阵营：UNIX、NetWare 和 Windows。目前，我国最广泛使用的是 Windows 网络操作系统。

（2）网络协议软件

网络协议是网络通信的数据传输规范，网络协议软件是用于实现网络协议功能的软件。目前，典型的网络协议软件有 TCP/IP 协议、IPX/SPX 协议、IEEE802 标准协议系列等。其中，TCP/IP 是当前异种网络互连应用最为广泛的网络协议软件。

（3）网络管理软件

网络管理软件是用来对网络资源进行管理以及对网络进行维护的软件，如性能管理、配置管理、故障管理、记费管理、安全管理、网络运行状态监视与统计等。

（4）网络通信软件

网络通信软件是用于实现网络中各种设备之间进行通信的软件，使用户能够在不必详细了解通信控制规程的情况下，控制应用程序与多个站点进行通信，并对大量的通信数据进行加工和管理。

（5）网络应用软件

网络应用软件是为网络用户提供服务，最重要的特征是它研究的重点不是网络中各个独立的计算机本身的功能，而是如何实现网络特有的功能。

7.1.4 无线局域网

随着便携笔记本和智能手机的普遍使用，人们希望不论在何时、何地都能够与任何人进行包括数据、语音、图像和视频等任何内容的通信。在这样的大背景下，无线网受到越来越多的关注，成为近年来发展最快的计算机网络。无线局域网是无线网络中最重要的组成部分。

1. 无线网络

无线网络是利用无线介质（无线电波、红外线和激光等）作为信息传输媒介而构成的计算机网络。按照网络覆盖的地理范围分为无线广域网（WWAN）、无线城域网（WMAN）、无线局域网（WLAN）和无线个域网（WPAN）。

（1）无线广域网

无线广域网（WWAN）是指传输范围可跨越国家或不同城市的无线网络，由于其网络覆盖范围大，需要运营商来架设及维护整个网络。

通常我国 WWAN 指的就是几大电信运营商（中国移动、中国电信、中国联通等）的移动通信网。用户可以通过远程公用网络或专用网络建立无线网络连接，通过使用由运营商负责维护的若干天线基站或卫星系统，覆盖若干城市或者国家（地区）。目前，WWAN 的应用形式包括全球数字移动电话系统（GPRS）、网络数字包数据（CDPD）和多址代码分区访问（CSMA）。WWAN 标准由 IEEE 802.20 和 3G 蜂窝移动通信系统构成。

（2）无线城域网

无线城域网（WMAN）通常用于城市范围内，其有效覆盖区域为 2～10 km，最大可达到 30 km，数据传输速率最快可达 70 Mbit/s。

（3）无线局域网

无线局域网（WLAN）是以太网和无线数据通信技术相结合的产物，它以无线方式实现传统以太网的所有功能。主要用于宽带家庭、办公大楼以及园区内部。WLAN 采用 IEEE 802.11 系列标准。

（4）无线个域网

无线个域网（WPAN）也叫无线个人网，是指在个人活动范围内所使用的无线网络，主要用途是让个人使用的手机、PDA、笔记本式计算机等可互相通信，交换数据。其典型的传输距离为几米，目前主要技术为蓝牙（Bluetooth）和超宽带（UWB）等。WPAN 采用 IEEE 802.15 标准。

2. 无线局域网的结构

作为无线网络的一大重要门类，无线局域网有狭义和广义之分。狭义无线局域网特指采用了 IEEE 802.11 系列标准的局域网。IEEE 802.11 系列的无线局域网又叫作 Wi-Fi 系统。广义无线局域网是指以无线为传输介质的局部网络，它包含无线局域网（WLAN）和个人网技术（WPAN）。下面介绍广义无线局域网。

（1）有固定基础设施 WLAN

利用预先建立起来的、能够覆盖一定地理范围的一批固定基站实现无线数据通信，该基站称为接入点 AP。无线站点（STA）又叫移动站，通常由计算机加无线网卡构成，通过 AP 进行通信。

（2）无固定基础设施 WLAN

这种网络没有接入点 AP，而是由一些处于平等状态的移动站之间相互通信组成的临时网络。这种无固定基础设施 WLAN 称为自组织网络，由于没有预先建好的基站，因此它的服务范围通常是受限的。

无线局域网与有线的以太网相比，具有以下几大特点：

- 可移动性。通信不受环境条件的限制，拓宽了网络的传输范围。
- 灵活性。组网不受布线接点位置的制约，具有传统以太网无法比拟的灵活性。
- 扩展能力强。只需通过增加 AP 即可对现有网络进行有效扩展。
- 经济节约。不需要布线或开挖沟槽，安装便捷，建设成本低。

3. 无线局域网的主要设备

（1）无线网卡

无线网卡是以无线方式连接用户终端进行上网使用的计算机配件。具体来说它就是使你的计算机能以无线方式接入 Wi-Fi 系统的一个装置。

（2）无线接入点

无线接入点（AP）将各无线站点连接到一起，相当于以太网的集线器或交换机，使装有无线网卡的 PC 通过 AP 共享整个 Wi-Fi 网络的资源。无线 AP 在结构上包括发送器、接收器、天线和桥接器。

无线电波在传播过程中会不断衰减，导致无线 AP 的通信范围被限定在几十到上百米范围之内。一个无线 AP 虽然理论上最多可以连接 255 台无线客户端，但要达到比较理想的性能，最好不要超过 30 台。无线 AP 通过桥接器将无线网络接入以太网甚至广域网。

（3）无线天线

天线（Antenna）的功能是发射和接收电磁波。无线电发射机输出的射频信号功率，通过馈线（电缆）输送到天线，由天线以电磁波形式辐射出去；电磁波到达接收地点后，由天线接下来（仅仅接收到极小一部分功率），并通过馈线送到无线电接收机。

无线天线主要有室内和室外两种。室内天线的优点是方便灵活，缺点是增益小、传输距离短。室内天线通常没有防水和防雷设计，一般不可用于室外。室外天线的优点是传输距离远，比较适合远距离传输。

（4）无线网桥

无线网桥通过无线（微波）进行远距离数据传输，主要用于无线或有线局域网之间的互连。根据协议不同，无线网桥又可以分为工作在 2.4 GHz 频段的 IEEE 802.11b/g 无线网桥以及工作在 5.8 GHz 频段的 IEEE 802.11a 无线网桥等。

7.2　Internet 基础

Internet 是一个大型广域计算机网络，对推动世界科学、文化、经济和社会的发展有着不可估量的作用。

7.2.1　Internet 的概念

Internet，中文正式译名为因特网，又叫作国际互联网。它是由那些使用公用语言互相通信的计算机连接而成的全球网络。一旦连接到它的任何一个结点上，就意味着用户的计算机已经连入 Internet 网上了。Internet 目前的用户已经遍及全球，有超过几亿人在使用，并且它的用户数还在以等比级数上升。Internet 是由许多小的网络（子网）互联而成的一个逻辑网，每个子网中连接着若干台计算机（主机）。Internet 以相互交流信息资源为目的，基于一些共同的协议，并通过许多路由器和公共互联网而组成，它是一个信息资源和资源共享的集合。

Internet 上有丰富的信息资源，我们可以通过 Internet 方便地寻求各种信息。

我们可以从两个来源寻求信息：人和计算机系统。在 Internet 上可以找到能够提供各种信息的人：教育家、科学家、工程技术专家、医生、营养学家、学生……以及有各种专长和爱好的人们。对于所有这些人，Internet 提供与处在同样情况下的其他人进行讨论和交流的渠道。事实上，几乎在所有可能想到的题目下，都能找到进行讨论与交流的小组。或者，当没有这样的讨论小组时，我们还可以自己建立一个。

Internet 计算机存储的信息则汇成了信息资源的大海洋。信息内容无所不包：有学科技术的各种专业信息，也有与大众日常工作与生活息息相关的信息；有严肃主题的信息，也有体育、娱乐、旅游、消遣和奇闻逸事一类的信息；有历史档案信息，也有现实世界的信息；有知识性和教育性的信息，也有消息和新闻的传媒信息；有学术、教育、产业和文化方面的信息，也有经济、金融和商业信息等。信息的载体涉及几乎所有媒体，如文档、表格、图形、影像、声音以及它们的合成。信息容量小到几行字符，大到一个图书馆。信息分布在世界各地的计算机上，以各种可能的形式存在，如文件、数据库、公告牌、目录文档和超文本文档等。而且这些信息还在不断地更新和变化中。可以说，这里是一个取之不尽用之不竭的大宝库。

Internet 的另一种资源是计算机系统资源，包括连接在 Internet 的各种网络上的计算机的处理能力、存储空间（硬件资源）以及软件工具和软件环境（软件资源）。一般地说，使用计算机系统的 Internet 用户，如科学家、工程师、设计师、教师、学生或每一个普通用户，都可以通过远程登录到达某台目标计算机，只要这台计算机允许你使用并建立了你的登录账号。你可以像使用自己的计算机一样使用它们。

1. Internet 主要应用

进入 Internet 后，就可以利用其中各个网络和各种计算机上无穷无尽的资源，同世界各地的人们自由通信和交换信息，以及去做通过计算机能做的各种各样的事情，享受 Internet 提供的各种服务。

（1）Internet 提供了高级浏览 WWW 服务

WWW，也叫作 Web，是人们登录 Internet 后最常利用到的 Internet 的功能。人们连入 Internet 后，有一半以上的时间都是在与各种各样的 Web 页面打交道。在基于 Web 方式下，我们可以浏览、搜索、查询各种信息，可以发布自己的信息，可以与他人进行实时或者非实时的交流，可以游戏、娱乐、购物，等等。

（2）Internet 提供了电子邮件 E-mail 服务

在 Internet 上，电子邮件（E-mail 系统）是使用最多的网络通信工具，E-mail 已成为备受欢迎的通信方式。用户可以通过 E-mail 系统同世界上任何地方的朋友交换电子邮件。不论对方在哪儿，只要他也可以连入 Internet，那么发送的信只需要几分钟的时间就可以到达对方的手中了。

（3）Internet 提供了远程登录 Telnet 服务

远程登录就是通过 Internet 进入和使用远距离的计算机系统，就像使用本地计算机一样。远端的计算机可以在同一间屋子里，也可以远在数千千米之外。它使用的工具是 Telnet。它在接到远程登录的请求后，就试图把用户所在的计算机同远端计算机连接起来。一旦连通，用户的计算机就成为远端计算机的终端。用户可以正式注册（login）进入系统成为合法用户，执行操作命令，提交作业，使用系统资源。在完成操作任务后，通过注销（logout）退出远端计算机系统，同时也退出 Telnet。

（4）Internet 提供了文件传输 FTP 服务

FTP（文件传输协议）是 Internet 上最早使用的文件传输程序。它同 Telnet 一样，使用户能登录到 Internet 的一台远程计算机，把其中的文件传送回自己的计算机系统，或者反过来，把本地计算机上的文件传送并装载到远方的计算机系统。利用这个协议，我们就可以下载免费软件，或者上传自己的主页。

2．Internet 特点

Internet 具有以下特点：

- 系统不与具体的专用网络相关联，用户可以在世界范围内的任何地点、任何时候方便地访问网络上面任何一个结点。
- 对用户的计算机和网络操作的要求很低。
- 绝大部分报文是通过填写屏幕单证的方式形成的。
- Internet 的带宽高。
- Internet 的费用低。

3．我国的 Internet

我国计算机网络起步于 20 世纪 80 年代。1980 年进行联网试验，并组建各单位的局域网。1989 年 11 月，第一个公用分组交换网建成运行。1993 年建成新公用分组交换网 CHINANET。80 年代后期，相继建成各行业的专用广域网。1994 年 4 月，我国用专线接入因特网（64 kbit/s）。1994 年 5 月，设立第一个 WWW 服务器。1994 年 9 月，中国公用计算机互联网启动，到 1996 年初，我国的 Internet 已形成了四大主流体系。

（1）中国科技网（CSTNET）

中国科技网隶属于中科院。主要从事非营利、公益性活动，以科研为目的，为科技界、科技管理部门、政府部门和高新技术企业服务，是我国最早建设并获国家承认的具有国际信道出口的四大 Internet 网络之一。

（2）中国公用计算机互联网（CHINANET）

中国公用计算机互联网隶属于工信部。属于商业性 Internet 网，以经营手段接纳用户入网，提供 Internet 服务。目前，中国公用计算机互联网（CHINANET）成为中国带宽最宽、覆盖范围最广、网络性能最稳定、信息资源最丰富、网络功能最先进的互联网络。

（3）中国教育和科研计算机网（CERNET）

中国教育和科研计算机网隶属于教育部，主要以教育为目的。中国教育和科研计算机网 CERNET 是由国家投资建设，目标是建设一个全国性的教育科研基础设施，把全国大部分高校连接起来，实现资源共享。

（4）国家公用经济信息通信网络（CHINAGBN）

国家公用经济信息通信网络又称"金桥网"，隶属于工信部，属于商业性 Internet 网，以经营手段接纳用户入网，提供 Internet 网服务。金桥网是建立在金桥工程的业务网，支持金关、金税、金卡等"金"字头工程的应用。它是覆盖全国，实行国际联网，为用户提供专用信道、网络服务和信息服务的基干网。

7.2.2　IP 地址

1．为什么要配置 IP 地址

在网络中，为了实现不同计算机之间的通信，每台计算机都必须有一个唯一的地址。就像日常生活中的家庭住址一样，我们可以通过一个人的家庭住址找到他的家。当然，在网络中要找到一台计算机，进而和它通信，也需要借助一个地址，这个地址就是 IP 地址，IP 地址是唯一标识一台主机的地址。

2．什么是 IP 地址

IP 地址是一个 32 位二进制数，用于标识网络中的一台计算机。IP 地址通常以两种方式表示：二进制数和十进制数。

二进制数表示：在计算机内部，IP 地址用 32 位二进制数表示，每 8 位为一段，共 4 段。如 10000011.01101011.00010000.11001000。

十进制数表示：为了方便使用，通常将每段转换为十进制数。如 10000011.01101011.00010000.11001000 转换后的格式为：130.107.16.200。这种格式是我们在计算机中所配置的 IP 地址的格式。

3．IP 地址的组成

IP 地址由两部分组成：网络 ID 和主机 ID。

- 网络 ID：用来标识计算机所在的网络，也可以说是网络的编号。
- 主机 ID：用来标识网络内的不同计算机，即计算机的编号。

IP 地址规定：网络号不能以 127 开头，第一字节不能全为 0，也不能全为 1。主机号不能全为 0，也不能全为 1。

4．IP 地址的分类

由于 IP 地址是有限资源，为了更好地管理和使用 IP 地址，根据网络规模的大小将 IP 地址分为 5 类（ABCDE）：

A 类地址：第一组数（前 8 位）表示网络号，且最高位为 0，这样只有 7 位可以表示网络号，能够表示的网络号有 $2^7-2=126$（去掉全"0"和全"1"的两个地址）个，范围是：1.0.0.0～126.0.0.0。后三组数（24 位）表示主机号，能够表示的主机号的个数是 $2^{24}-2=16\,777\,214$ 个，即 A 类的网络中可容纳 16 777 214 台主机。A 类地址只分配给超大型网络。

B 类地址：前两组数（前 16 位）表示网络号，后两组数（16 位）表示主机号。且最高位为 10，能够表示的网络号为 2^{14}=16 384 个，范围是：128.0.0.0～191.255.0.0。B 类网络可以容纳的主机数为 2^{16}-2=65 534 台主机。B 类 IP 地址通常用于中等规模的网络。

C 类地址：前三组表示网络号，最后一组数表示主机号，且最高位为 110，最大网络数为 2^{21}=2 097 152，范围是：192.0.0.0～223.255.255.0，可以容纳的主机数为 2^8-2=254 台主机。C 类 IP 地址通常用于小型的网络。

D 类地址：最高位为 1110，是多播地址。

E 类地址：最高位为 11110，保留在今后使用。

注意：在网络中只能为计算机配置 A、B、C 三类 IP 地址，而不能配置 D 类、E 类两类地址。

5. 几个特殊 IP 地址

主机号全 0：表示网络号，不能分配给主机。如：192.168.4.0 为网络地址。

主机号全 1：表示向指定子网发广播。如：192.168.1.255 表示向网络号 192.168.1.0 发广播。

255.255.255.255：本子网内广播地址。

127.X.Y.Z：测试地址，不能配置给计算机。

7.2.3 域名系统（DNS）

域名地址是将 IP 地址转化为人们便于记忆和管理的系统。它由解析器和域名服务器组成。域名服务器是指保存有该网络中所有主机的域名和对应 IP 地址，并具有将域名转换为 IP 地址功能的服务器。其中域名必须对应一个 IP 地址，而 IP 地址不一定有域名。

1. 域名表达方式

每台接入 Internet 的主机除了有 IP 地址外，还都具有类似于下列结构的域名：

网络名.主机名.次级域名.最高层域名

例如，有一域名 http://www.hbcit.edu.cn/，其含义是："cn"代表中国（China），是一个顶级域名；"edu"代表教育（education），是次级域名；"hbcit"代表河北工业职业技术学院（Hebei College of Industry and Technology），代表主机名，是这个域名的主体；"www"代表万维网，是网络名。

通常，在网络上要建立自己的网站，就必须取得一个域名。域名是上网单位和个人在网络上的重要标识，起着识别作用。除了识别功能外，域名还可以起到引导、宣传、代表等作用。

说明：域名地址和用数字表示的 IP 地址实际上功能相同，只是外表不同而已。在访问一个站点的时候，浏览者可以输入用数字表示的这个站点的 IP 地址，也可以输入它的域名地址。

2. 域名级别

域名大致分成两类：顶级域名和二级域名。

（1）顶级域名

顶级域名又分为两类：一是国家顶级域名，例如，中国是 cn，美国是 us，日本是 jp

等；二是国际顶级域名，分别代表了不同的机构性质，如.com 表示的是商业机构，.net 表示的是网络机构，.gov 表示的是政府机构，.edu 表示的是教育机构。

（2）二级域名

二级域名是指顶级域名之下的域名，在国际顶级域名下，它是指域名注册人的网上名称，例如 ibm、yahoo、microsoft 等；在国家顶级域名下，它是表示注册企业类别的符号，例如 com、edu、gov、net 等。

7.3　计算机病毒及防范

随着计算机网络越来越深入和广泛的应用，计算机病毒对安全的危害也随着互联网的发展而逐渐升级，计算机病毒的种类越来越多，越来越复杂，计算机网络的安全问题日趋紧迫和重要。了解和预防计算机病毒显得尤为重要。

7.3.1　计算机病毒的定义及特性

计算机病毒是一种"计算机程序"，它不仅能破坏计算机系统，而且还能够传播、感染到其他系统。它通常隐藏在其他看起来无害的程序中，能生成自身的复制品并将其插入其他的程序中，执行恶意的操作。1994 年 2 月 18 日，我国正式颁布实施了《中华人民共和国计算机信息系统安全保护条例》，该《条例》第二十八条中明确指出："计算机病毒，是指编制或者在计算机程序中插入的破坏计算机功能或者毁坏数据，影响计算机使用并能自我复制的一组计算机指令或者程序代码。"此定义具有法律效力和权威性。

现在，计算机病毒的定义已远远超出了以上的定义，其中破坏的对象不仅仅是计算机，同时还包括交换机、路由器等网络设备；影响的不仅仅是计算机的使用，同时还包括网络的运行性能。就像许多生物病毒具有传染性一样，绝大多数计算机病毒具有独特的复制能力和感染良性程序的特性。

1．计算机病毒的特征

从计算机病毒的定义来看，计算机病毒本身也是一段计算机程序，只是该程序是用来破坏或影响计算机系统功能和运行的，它们和生物病毒有不同点，也有相似之处，归纳起来，它具有以下特征：

（1）破坏性

计算机病毒的目的在于破坏系统的正常运行，主要表现有占用系统资源、破坏用户数据、干扰系统正常运行。恶性病毒的危害性很大，严重时可导致系统死机，甚至网络瘫痪。

（2）传染性

计算机病毒的传染性，也叫自我复制或叫传播性，这是其本质特征。在一定条件下，病毒可以通过某种渠道从一个文件或一台计算机上传染到另外的没被感染的文件或计算机上，轻则使被感染的文件或计算机数据破坏或工作失常，重则使系统瘫痪。

（3）隐蔽性

计算机病毒一般是具有很高编程技巧、短小灵活的程序，通常依附在正常程序或磁

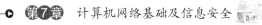

盘中较隐蔽的地方，也有的以隐含文件夹形式出现，用户很难发现。如果不经过代码分析，是很难将病毒程序与正常程序区分开的。正是这种特性才使得病毒在发现之前已进行了广泛地传播，造成了破坏。

（4）不可预见性

计算机病毒的制作技术不断提高，种类也不断翻新，而相比之下，防病毒技术落后于病毒制作技术。新型操作系统、新型软件工具的应用，也为病毒编制者提供了方便。因此，对未来病毒的类型、特点及破坏性等均很难预测。

（5）衍生性

计算机病毒程序可被他人模仿或修改，经过恶做剧者或恶意攻击者的改写，就可能成为原病毒的变种。

（6）针对性

很多计算机病毒并非任何环境下都可起作用，而是有一定的运行环境要求，只有在软、硬件条件满足要求时才能发作。

2．计算机病毒的分类

（1）按破坏性划分

按其破坏性可分为良性病毒和恶性病毒。

- 良性病毒：是指那些只是为了表现自身，并不彻底破坏系统和数据，但会占用大量 CPU 时间，增加系统开销，降低系统工作效率的一类计算机病毒。该类病毒多为恶作剧者的产物，他们的目的不是为了破坏系统和数据，而是为了让使用染有病毒的计算机用户通过显示器看到或体会到病毒设计者的编程技术。

- 恶性病毒：是指那些一旦发作，就会破坏系统或数据，造成计算机系统瘫痪的一类计算机病毒。该类病毒危害极大，有些病毒发作后可能给用户造成不可挽回的损失。该类病毒有"黑色星期五"病毒、木马、蠕虫病毒等，它们表现为封锁、干扰、中断输入输出，删除数据、破坏系统，使用户无法正常工作，严重时使计算机系统瘫痪。

（2）按连接方式划分

按连接方式可分为源码型、嵌入型、操作系统型和外壳型病毒。

- 源码型病毒：较为少见，亦难以编写。它要攻击高级语言编写的源程序，在源程序编译之前插入其中，并随源程序一起编译、连接成可执行文件，这样刚刚生成的可执行文件便已经带毒了。

- 嵌入型病毒：可用自身代替正常程序中的部分模块，因此，它只攻击某些特定程序，针对性强。一般情况下也难以被发现，清除起来也较困难。

- 操作系统型病毒：可用其自身部分加入或替代操作系统的部分功能。因其直接感染操作系统，因此病毒的危害性也较大，可能导致整个系统瘫痪。

- 外壳型病毒：将自身附着在正常程序的开头或结尾，相当于给正常程序加了个外壳。大部分的文件型病毒都属于这一类。

（3）按寄生方式划分

按寄生方式可分为引导扇区型病毒、文件型病毒以及集两种病毒特性于一体的复合型病毒和宏病毒、网络病毒。

- 引导扇区型病毒：它会潜伏在硬盘的引导扇区或主引导记录中。如果计算机从被感染的软盘引导，病毒就会感染到引导硬盘，并把自己的代码调入内存。病毒可驻留在内存内并感染被访问的软盘。触发引导扇区型病毒的典型事件是系统日期和时间。
- 文件型病毒：一般只传染磁盘上的可执行文件（如.com，.exe）。在用户运行染毒的可执行文件时，病毒首先被执行，然后病毒驻留内存中伺机传染其他文件或直接传染其他文件。这类病毒的特点是附着于正常程序文件中，成为程序文件的一个外壳或部件。当该病毒完成了它的工作后，其正常程序才被运行，使人看起来仿佛一切都很正常。

文件型病毒与引导扇区病毒最大的不同之处是，它攻击磁盘上的文件。它将自己依附在可执行的文件中，并等待程序的运行。这种病毒会感染其他的文件，而它自己却驻留在内存中。当该病毒完成了它的工作后，其正常程序才被运行，使人看起来仿佛一切都很正常。

- 宏病毒是目前最常见的病毒类型，宏病毒不仅可以感染数据文件，还可以感染其他文件。宏病毒可以感染 Word、Excel、PowerPoint 和 Access 文件。现在，这类新威胁也出现在其他程序中。

（4）其他分类方式

其他一些分类方式：按照计算机病毒攻击的操作系统；按照计算机病毒激活的时间；按计算机病毒攻击的机型。

7.3.2 常见的计算机病毒和防治

下面介绍几种常见的恶意代码：

1．后门

后门程序一般是指那些绕过系统安全控制而获取对程序或系统的特殊访问权的程序。在软件开发阶段，程序员常常会在软件内留下一些"后门"以方便修改程序设计中的问题。但如果这些后门被其他人知道，或是在发布软件之前没有被删除掉，那么它就成了安全风险，容易被黑客侵入。后门程序一般带有 backdoor 字样，它们与计算机病毒最大的差别在于：后门程序不一定有自我复制的动作，即它不一定会"感染"其他计算机。

2．逻辑炸弹

逻辑炸弹是以破坏数据和应用程序为目的的程序，对网络和系统有很大的破坏性。逻辑炸弹一般是由黑客或组织内部员工编制，并在特定时间对特定程序或数据目标进行破坏。

3．特洛伊木马

"特洛伊木马"的英文名称为 Trojan Horse（其名称取自希腊神话的《特洛伊木马记》），是指表面看上去对人们有用或有趣，但实际上却有害的东西，并且它的破坏性是隐蔽的。

计算机中的木马是一种基于远程控制的黑客工具，采用客户机/服务器工作模式。它通常包含一个客户端和一个服务器端，客户端放在木马控制者的计算机中，服务器端放置在被入侵的计算机中，木马控制者通过客户端与被入侵计算机的服务器端建立远程连接。一旦连接建立，木马控制者就可以通过对被入侵计算机发送指令来传输和修改文件。攻击者利用一种称为绑定程序的工具将服务器部分绑定到某个合法软件上，诱使用户运行合法软件。只要用户一运行该软件，木马的服务器部分就在用户毫无知觉的情况下完成了安装过程。通常木马的服务器部分都是可以定制的，攻击者可以定制的项目一般包括：服务器运行的IP端口号、程序启动时机、如何发出调用、如何隐身、是否加密等。另外，攻击者还可以设置登录服务器的密码，确定通信方式。服务器向攻击者通知的方式可能是发送一个E-mail，宣告自己当前已成功接管的机器；或者可能是联系某个隐藏的Internet交流通道，广播被侵占机器的IP地址等。另外，当木马的服务器部分启动之后，它还可以直接与攻击者机器上运行的客户程序通过预先定义的端口进行通信。不管木马的服务器和客户程序如何建立联系，有一点是不变的，就是攻击者总是利用客户程序向服务器程序发送命令，达到操控用户机器的目的。

木马的运行，可以采用以下3种模式：

- 潜伏在正常的程序应用中，附带执行独立的恶意操作。
- 潜伏在正常的程序应用中，但会修改正常的应用进行恶意操作。
- 完全覆盖正常的程序应用，执行恶意操作。

木马具有隐蔽性和非授权性的特点。所谓隐蔽性，是指木马的设计者为了防止木马被发现，会采用多种手段隐藏木马。这样，被控制端即使发现感染了木马，也不能确定其准确的位置。所谓非授权性，是指一旦控制端与被控制端连接后，控制端将享有被控制端的大部分操作权限，包括修改文件、修改注册表、控制鼠标、键盘等，这些权力并不是被控制端赋予的，而是通过木马程序窃取的。

木马是一种远程控制工具，以简便、易行、有效而深受黑客青睐。木马主要以网络为依托进行传播，窃取用户隐私资料是其主要目的；而且多具有引诱性与欺骗性，是病毒新的危害趋势。木马可以说是一种后门程序，它会在受害者的计算机系统里打开一个"后门"，黑客经由这个被打开的特定"后门"进入系统，然后就可以随心所欲地操纵计算机了。木马不仅是一般黑客的常用工具，更是网上情报刺探的一种主要手段，对国家安全造成了巨大威胁。

2004年，国内危害最严重的十种木马是：QQ木马、网银木马、MSN木马、传奇木马、剑网木马、BOT系列木马、灰鸽子、蜜峰大盗、黑洞木马、广告木马。这些木马会随着电子邮件、即时通信工具、网页浏览等方式感染用户计算机。系统漏洞就像给了木马一把钥匙，使它能够很轻易在计算机中埋伏下来，达到其偷取隐私信息的险恶目的。我们可以通过以下措施预防木马：

- 不随意下载来历不明的软件。
- 不随意打开来历不明的邮件，阻塞可疑邮件。
- 及时修补漏洞和关闭可疑的端口。
- 尽量少用共享文件夹。
- 运行实时监控程序。

- 经常升级系统和更新病毒库。
- 限制使用不必要的具有传输能力的文件。

4．蠕虫

蠕虫属于计算机病毒的子类，所以也称为"蠕虫病毒"。通常，蠕虫的传播无须人为干预，并可通过网络进行自我复制，在复制过程中可能有改动。与病毒相比，蠕虫可消耗内存或网络带宽，并导致计算机停止响应。与病毒类似，蠕虫也在计算机与计算机之间自我复制，但蠕虫可自动完成复制过程，因为它接管了计算机中传输文件或信息的功能。普通病毒主要是感染文件和引导区，而蠕虫是一种通过网络传播的恶性代码。它具有普通病毒的一些共性，如传播性，隐蔽性，破坏性等；同时也具有一些自己的特征，如不利用文件寄生、可对网络造成拒绝服务、与黑客技术相结合等。蠕虫的传染目标是网络内的所有计算机。在破坏性上，蠕虫病毒也不是普通病毒所能比的，网络的发展使得蠕虫可以在短短的时间内蔓延到整个网络，造成网络瘫痪。

根据使用者情况的不同蠕虫可分为 2 类：面向企业用户的蠕虫和面向个人用户的蠕虫。面向企业用户的蠕虫利用系统漏洞，主动进行攻击，可以对整个网络造成瘫痪性的后果，以"红色代码""尼姆达""SQL 蠕虫王"为代表；面向个人用户的蠕虫通过网络（主要是电子邮件、恶意网页形式等）迅速传播，以"爱虫""求职信"蠕虫为代表。按其传播和攻击特征蠕虫可分为 3 类：漏洞蠕虫、邮件蠕虫和传统蠕虫。其中以利用系统漏洞进行破坏的蠕虫最多，占总体蠕虫数量的 69%；邮件蠕虫占蠕虫数量的 27%；传统蠕虫占 4%。蠕虫可以造成互联网大面积瘫痪，引起邮件服务器堵塞，最主要的症状体现在用户浏览不了互联网，或者企业用户接收不了邮件。如 2004 年爆发的"震荡波"造成了互联网大面积瘫痪，众多用户无法使用互联网，而"五毒虫"蠕虫可以堵塞企业邮件服务器，造成邮件泛滥。

蠕虫程序的一般传播过程为：

① 扫描：由蠕虫的扫描功能模块负责收集目标主机的信息，寻找可利用的漏洞或弱点。

② 攻击：攻击模块按步骤自动攻击扫描中找到的对象，取得该主机的权限（一般为管理员权限），获得一个 shell。

③ 复制：复制模块通过原主机和新主机的交互将蠕虫程序复制到新主机中并启动。

蠕虫具有以下特点：传播迅速，难以清除；利用操作系统和应用程序漏洞主动进行攻击；传播方式多样；可利用的传播途径包括文件、电子邮件、Web 服务器、网络共享；病毒制作技术与传统的病毒不同，与黑客技术相结合。

蠕虫病毒的防范，我们应该做到：企业防治蠕虫病毒需要考虑病毒的查杀能力、病毒的监控能力和新病毒的反应能力等问题。要加强网络管理员安全管理水平，提高安全意识；建立病毒检测系统。可在第一时间内检测到网络的异常和病毒攻击；建立应急响应系统，将风险减少到最低；建立备份和容灾系统。

对于个人用户而言，威胁大的蠕虫病毒一般采取电子邮件和恶意网页传播方式。这些蠕虫病毒对个人用户的威胁最大，同时也最难以根除，造成的损失也更大。网络蠕虫对个人用户的攻击主要还是通过社会工程学，而不是利用系统漏洞，所以防范此类病毒需要注意以下几点：购买合适的杀毒软件；经常升级病毒库；提高防杀病毒意识；不随意查看陌生邮件，尤其是带有附件的邮件。

7.4 计算机信息安全

7.4.1 信息安全概述

随着信息技术的不断发展，信息安全问题也日显突出。如何确保信息系统的安全已成为全社会关注的问题。

1. 信息安全基础

计算机安全是指为数据处理系统建立和采用的技术和管理的安全保护，保护计算机硬件、软件和数据不因偶然和恶意的原因遭到破坏、更改和泄露，保护信息免受未经授权的访问、中断和修改，同时为系统的预期用户保持系统的可用性。

网络安全研究的对象是整个网络，研究领域比计算机系统安全更为广泛。它的目标是创造一个能够保证整个网络安全的环境，包括网络内的计算机资源、网络中传输及存储的数据和计算机用户。通过采用各种技术和管理措施，使网络系统正常运行，确保经过网络传输和交换的数据不会发生增加、修改、丢失和泄露等。网络安全涉及的领域包括密码学设计，各种网络协议的通信以及各种安全实践等。

信息安全是为防止意外事故和恶意攻击而对信息基础设施、应用服务和信息内容的保密性、完整性、可用性、可控性和不可否认性进行的安全保护。信息安全作为一个更大的研究领域，对应信息化的发展，包含了信息环境、信息网络和通信基础设施、媒体、数据、信息内容、信息应用等多个方面的安全需要。

2. 信息安全的特性

信息安全包括以下五个基本特性：

（1）保密性

保密性指确保信息不泄露给非授权的用户、实体或者过程，保证机密信息不被窃听，或窃听者不能了解信息的真实含义。当数据离开一个特定系统，例如网络中的服务器，就会暴露在不可信的环境中。保密性服务就是通过加密算法对数据进行加密，确保其处于不可信环境中也不会泄露。在网络环境中，对数据保密性构成最大威胁的是嗅探者。嗅探者会在通信信道中安装嗅探器，检查所有流经该信道的数据流量。而加密算法是对付嗅探器的最好手段。

（2）完整性

完整性服务用于保护数据免受非授权的修改，因为数据在传输过程中会处于很多不可信的环境，其中存在一些攻击者试图对数据进行恶意修改。Hash算法是保护数据完整性的最好方法，Hash算法对输入消息进行相应处理并输出一段代码，称为该信息的消息摘要。Hash函数具有单向性，所以在发送方发送信息之前会附上一段消息摘要，用于保护其完整性。

（3）可用性

可用性服务用于保证合法用户对信息和资源的使用不会被不正当地拒绝。

（4）可控性

可控性的关键是对网络中的资源进行标识，通过身份标识达到对用户进行认证的目的。一般系统会通过使用"用户所知"或"用户所有"来对用户进行标识，从而验证用户是否是其声称的身份。认证方式可以为视网膜，用户的眼睛对准一个电子设备，该电子设备可以记录用户的视网膜信息，根据该信息可以准确标识用户身份；也可以通过物理位置，系统初始设置一个入口，只要求规定的位置的请求才可以进入。在网络环境中，可以检查被认证的客户端的 IP 地址来进行认证。

（5）不可否认性

不可否认服务用于追溯信息或服务的源头。可以通过数字签名技术，使其信息具有不可替代性，而信息的不可替代性可以导致两种结果：

- 在认证过程中，双方通信的数据可以不被恶意的第三方肆意更改。
- 在认证过程中，信息具有高认证性，并且不会被发送方否认。

3. 信息安全面临的威胁

信息安全面临的威胁多种多样，有来自外部的人为影响，也有来自内部的自身缺陷，这些威胁主要表现如下：

① 互联网体系结构的开放性带来的安全问题。网络基础设施和协议的设计者遵循着一条原则：尽可能创造用户友好性、透明性高的接口，使得网络能够为尽可能多的用户提供服务，但这样也带来了另外的问题：一方面用户容易忽视系统的安全状况；另一方面也引来了不法分子利用网络的漏洞来满足个人的目的。

② 网络基础设施和通信协议的缺陷问题。数据包网络需要在传输结点之间存在一个信任关系，来保证数据包在传输过程中拆分重组过程的正常工作。由于在传输过程中，数据包需要被拆分、传输和重组，所以必须保证每一个数据包以及中间传输单元的安全。然而，目前的网络协议并不能做到这一点。

③ 网络应用高速发展导致用户的数量激增。自从 20 世纪 60 年代早期诞生之初，互联网经历了快速的发展，特别是最近 10 年时间，在用户使用数量和联网的计算机数量上有了爆炸式的增加，互联网的易用性和低准入性带来了巨大的安全隐患。

④ 来自黑客的攻击。在计算机发展的早期，黑客通常是指那些精于使用计算机的人。现在我们通常把试图突破信息系统安全、侵入信息系统的非授权用户称为黑客。具体行为宝库包括：窃取商业秘密的间谍、破坏对手网站的和平活动、寻找军事秘密的间谍，以及热衷于恶作剧的青少年。

⑤ 恶意软件（Malware，俗称"流氓软件"），也可能被称为广告软件（Adware）、间谍软件（Spyware）、恶意共享软件（Malicious Shareware）。与病毒或蠕虫不同，这些软件很多不是小团体或者个人秘密地编写和散播，反而有很多知名企业和团体涉嫌此类软件。换句话说，恶意软件是指在未明确提示用户或未经用户许可的情况下，在用户计算

机或其他终端上安装运行，侵犯用户合法权益的软件。

⑥ 操作系统漏洞。每一款操作系统问世的时候本身都存在一些安全问题或技术缺陷，操作系统的安全漏洞是不可避免的。攻击者会利用操作系统的漏洞取得操作系统中高级用户的权限，进行更改文件、安装和运行软件、格式化硬盘等操作。

⑦ 来自内部的安全问题。现在绝大多数的安全系统都会阻止恶意攻击者靠近系统，用户面临的更为困难的挑战是控制防护体系的内部人员进行破坏活动。设计安全控制时应该注意不要给某一个人赋予过多的权力。

⑧ 社会工程学（Social Engineering）。社会工程学是一种通过对受害者心理弱点、本能反应、好奇心、信任、贪婪等心理陷阱进行诸如欺骗、伤害等危害手段。通过搜集大量的信息针对对方的实际情况，进行心理战术的一种手法。通常以交谈、欺骗、假冒或口语等方式，从合法用户中套取用户系统的秘密。

4. 信息安全评估标准

信息安全评估是指评估机构依据信息安全评估标准，采用一定的方法（方案）对信息安全产品或系统安全性进行评价，是对信息安全产品或系统进行安全水平测定、评估的一类标准。信息安全评估标准是信息安全评估的行动指南。在信息安全管理领域里，由于标准众多，对于标准的争论从未停息过，各国都有各自的评估标准。

美国国防部于 1985 年公布可信的计算机系统安全评估标准（TCSEC，从橘皮书到彩虹系列），是计算机系统信息安全评估的第一个正式标准。它把计算机系统的安全分为 4 类、7 个级别，对用户登录、授权管理、访问控制、审计跟踪、隐蔽通道分析、可信通道建立、安全检测、生命周期保障、文档写作、用户指南等内容提出了规范性要求。

法、英、荷、德欧洲四国 20 世纪 90 年代初联合发布信息技术安全评估标准（ITSEC，欧洲百皮书），它提出了信息安全的机密性、完整性、可用性的安全属性。ITSEC 把可信计算机的概念提高到可信信息技术的高度上来认识，对国际信息安全的研究、实施产生了深刻的影响。信息技术安全评价的通用标准（CC）由六个国家（美、加、英、法、德、荷）于 1996 年联合提出的，并逐渐形成国际标准 ISO15408。CC 标准是第一个信息技术安全评价国际标准，它的发布对信息安全具有重要意义，是信息技术安全评价标准以及信息安全技术发展的一个重要里程碑。该标准定义了评价信息技术产品和系统安全性的基本准则，提出了目前国际上公认的表述信息技术安全性的结构，即把安全要求分为规范产品和系统安全行为的功能要求，以及解决如何正确有效地实施这些功能的保证要求。

2001 年，我国由中国信息安全产品测评认证中心牵头，将 ISO/IEC 15408 转化为国家标准——GB/T 18336—2001《信息技术安全性评估准则》（现已作废，最新标准为 GB T 18336—2015），并直接应用于我国的信息安全测评认证工作。其中，基础性等级划分标准 GB17859—1999《计算机信息系统安全保护等级划分准则》是其他标准的基础；是信息系统安全等级保护实施指南，为等级保护的实施提供指导。标准体系的基本思想概括为：以信息安全的五个属性为基本内容，从实现信息安全的五个层面，按照信息安全五个等级的不同要求，分别对安全信息系统的构建过程、测评过程和运行过程进行控制和管理，实现对不同信息类别按不同要求进行分等级安全保护的总体目标。

7.4.2 计算机信息安全技术

针对以上提所到的信息安全问题，为了保护信息的安全可靠，除了运用法律和管理手段，还需要依靠相应的技术来实现在信息的安全管理。

1. 数据加密技术

在计算机网络中，我们需要一种措施来保护数据的安全性，防止被一些别有用心的人利用或破坏，这在客观上就需要一种强有力的安全措施来保护机密数据不被窃取或篡改。数据加密技术是为了提高信息系统及数据的安全性和保密性，防止秘密数据被外部破析所采用的主要技术手段之一。

密码技术通过信息的变换或编码，将机密的敏感消息变换成为难以读懂的乱码字符，以此达到两个目的：一是使不知道如何解密的窃听者不可能由其截获的乱码中得到任何有意义的信息；二是使窃听者不可能伪造任何乱码型的信息。研究密码技术的学科称为密码学，其中密码编码学主要对信息进行编码，实现信息隐蔽；而密码分析学研究分析破译密码的学问。两者相互对立，而又相互促进。

加密的目的是防止机密信息的泄露，同时还可以用于证实信息源的真实性，验证所接收到的数据的完整性。加密系统是指对信息进行编码和解码所使用的过程、算法和方法的统称。加密通常需要使用隐蔽的转换，这个转换需要使用密钥进行加密，并使用相反的过程进行解密。

目前已经设计出的密码系统是各种各样的。如果以密钥为标准，可将密码系统分为单钥密码系统和双钥密码系统。其中，单钥密码系统又称为对称密码或私钥密码系统，双钥密码系统又称为非对称密码或公钥密码系统。相应的，采用单钥密码系统的加密方法，同一个密钥可同时用作信息的加密和解密，这种加密方法称为对称加密，也称作单密钥加密。另一种是采用双钥密码系统的加密方法，在一个过程中使用两个密钥，一个用于加密，另一个用于解密，这种加密方法称为非对称加密，也称为公钥加密，因为其中的一个密钥是公开的（另一个则需要保密）。

2. 身份认证技术

身份认证（Authentication）是系统审查用户身份的过程，从而确定该用户是否具有对某种资源的访问和使用权限。身份认证通过标识和鉴别用户的身份，提供一种判别和确认用户身份的机制。计算机网络中的身份认证是通过将一个证据与实体身份绑定来实现的。实体可能是用户、主机、应用程序甚至是进程。

身份认证技术在信息安全中处于非常重要的地位，是其他安全机制的基础。只有实现了有效的身份认证，才能保证访问控制、安全审计、入侵防范等安全机制的有效实施。

真实世界中，验证一个用户的身份主要通过以下三种方式：

- 所知道的。根据用户所知道的信息（what you know）来证明用户的身份。
- 所拥有的。根据用户所拥有的东西（what you have）来证明用户的身份。

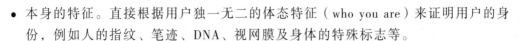

- 本身的特征。直接根据用户独一无二的体态特征（who you are）来证明用户的身份，例如人的指纹、笔迹、DNA、视网膜及身体的特殊标志等。

一个认证系统由五部分组成：请求认证的用户或工作组，用户或工作组提供的用于认证的特征信息，认证机构，认证机制以及接受或拒绝访问系统资源的访问控制机制。

认证技术有口令认证、公钥认证、远程认证、匿名认证和基于数字签名的认证等。

3. TCP/IP 协议安全

TCP/IP 网络内部存在着大量的安全漏洞。安全专家们在架构中加入了大量的安全机制，这些安全协议在协议框架里工作的位置如下：

- 应用层安全——S/MIME，Web 安全，SET，Kerberos。
- 传输层安全——SSL，TLS。
- 网络层安全——IPSec，VPNs。
- 链路层安全——PPP，RADIUS。

4. 访问控制实现技术

访问控制实现技术是为了检测和防止系统中的未授权访问，对资源予以保护所采取的软硬件措施和一系列的管理措施等手段。

5. PKI 技术

公钥基础设施（PKI）是利用密码学中的公钥概念和加密技术为网上通信提供的符合标准的一整套安全基础平台。PKI 能为各种不同安全需求的用户提供各种不同的网上安全服务所需要的密钥和证书，这些安全服务主要包括身份识别与鉴别（认证）、数据保密性、数据完整性、不可否认性及时间戳服务等，从而达到保证网上传递信息的安全、真实、完整和不可抵赖的目的。

PKI 的技术基础之一是公开密钥体制。

PKI 的技术基础之二是加密机制。

从技术上讲，PKI 可以作为支持认证、完整性、机密性和不可否认性的技术基础，从技术上解决网上身份认证、信息完整性和不可抵赖等安全问题，为网络应用提供可靠的安全保障。

6. 防火墙技术

防火墙是指设置在不同网络（如可信赖的企业内部局域网和不可信赖的公共网络）之间或网络安全域之间的一系列部件的组合，通过监测、限制、更改进入不同网络或不同安全域的数据流，尽可能地对外部屏蔽网络内部的信息、结构和运行状况，以防止发生不可预测的、潜在破坏性的入侵，实现网络的安全保护。

防火墙是实现网络和信息安全的基础设施，一个高效可靠的防火墙应用具备以下的基本特性：

- 防火墙是不同网络之间，或网络的不同安全域之间的唯一出入口，从里到外和从外到里的所有信息都必须通过防火墙。
- 通过安全策略来控制不同网络或网络不同安全域之间的通信，只有本地安全策略授权的通信才允许通过。

- 防火墙本身是免疫的，即防火墙本身具有较强的抗攻击能力。

7．入侵检测系统

入侵检测（ID）主要是监督并分析用户和系统的活动、检查系统配置和漏洞、检查关键系统和数据文件的完整性、识别代表已知攻击的活动模式、对反常行为模式的统计分析、对操作系统的校验管理判断是否有破坏安全的用户活动。

入侵检测主要分为基于网络的入侵检测系统（NIDS）和基于主机的入侵检测系统（HIDS）。基于网络的入侵检测系统将整个网络作为扫描范围，通过检测整个网络来发现网络上异常、不恰当的，或其他可能导致未授权、有害事件发生的事件。基于主机的入侵检测系统（HIDS）将检测转向组织网络的内部，检测针对本地主机入侵行为的系统，可以在单一主机上进行恶意行为检测，也可以部署在单一主机上，同样也可以部署在远程主机上，或部署在网段上来检测整个网段。

8．系统安全扫描技术

系统安全扫描技术就是，为操作系统创建一个列表，列表中包含了目前所有已知的安全漏洞（有很多可用的资源可以帮助用户完成这个步骤）；然后对列表中的每一个漏洞进行检查以确定其是否存在于系统中（也有很多现成的工具可以帮助完成这一步骤）；记录系统存在的漏洞；再根据严重程度以及处理时所花费的成本对存在的漏洞划分等级，最后根据情况采取修补措施。

9．病毒防范技术

从反病毒产品对计算机病毒的作用来讲，防毒技术可以直观地分为：病毒预防技术、病毒检测技术及病毒清除技术。

计算机病毒的预防技术就是通过一定的技术手段防止计算机病毒对系统的传染和破坏。实际上这是一种动态判定技术，即一种行为规则判定技术。也就是说，计算机病毒的预防是采用对病毒的规则进行分类处理，而后在程序运作中凡有类似的规则出现则认定是计算机病毒。具体来说，计算机病毒的预防是通过阻止计算机病毒进入系统内存或阻止计算机病毒对磁盘的操作，尤其是写操作。预防病毒技术包括：磁盘引导区保护、加密可执行程序、读写控制技术、系统监控技术等。例如，大家所熟悉的防病毒卡，其主要功能是对磁盘提供写保护，监视在计算机和驱动器之间产生的信号。以及可能造成危害的写命令，并且判断磁盘当前所处的状态：哪一个磁盘将要进行写操作，是否正在进行写操作，磁盘是否处于写保护等，来确定病毒是否将要发作。计算机病毒的预防应用包括对已知病毒的预防和对未知病毒的预防两个部分。目前，对已知病毒的预防可以采用特征判定技术或静态判定技术，而对未知病毒的预防则是一种行为规则的判定技术，即动态判定技术。

计算机病毒的检测技术是指通过一定的技术手段判定出特定计算机病毒的一种技术。它有两种：一种是根据计算机病毒的关键字、特征程序段内容、病毒特征及传染方式、文件长度的变化，在特征分类的基础上建立的病毒检测技术；另一种是不针对具体病毒程序的自身校验技术。即对某个文件或数据段进行检验和计算并保存其结果，以后定期或不定期地以保存的结果对该文件或数据段进行检验，若出现差异，即表示该文件或数据段完整性已遭到破坏，感染上了病毒，从而检测到病毒的存在。

10. 清除病毒技术

计算机病毒的清除技术是计算机病毒检测技术发展的必然结果，是计算机病毒传染程序的一种逆过程。目前，清除病毒大都是在某种病毒出现后，通过对其进行分析研究而研制出来的具有相应解毒功能的软件。这类软件技术发展往往是被动的，带有滞后性。而且由于计算机软件所要求的精确性，解毒软件有其局限性，对有些变种病毒的清除无能为力。目前市场上流行的 Intel 公司的 PC_CILLIN、CentralPoint 公司的 CPAV，及我国的 LANClear 和 Kill89 等产品均采用上述三种防病毒技术。

11. 灾难备份与恢复技术

灾难备份中心是为了确保重要信息系统的数据安全和关键业务可以持续服务，提高抵御灾难的能力，减少灾难造成的损失而建设的数据备份系统。主要应用在政府、金融、电信、交通、能源、公共服务业及大型制造及零售业等行业。包括自建模式、共建灾难备份中心模式、服务外包模式。

数据备份技术分为基于磁盘系统的灾难备份技术、基于软件方式的灾难备份技术和其他灾难备份技术三种。

12. 计算机与网络取证技术

计算机取证技术就是在计算机的存储介质，如硬盘或其他磁盘中，进行信息检索和调查。网络取证则是从网络存储设备中获取信息，也就是从网络上开放的端口中检索信息来进行调查。网络侦查中，双方对系统的理解程度是一样的，在网络取证的很多情况下，侦查员与罪犯使用的是同种工具。

13. 安全审计技术

安全审计技术包含日志审计和行为审计，通过日志审计协助管理员在受到攻击后察看网络日志，从而评估网络配置的合理性、安全策略的有效性，追溯分析安全攻击轨迹，并能为实时防御提供手段。通过对员工或用户的网络行为审计，确认行为的合法性，确保管理的安全。

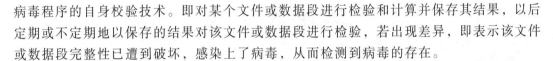 本 章 小 结

计算机网络就是将分散在不同位置、功能各异的多个计算机连接在一起的网络系统。在通信线路、网络通信协议以及网络操作系统的支持下实现信息资源共享和信息传递的目的。

计算机网络的功能是资源共享、数据通信、分布式处理协同工作。

本章还讨论计算机网络分类、IP 地址及其分类、计算机病毒相关知识以及信息安全相关知识。

课后习题

简答题

（1）什么是计算机网络？

（2）计算机网络的分类右哪些？

（3）计算机网络的拓扑结构有哪几种？

（4）简述 IP 地址的定义和结构。

（5）什么是域名系统？

（6）简述计算机病毒的定义、类型和防止方法。

（7）什么是信息安全？

（8）简述有哪些信息安全技术。

第8章

网络信息检索 ‹‹‹

引言

计算机网络是利用通信设备和线路将地理位置不同的、功能独立的多台计算机系统连接起来，以功能完善的网络软件实现网络的硬件、软件及资源共享和信息传递的系统。简单地说，即连接两台或多台计算机进行通信的系统。

随着 Internet 网络的发展，地球村已不再是一个遥不可及的梦想。在 Internet 上可以获取到各种需要的信息，如文献期刊、学术论文、产业资讯、留学求职、气象地理、海外学讯、军事新闻等。只要能在 Internet 互联网冲浪，就能在 Internet 中得到无限的信息宝藏。

教学目标

通过学习本章内容，了解网络信息检索的基本概念及其技术应用，掌握网络信息检索技术的使用及其技巧应用，熟悉常用的网络搜索引擎种类，培养基础信息技术意识，提高相应学习与研究能力。初步掌握网络信息的编辑以及网页制作能力。

教学重点和难点

（1）信息的概念及其特征。
（2）网络信息资源的特点与获取途径。
（3）搜索引擎的使用与技巧。
（4）常见网络信息资源获取途径。

8.1 网络信息检索概述

在社会发展到一定阶段，人们的生活水平也有了提高。日新月异的发展，使得这个时代，信息无处不在，一切都存在着信息。人，就像一个信息的接收器，运用身体多处的器官，接收着所感受到的一切信息，然而部分信息不能够直接感受。正因如此，人们通过不断的研究与创造，发明各类仪器来接收信息，并认知它们。

8.1.1 网络信息的概念

信息通常指经过加工，通过特殊形式进行传输与处理，且具有一定意义与价值的数据。这些数据能反映出世界事物的客观表面现象与内在联系本质，影响获取到信息的使用者的行为与想法。例如，图 8-1 所示的信息作为数据加工后的结果，一般具有以下特征：

时效性：信息的价值随着时间改变，特定的信息在一定的时间范围内才具有其应有的意义。

　　多样性：信息的表达形式、处理方式等方面都是多样化的。

　　转换性：信息是可以进行形态的转换，从一种形态转换为另一种形态。

　　存储性：信息可以被存储。例如：文字、声音、图像都是可以在互联网中进行存储，常用的 U 盘也是可以存储信息，而人脑就是一个天然的存储器。

　　处理性：计算机具有信息处理功能，而人脑则是最佳的信息处理器，可以进行决策、研究、创作等一系列处理活动。

　　传递性：信息是可以传递的。拥有信息的一方，可以将信息传递给另一方，实现一种共享。

图 8-1　网页信息

8.1.2　网络信息检索技术介绍

　　随着信息化时代的来临，人们在日常生活中已经离不开网络技术的应用。海量信息为人们带来便捷的同时，也带来了不少真假信息问题。垃圾信息、骚扰信息的增多，不仅浪费资源，也消耗了用户的精力与时间。庞大的信息数据，对数据的整理、筛选、提取工作造成了巨大的困难。面对日新月异的信息数据，搜索引擎应运而生。搜索引擎根据相关策略，在万维网中运行指定的程序，对网络信息进行搜索，并对搜索到的信息进行分类和处理，满足用户需求。

8.2　网络信息检索的应用

　　搜索引擎是现在常见的一种十分便捷的查询系统，主要通过对发布于网络上的信息进行索引、整理后呈现给用户。早期的互联网，采取由人工整理维护的方式，将互联网上的网站简要描述后，分类放置于不同目录下。当用户查询时，通过点击网页来查询自己想得到的信息。随着时代的不断变迁，信息呈几何式增长。从每一个网站的开始，搜索互联网上的所有的超链接，并把所有代表超链接的词汇放入一个数据库里，这便是现在搜索引擎。图 8-2 所示为百度搜索引擎。

图 8-2　百度搜索引擎

8.2.1　常见搜索引擎的使用技巧

简单查询：打开互联网，在搜索引擎中输入关键词，然后单击相对应的搜索按钮或按下回车键，就可以在页面中看到自己搜索的信息了。这是最简单的查询方法，但结果往往包含着许多无用的信息。

双引号：给关键词加上一个双引号（""），可以实现准确的查询。这种方法要求结果的准确匹配，不包括演变形式。

加号：关键词的前面使用加号（+），表示多个关键词必须同时包含、出现在搜索结果中的网页上。

减号：关键词的前面使用减号（−），表示在搜索结果中不能出现该关键词。

8.2.2　常见 Internet 服务信息的获取

互联网是一个巨大的资源库，要想在其中获取自己所需的信息，需要一个强大的信息检索工具，也就是搜索引擎。在生活中，比较常见的搜索引擎有百度、360、搜狗等。

云盘工具：云盘是一种互联网存储工具，是互联网云技术的产物。通过互联网提供信息的存储、读取、下载的服务。具有安全稳定、海量储存的特点。现在常用的云盘工具有百度网盘等。

【例 8-1】假设要写一篇计算机故障检测与排除的报告，则需要到"百度"搜索相应的信息，具体步骤如下：

① 打开浏览器，登录百度首页（www.baidu.com），在搜索框中输入"计算机故障"，单击"百度一下"。

② 搜索结果中出现许多与计算机故障的信息，如：电脑故障及解决方法、电脑故障维修等，这说明输入的关键词不够精确，于是接着在关键词末尾加上"检测与排除"，继续搜索。

③ 在得到的信息中，会发现有一条"电脑故障检测与排除"，如图 8-3 所示。

图 8-3　搜索结果

虽然互联网只有一个，但是每个搜索引擎的功能不同和习性不同，获取的网页也有所不同，所以同样的内容在不同的引擎搜索的结果一般也不同。

本 章 小 结

网络信息检索这一章简单介绍了网络信息检索的原理、技术和应用，内容包括信息检索模型、网络信息的自动获取、网络信息预处理和索引、查询语言和查询优化等。针对网络信息检索的广泛应用，本章对常见搜索引擎的使用技巧进行了深入的探讨。

课 后 习 题

简答题

（1）信息的特性除了时效性、可处理性、多样性之外，还包含什么？

（2）全文搜索引擎用什么方式进行搜索？

（3）常见搜索引擎的使用技巧有哪些？

（4）什么是信息？

（5）使用搜索引擎搜索"我的中国梦"。

ASCII 值	控制字符	ASCII 值	控制字符	ASCII 值	控制字符	ASCII 值	控制字符
0	NUT	32	(space)	64	@	96	`
1	SOH	33	!	65	A	97	a
2	STX	34	"	66	B	98	b
3	ETX	35	#	67	C	99	c
4	EOT	36	$	68	D	100	d
5	ENQ	37	%	69	E	101	e
6	ACK	38	&	70	F	102	f
7	BEL	39	'	71	G	103	g
8	BS	40	(	72	H	104	h
9	HT	41	)	73	I	105	i
10	LF	42	*	74	J	106	j
11	VT	43	+	75	K	107	k
12	FF	44	,	76	L	108	l
13	CR	45	–	77	M	109	m
14	SO	46	.	78	N	110	n
15	SI	47	/	79	O	111	o
16	DLE	48	0	80	P	112	p
17	DCI	49	1	81	Q	113	q
18	DC2	50	2	82	R	114	r
19	DC3	51	3	83	S	115	s
20	DC4	52	4	84	T	116	t
21	NAK	53	5	85	U	117	u
22	SYN	54	6	86	V	118	v
23	ETB	55	7	87	W	119	w
24	CAN	56	8	88	X	120	x
25	EM	57	9	89	Y	121	y
26	SUB	58	:	90	Z	122	z
27	ESC	59	;	91	[	123	{
28	FS	60	<	92	\	124		
29	GS	61	=	93	]	125	}
30	RS	62	>	94	^	126	~
31	US	63	?	95	—	127	DEL

参 考 文 献

[1] 吴月辉. 量子计算机，开启中国速度[N]. 人民日报，2017-05-04(012).

[2] 许翀. 浅谈计算机在学习与生活中的应用[J]. 中国战略新兴产业，2017,(08)

[3] 顾刚程向前. 大学计算机基础[M]. 2版. 北京：高等教育出版社，2011.

[4] 湛卫军，王浩娟. 操作系统[M]. 北京：清华大学出版社，2012.

[5] 战德臣，孙大烈. 大学计算机[M]. 北京：高等教育出版社，2009.

[6] 陆汉权. 计算机科学基础[M]. 北京：电子工业出版社，2011.

[7] 周立柱，冯建华，孟小峰. SQL Server 数据库原理[M]. 北京：清华大学出版社，2004

[8] 吴宁. 大学计算机基础[M]. 北京：电子工业出版社，2011.

[9] 刘锡轩. 计算机基础[M]. 北京：清华大学出版社，2012.

[10] 张晓如，张再跃. 再谈计算机思维[J]. 计算机教育，2010.

[11] 程向前. 计算机应用基础 2011 [M]. 北京：中国人民大学出版社，2010.

[12] 朱晓沛. 我国计算机通信技术现状及未来的发展趋势[J]. 技术与市场，2017,(03).